21 世纪高等学校电子信息类专业规划教材

C♯程序设计实践教程

（修订本）

主　编　李　亚

副主编　彭海云　李　骞　刘　辛

参加编写人员　李　靖　唐广义

清华大学出版社

北京交通大学出版社

·北京·

内 容 简 介

本书共 12 章，详细介绍了 Visual C# 2008 程序设计的基础知识、基本方法和应用技巧，主要包括. NET框架及 Visual Studio 开发环境、C#语言基础、C#程序流程控制、数组、面向对象编程基础、面向对象高级编程、Windows 编程、GDI＋、文件、数据库编程、教学综合案例等内容。所有任务均在 Visual Studio 2008 上测试通过。

本书是 C#程序设计的入门教材，内容由浅入深，循序渐进，重点突出，结构清晰，叙述清楚，适合作为计算机及相关专业的教材，也适合 C#初、中级编程人员和对面向对象编程感兴趣的读者学习和参考。

图书在版编目(CIP)数据

C#程序设计实践教程/李亚主编. —北京：清华大学出版社；北京交通大学出版社，2012.5（2019.7 重印）

（21 世纪高等学校电子信息类专业规划教材）

ISBN 978-7-5121-1016-8

Ⅰ.①C… Ⅱ.①李… Ⅲ.①C语言－程序设计－高等学校－教材 Ⅳ.①TP312

中国版本图书馆 CIP 数据核字（2012）第 112940 号

责任编辑：郭东青

出版发行：清 华 大 学 出 版 社　　邮编：100084　　电话：010-62776969

　　　　　北京交通大学出版社　　邮编：100044　　电话：010-51686414

印 刷 者：艺堂印刷（天津）有限公司

经　　销：全国新华书店

开　　本：185 mm×260 mm　　印张：25　　字数：624 千字

版　　次：2012 年 6 月第 1 版　　2019 年 7 月第 1 次修订　　2019 年 7 月第 2 次印刷

书　　号：ISBN 978-7-5121-1016-8/TP·691

印　　数：4 001～5 000 册　　定价：62.00 元

本书如有质量问题，请向北京交通大学出版社质监组反映。对您的意见和批评，我们表示欢迎和感谢。

投诉电话：010-51686043，51686008；传真：010-62225406；E-mail：press@bjtu.edu.cn。

前　　言

C♯语言是一种完全面向对象的基于.NET的编程语言，已先后被欧洲计算机制造商协会和国际标准化组织批准为高级语言开发标准（ECMA-334、ISO/IEC 23270）。它引入的一些新的概念和方法，在程序设计领域起到了不可估量的作用。

本书是一本C♯程序设计的入门教材，具有覆盖面广，案例丰富，突出任务驱动的特色，详略得当，主次分明，在主要知识点上下工夫，不面面俱到；设计了"练一练"启发读者进行更深入的探讨，举一反三。本书的主要阅读对象是计算机及相关专业的本专科学生，C♯初、中级编程人员及对面向对象编程感兴趣的读者。

本书详细介绍 Visual C♯ 2008 程序设计的基础知识、基本方法和应用技巧，共 12 章。第 1 章介绍.NET 框架及 Visual Studio 开发环境；第 2、3、4 章从语言的角度，描述 C♯ 语言的基础知识；第 5、6 章介绍面向对象编程的思想；第 7 章介绍常用类的使用方法；第 8、9、10、11 章介绍 Windows 编程、GDI＋、文件和数据库编程技术；第 12 章通过综合案例描述 C♯ 语言程序设计的开发流程，可作为课程设计使用。本书由浅入深，循序渐进，重点突出，结构清晰，叙述清楚，所有例题均在 Visual Studio 2008 上测试通过。

本书具有如下优势。

（1）强化程序设计能力培养。

从实际问题需求出发引出理论，从个体到一般，以点带面。根据程序设计的需要，引出相关的知识点，将知识学习和使用密切结合，加深了理解，也避免了枯燥的学用分离式的语法学习，使学习者明确为什么引出这些知识点，强化了知识点在程序设计中的应用。

（2）注重学生创新思维的培养。

教材贯穿了提出问题、分析问题、引出概念、讲解知识点、程序实现的编写思路。通过给出实际问题，分析问题的特点，引导学生思考，然后给出解决问题的思路。通过潜移默化，培养学生的创新思维和分析问题、解决问题的能力。

（3）突出实用性和趣味性。

在例题的选择上力求实用性和趣味性，以此提高应用程序设计的能力和学习兴趣。内容的组织编排强化实践教学，突出编程能力培养。所有例题不是简单地给出程序，而是首先分析问题，提出解题思路，再给出解决方案。将算法和数据结构结合起来，培养学生编程能力。

（4）强调学用结合和规范化编程。

学习的目的是为了使用。因此，知识点的学习紧密结合使用，知识点全部采用学以致用的原则，一方面加强知识点的理解和巩固，另一方面掌握知识点的应用场合。避免为了学习而学习，学而不用的问题。努力引导学生养成编写风格优美、可读性强、易于维护的程序代码的良好编程习惯。

参加本书编写的人员均来自教学第一线，书中内容已经在教学过程中得到实践，教学效果较好。其中第1、2、7章由李靖执笔编写，第3、4章由彭海云执笔、李骞参加编写，第5、6章由唐广义执笔、李亚参加编写，第8、11章由李骞执笔、彭海云参加编写，第9、10章由刘辛执笔编写，第12章由李亚执笔、唐广义参加编写，全书由李亚统稿，并对本书的编写进行指导。

尽管在写作过程中投入了大量的时间和精力，但由于水平有限，错误和纰漏之处在所难免，敬请读者批评指正，以便对本书内容进行修订和补充。以上及其他需求，请邮件电告：Guodongqing2009@126.com。

编　者

2012 年 6 月

目　　录

第1章 .NET 与 C♯

本章通过"输出 Hello World"任务，引入 using 指令、命名空间、Main() 方法、Console 类、Microsoft .NET 平台及利用 C♯语言在 Visual Studio 2008 集成开发环境中开发控制台应用程序的一般步骤等知识点，以使学生具备利用 C♯语言在 Visual Studio 2008 中完成控制台应用程序简单语句输出的能力。

本章要点：
➤ 了解 Microsoft. NET 平台和 C♯语言；
➤ 掌握 Visual Studio 2008 的安装步骤；
➤ 掌握控制台应用程序的开发步骤；
➤ 了解命名空间、using 指令的含义；
➤ 理解 Main()方法；
➤ 掌握使用 Console 类中的方法完成输入和输出；
➤ 掌握对 C♯程序进行注释。

1.1 输出"Hello World"

1.1.1 任务解析

【任务 T01_1】 编写控制台应用程序，程序功能：显示一行文字"Hello World!"。
任务关键点分析：如何使用开发环境、利用开发语言编写控制台应用程序。
程序解析：
1. 创建一个控制台应用程序，项目名称为：T01_1。
2. 在项目中输入以下代码：

```
using System;
using System. Collections. Generic;
using System. Linq;
using System. Text;
```

```
namespace T01_1
{
class Program
    {
        static void Main (string [] args)
        {
            Console.WriteLine ("Hello World!");      //输出 Hello World!
        }
    }
}
```

程序运行结果

任务总结：该任务功能很明确，实现了"Hello World!"这条语句的输出。

对于初学者来说，此任务中的每一条语句都是陌生的，本章将对每一句代码进行介绍，并对使用的开发语言、开发环境和控制台应用程序开发步骤进行介绍。

1.1.2 using 指令

在程序的开始是 using 指令。

```
using System;
using System.Collections.Generic;
using System.Linq;
using System.Text;
```

using 指令的作用是导入命名空间，System、System.Collections.Generic、System.Linq和 System.Text 为控制台应用程序默认引用的命名空间，通过使用 using 指令引用给定命名空间，就可以对命名空间的成员进行非限定的使用。

System 是 .NET 框架提供的最基本的命名空间之一，Console 是 System 命名空间中包含的系统类库中已定义的一个类。如果没有导入命名空间，在程序中要使用 Console 就必须加上前缀 System，代码如下：

```
static void Main(string[] args)
{
    System.Console.WriteLine("Hello World!");
}
```

1.1.3 命名空间

命名空间（namespace），也叫"名称空间"，提供了一种组织相关类和其他类型的方式，与文件或组件不同，命名空间是一种逻辑组合，而不是物理组合。

命名空间的主要作用是为了避免名称冲突。把一个类放在一个命名空间中，这个类的全名应该是：命名空间＋"."＋类本身的名字。

```
namespace T01_1
{
        class Program
        {
        }
}
```

上述代码中类 Program 的全名为 T01_1. Program。这样即使在同一个项目中出现相同名称的类，也可通过命名空间对类进行区分。

1.1.4 Main()方法

在 C♯ 程序中，程序的执行总是从 Main()方法开始的，它是程序的入口点，一个程序中有且仅有一个 Main()方法，而且 C♯ 中的 Main()方法必须被包含在一个类中。

1.1.5 Console 类

任务 T01_1 程序中的语句 "Console. WriteLine（"Hello World!")；"的功能是输出文字"Hello World!"。

程序所完成的输入输出功能是通过 Console 类来完成的。Console 类是在命名空间 System 中已经定义好的一个类，它的两个最基本的方法是 WriteLine()和 ReadLine()。

1. Console. WriteLine()方法和 Console. Write()方法

（1）Console. WriteLine()方法：输出信息后换行。

（2）Console. Write()方法：输出信息后不换行。

2. Console. ReadLine()方法和 Console. Read()方法

（1）Console. ReadLine()方法：接收输入设备的输入数据保存在字符串变量中。

（2）Console. Read()方法：接收输入设备的任何字符的 ASCII 码值。

【任务 T01_2】 编写控制台应用程序，程序功能：输入任一名字，显示 "＊＊＊，欢迎你的到来"。比如，输入 "Jack" 时，显示 "Jack，欢迎你的到来"。

任务关键点分析：如何输入、输出文字信息。

程序解析：

```
static void Main(string[] args)
{
    Console. Write("请输入您的名字：");              // 输出"请输入您的名字："
    string s = Console. ReadLine();
```

```
//Console.ReadLine()方法读取输入的名字并把它存入字符串 s 中
Console.WriteLine("{0},欢迎你的到来",s);              // 利用占位符输出 s
Console.ReadLine();
}
```

程序运行结果

任务总结：该任务中输出语句中的 {0} 为占位符，花括号中数字表示输出项的序号，0 对应第一个输出项，1 对应第二个输出项，依次类推。

1.1.6 注释

程序中"//"后面的文本是注释信息，注释信息不参加编译，不影响程序的执行结果。其目的是解释程序的功能，使程序易于阅读和交流。比如"//输出 Hello World!"就是对程序中语句的解释。C#中提供了两种注释方法，分别如下。

（1）单行注释。单行注释以字符"//"开头并延续到源行的结尾。

（2）带分隔符的注释。以字符"/*"开头，以字符"*/"结束。该符号不仅可以进行单行注释，而且可以进行多行注释，但必须注意的是"/*"和"*/"必须成对出现，而且不能出现嵌套，否则将出错。

1.2 Microsoft .NET 平台与 C# 简介

1.2.1 Microsoft .NET 平台

Microsoft .NET 是基于 Internet 的新一代开发平台，借助于 .NET 平台，可以创建和使用基于 XML 的应用程序、进程和 Web 站点和服务，它们之间可以在任何平台或智能设备上共享和组合信息与功能。.NET 的最终目的就是让用户能在任何地方、任何时间，以及利用任何设备都能够获取所需要的信息、文件和程序，而不需要用户知道这些东西存放在什么地方及如何获取，只需要发出请求，然后等待接收结果即可，所有后台的复杂操作都是被完全屏蔽起来的。Microsoft .NET 平台包括以下一些核心技术：.NET 企业服务器、构建模块服务、.NET 开发工具和 .NET Framework 等。

.NET 企业版服务器为广泛的应用程序业务信息管理问题提供解决方案，这些问题包括数据库管理、应用程序部署和配置控制、业务到业务数据交换、消息处理和工作流管理。它们虽然不是由 .NET Framework 编写成的，但是它们可以集成、运行、操作、管理 XML、Web Service 和应用程序等。

构建模块服务是以用户为中心的 XML Web Service 集合，可将用户数据的控制由应用程序转移到用户。

Visual Studio.NET 是微软推出的全新的 .NET 开发工具,它对微软之前的主要开发工具进行了全新集成并有了质的飞跃,它内置支持 Visual Basic.NET、Visual C#.NET、Visual C++.NET、Visual J#.NET 等多种语言的平台,并且各种语言拥有统一的开发环境,可以进行跨语言调试和跨语言调用。

.NET Framework 是支持生成和运行下一代应用程序和 XML Web Services 的内部 Windows 组件。.NET Framework 主要由三个部分组成。第一部分是开发语言,目前微软公司提供 Visual Basic、Visual C++、Visual C# 和 Jscript .NET 等用来创建运行在公共语言库上的应用程序。第二部分是公共语言运行库(Common Language Runtime,CLR),它是 .NET Framework 的基础,提供一个执行时的管理环境。用户可以将公共语言运行库看做一个在执行时管理代码的代理,它提供核心服务(如内存管理、线程管理和远程处理),而且还强制实施严格的类型安全检查,以确保代码运行的安全性和可靠性。在 CLR 的控制下运行的代码称为托管代码(ManagedCode)。在 CLR 执行开发源代码之前,需要编译它们,编译分为以下两个阶段。

(1) 把源代码编译为 Microsoft 中间语言(Intermediate Language,IL)。

(2) CLR 把 IL 编译为平台专用的代码。作形象的比喻,可以将公共语言运行库想象为人类赖以生存的地球,它提供能源、水、自然资源,生活在地球上的人们则可以比喻为托管代码。第三部分是 .NET Framework 类库,也叫框架类库(Framework Class Library,FCL),它是一个由 .NET Framework SDK 中包含的类、接口和值类型组成的库,它提供了对系统功能的访问,是建立 .NET Framework 应用程序、组件和控件的基础。该类库是完全面向对象的,相当于是一套函数库,以结构严密的树状层次组织,并由命名空间和类组成,功能强大,使用简单,具有高度的可扩展性。使用该类库可以创建多种类型的应用程序,极大简化开发人员的学习曲线,提高软件开发生产力。

.NET Framework 是 .NET 的核心部分,.NET 应用程序运行时所需的所有核心服务都是由 .NET Framework 提供的。.NET Framework 的核心是公共语言运行库和 .NET 框架类库。

.NET 应用程序运行在公共语言运行库之上,如图 1-1 所示。

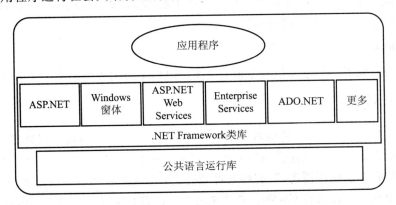

图 1-1 .NET Framework 的组成

可使用 .NET Framework 开发下列类型的应用程序和服务。

● 控制台应用程序。

- Windows GUI 应用程序（Windows 窗体）。
- ASP. NET 应用程序。
- XML Web Services。
- Windows 服务。

.NET Framework 的版本从 1.0 开始，经历了 1.1、2.0、3.0，到现在的 3.5，.NET Framework 的版本不断更新。.NET Framework 3.5 版本以 .NET Framework 2.0 版本和 .NET Framework 3.0 版本为基础，为 2.0 和 3.0 版本的技术引入了新功能，并以程序集的形式引入了其他技术。下面是随 .NET Framework 3.5 引入的一些比较重要的新功能。

1. LINQ

LINQ（Language Integrate Query，语言集成查询）是 Visual Studio 2008 和 .NET Framework 3.5 中的新功能。LINQ 将强大的查询功能扩展到 C♯ 和 Visual Basic 的语言语法中，并采用标准的、易于学习的查询模式。可以对此技术进行扩展以支持几乎任何类型的数据存储。

2. 外接程序和扩展性

.NET Framework 3.5 中的 System. AddIn. dll 程序集向可扩展应用程序的开发人员提供了强大而灵活的支持。它引入了新的结构和模型，可帮助开发人员完成向应用程序添加扩展性的初始工作，并确保开发人员的扩展在宿主应用程序发生更改时仍可继续工作。

3. Windows Presentation Foundation

在 .NET Framework 3.5 中，Windows Presentation Foundation 包含多个方面的更改和改进，其中包括版本控制、应用程序模型、数据绑定、控件、文档、批注和三维 UI 元素。

4. WCF 和 ASP. NET AJAX 集成

WCF 与 ASP. NET 中的异步 JavaScript 和 XML（AJAX）功能的集成提供了一个端对端的编程模型，可用于构建可以使用 WCF 服务的 Web 应用程序。在 AJAX 样式的 Web 应用程序中，客户端（例如 Web 应用程序中的浏览器）通过使用异步请求来与服务器交换少量的数据。在 ASP. NET 中集成 AJAX 功能可提供一种生成 WCF Web 服务的简单方法，通过使用浏览器中的客户端 JavaScript 可以访问这些服务。

5. ClickOnce 清单

新增了一些密码类，用于验证和获取有关 ClickOnce 应用程序的清单签名的信息。

1.2.2 C♯简介

C♯（读作 "C Sharp"）是伴随着 .NET 一起出现的，它是微软公司针对 .NET 所设计的一种全新的编程语言。微软这样描述 C♯："C♯ 是从 C 和 C++ 派生来的一种简单、现代、面向对象和类型安全的编程语言。" 有些人可能会问：各种高级编程语言已经琳琅满目，为什么还要设计一种新的编程语言 C♯ 呢？首先来看 C♯ 语言是在什么背景下诞生的。

1. C♯ 语言的诞生

C 和 C++ 一直是最有生命力的编程语言，这两种语言提供了强大的功能、高度的灵活性及完整的底层控制能力。但是，缺点在于开发周期较长，学习起来也是一项比较艰苦的任务。

而许多开发效率更高的语言，如 Visual Basic，在功能方面又具有局限性。于是，在选择开发语言时，许多程序员面临着两难的抉择。另外，Sun 公司的 Java 语言简单、完全面向对象、拥有丰富且功能强大的类库并具有跨平台的特性。

在这种情形下，微软公司已经意识到了所面临的尴尬，在其 .NET 战略的大背景下，它需要一种像 Visual Basic 一样具有快速开发能力，像 C++ 一样强大、更要像 Java 一样优美且适用于 .NET 环境的编程语言，于是微软发布了称之为 C# 的编程语言，它是为 .NET 平台量身定制的开发语言，采用面向对象的思想，支持 .NET 最丰富的基本类库资源。

2. C# 的主要特征

C# 是专门为 .NET 应用而开发的语言，是与 .NET 框架的完美结合。在 .NET 类库的支持下，C# 能够全面地表现 .NET Framework 的各种优点。总的来说，具有以下突出优点。

（1）语言简单。C# 代码不允许直接操作内存，它的最大特色是没有指针。在 C# 中对类和方法的引用操作只用一个简单的 "." 运算符实现。另外还增加了专门用于处理金融计算的 decimal 数据类型等。

（2）彻底的面向对象。尽管很多人说 C++ 是面向对象的，但还不够彻底，一个明显的例子就是 C++ 中还可以出现全局变量。对于 C# 来说，它是彻底的面向对象语言，每种类型都可以看做一个对象。它具有面向对象语言所应有的一切特征：封装、继承和多态，极大地提高了开发者的效率，缩短了开发周期。

（3）与 Web 应用紧密结合。C# 与 Web 紧密结合，支持绝大多数的 Web 标准，如 HTML、XML、SOAP 等。利用简单的 C# 组件，开发者能够快速地开发 Web 服务，并通过 Internet 使这些服务能被运行于任何操作系统上的应用程序所调用。

（4）完善的安全性和异常处理能力。C# 具有强大的安全机制，不仅可以消除软件开发中许多常见错误，还能帮助开发者尽量使用最少的代码来完成功能，同时也提供包括类型安全在内的完整的安全机制。另外，C# 提供完善的错误和异常处理机制，使程序在交互应用时更加健壮。

（5）灵活的版本处理技术。在大型工程的开发中，升级系统的组件非常容易出现错误。为了处理这个问题，C# 在语言本身内置了版本控制功能，使开发人员更加容易开发和维护各种商业应用。比如，通过严格的错误验证机制来防止代码级错误和版本化问题，还可以通过接口和接口扩展来保证复杂的软件可以被方便地开发和升级。

（6）较高的兼容性。C# 遵守 .NET 的公共语言规范，从而保证能够与其他语言开发的组件兼容。

3. C# 与 .NET

C# 是专门为 .NET 应用而开发的语言。不能孤立地使用 C# 语言，用 C# 编写的代码总是在 .NET Framework 中运行。也就是说，在许多情况下，C# 的特定语言功能取决于 .NET 的功能或者依赖于 .NET 基类。需要注意的是，C# 语言就其本身而言只是一种语言，尽管它是用于生成面向 .NET 环境的代码，但其本身不是 .NET 的一部分；.NET 支持的一些特性，C# 语言并不支持，而 C# 语言支持的另一些特性，.NET 也不支持。

1.3 Visual Studio 2008 开发工具

1.3.1 Visual Studio 2008 简介

Visual Studio 是一套完整的开发工具，用于生成 ASP. NET Web 应用程序、XML Web Services、桌面应用程序和移动应用程序。Visual Basic、Visual C♯ 和 Visual C++ 都使用这一相同的集成开发环境（IDE），这样就能够进行工具共享，并能够轻松地创建混合语言解决方案。另外，这些语言利用了 . NET Framework 的功能，通过此框架的使用可以简化 ASP. NET Web 应用程序和 XML Web Services 开发的关键技术。

Visual Studio 2008 进一步完善并增强 Visual Studio 2005 的功能，新的 IDE 环境更高效，更人性化，并与旧版本产品高度兼容。它也是对 Visual Studio 2005 的一次及时、全面的升级，其引入 250 多个新特性，整合了对象、关系型数据、XML 的访问方式，语言更加简洁，新增功能集中在以下几个方面。

- 数据处理更为流畅。
- ASP. NET 网络应用程序得到强化。
- 对 Office 系统应用程序的支持。
- 对移动设备应用程序的支持。
- IDE 功能的增强。
- 语言功能的增强。

1.3.2 Visual Studio 2008 的安装

在安装 Visual Studio 2008 之前，首先确保 IE 浏览器版本在 6.0 以上，同时，安装 Visual Studio 2008 开发环境的计算机配置要求如下所示。

- 支持的操作系统：Windows Server 2003，Windows XP，Windows Vista。
- 最低配置：1.6 GHz CPU，384 MB 内存，1024×768 显示分辨率，5400 RPM 硬盘。
- 建议配置：2.2 GHz 或更快的 CPU，1024 MB 或更大的内存，1280×1024 显示分辨率，7200 RPM 或更快的硬盘。

当计算机配置满足以上条件后就能够安装 Visual Studio 2008，其安装过程如下。

（1）双击安装程序"SETUP. EXE"后，出现产品安装界面，如图 1-2 所示。

（2）单击"安装 Visual Studio 2008"链接，进入下一步安装，如图 1-3 所示，此处可以选择"是否向 Micosoft Corporation 发送有关我的安装体验的信息"，可以根据自己的意愿选择是否参加。

（3）单击"下一步"按钮，进入下一步安装，如图 1-4 所示。这个窗体包含最终用户许可协议，必须同意其所有条款才能继续下一步安装。界面的右下方需要输入产品的密钥和名称信息。

图 1-2　Visual Studio 2008 安装界面 1

图 1-3　Visual Studio 2008 安装界面 2

图 1-4　Visual Studio 2008 安装界面 3

（4）单击"下一步"按钮，如图1-5所示。在界面的左边，可以根据自己的需要进行选择。默认情况下选择的是"默认值"，也可以根据自己的安装需求选择"自定义"和"完全"。一般对于Visual Studio功能比较熟悉的可以选择"自定义"安装，自己取舍程序的功能，对于初学者来说，选择"默认值"比较合适。在界面的右边，可以根据右下方磁盘空间的提示选择合适的安装位置。

图1-5　Visual Studio 2008 安装界面4

（5）单击"安装"按钮，安装程序将进入一个漫长的安装过程，在安装成功后，向导会提供安装结果报告，在单击"完成"按钮后，安装向导会回到最初的安装界面。至此，Visual Studio 2008的安装就完成了。

1.3.3　Visual Studio 2008 集成开发环境

.NET开发语言都采用了统一的集成开发环境（Integrated Development Environment，IDE），使用同一个IDE为开发提供了极大的方便。下面介绍Visual Studio 2008的开发环境。

1．"起始页"窗口

启动Visual Studio 2008后，首先看到的是一个如图1-6所示的起始页。此页是集成开发环境中默认的Web浏览器主页，用于访问项目、阅读产品新闻和访问MSDN，一般由四个独立的信息区域组成：最近的项目、开始、MSDN中文网站最新更新和Visual Studio标题新闻。

如果用户已经使用Visual Studio 2008创建或编辑过项目，则"起始页"窗口中"最近的项目"信息区域显示最近创建和打开的项目名称。另外，也可以在下面打开项目和创建项目。

2．"解决方案资源管理器"面板

一个解决方案中可以包含多个项目，它使用户能够方便地组织需要开发和设计的项目和文件，以及配置应用程序或组件。解决方案资源管理器中采用树形视图显示方法来表示方案中项目的层次结构。通过解决方案资源管理器，可以打开文件进行编辑，向项目中添加新文件，以及查看解决方案、项目和项目属性。如果集成环境中没有出现该窗口，可在菜单栏中单击"视图"→"解决方案资源管理器"命令，打开"解决方案资源管理器"。如图1-7所示。

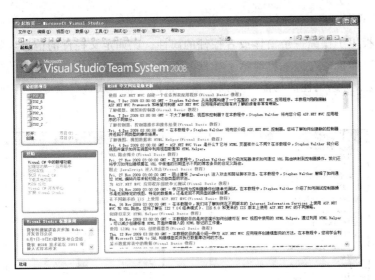

图 1-6 "起始页"窗口

3. "类视图"面板

"类视图"面板用于显示代码中命名空间和类的层次结构，它是一个树形视图，如图 1-8 所示。用户可以展开该视图，以查看名称空间中包括哪些类、某个类又包括了哪些成员等信息。可以单击"视图"→"类视图"命令，打开"类视图"面板。

"类视图"面板有两个子面板：上部的对象子面板和下部的成员子面板。对象子面板中显示对象的成员，而成员子面板中显示了其属性、方法、事件、变量、常量和包含的其他项。

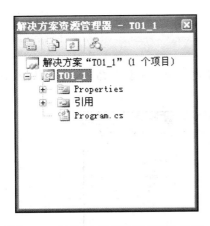

图 1-7 "解决方案资源管理器"面板

图 1-8 "类视图"面板

4. "工具箱"面板

"工具箱"面板包含了可重用的控件，使用可视化的方法编程时，可以向窗体中"拖放"控件，绘制出应用程序界面。可以单击"视图"→"工具箱"命令，打开"工具箱"面板。如图 1-9 所示。

5. "属性"面板

"属性"面板用于操纵一个窗体或者控件的属性。比如定义控件的信息,如大小、颜色和位置等。"属性"面板的左边一栏显示了控件的属性名,右边一栏显示属性的当前值,在"属性"面板底部显示所选属性的功能。可以单击"视图"→"属性"命令,打开"属性"面板。如图 1-10 所示。

图 1-9 "工具箱"面板

图 1-10 "属性"面板

1.4 控制台应用程序开发步骤

控制台应用程序是 C# 能够创建的最基本应用程序类型之一,它在控制台窗口进行输入和输出,其开发的一般步骤为:创建项目、编写代码、运行调试、保存程序。下面将按此步骤详细描述开发任务 T01_1 的过程。

1.4.1 创建项目

启动 Visual Studio 2008,单击"文件"→"新建"→"项目"命令,显示如图 1-11 所示的"新建项目"对话框。

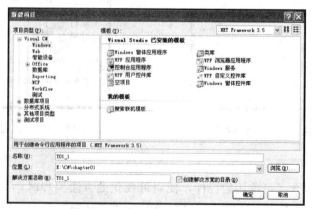

图 1-11 "新建项目"对话框

在对话框中，可以进行如下设置来建立一个控制台应用程序。

（1）项目类型：选中"Visual C♯"下的 Windows。

（2）模板：选中"控制台应用程序"。

（3）名称：在文本框内可输入项目的名称，任务采用的名称"T01_1"。

（4）位置：在文本框内可输入项目的保存位置，任务的保存位置为"E：\ C♯ \ chapter01"，也可以单击"浏览"按钮，在打开的"项目位置"对话框中选择一个位置。

（5）解决方案名称：其名称与项目名称相同，但也可以更改。选中"创建解决方案的目录"复选框，这样可以为项目创建一个新文件夹，用来保存项目的所有文件。

（6）单击"确定"按钮，则显示控制台应用程序代码编辑窗口，如图 1-12 所示，在代码编辑窗口内显示系统自动生成的相应代码。

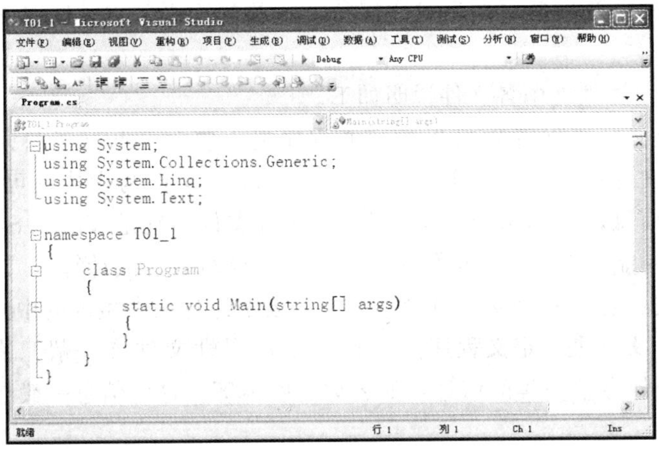

图 1-12 程序代码编辑窗口

1.4.2 编写代码

在代码编辑窗口中的 Main() 方法中添加如下代码，添加代码后如图 1-13 所示。

```
Console.WriteLine("Hello World!");
```

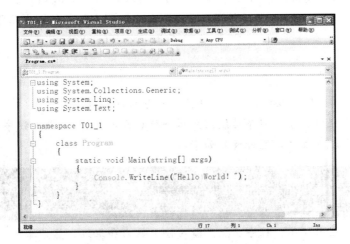

图 1-13 程序代码添加后窗口

1.4.3 运行调试

源代码编写完成后，单击工具栏中的启动调试按钮"▶"，或者单击"调试"→"启动调试"命令（F5），或者单击"调试"→"开始执行（不调试）"命令（Ctrl＋F5），如果编译没有错误，将在控制台窗口显示和任务 T01_1 一样的运行结果。

1.4.4 保存程序

如果需要对程序进行保存而又不想生成、运行程序，可以单击工具栏中的全部保存按钮"▦"，或者单击"文件"→"全部保存"命令。一般只要运行调试后的程序，即会自动保存，而不需要再专门进行保存。

如果程序被修改，并且没有被生成或运行，在关闭 Visual Studio. NET 环境时会询问是否保存更改。

任务 T01_1 项目文件夹中各文件说明如下。

（1）bin 文件夹。用来保存项目生成后的程序集，包含 debug 子目录，含有 T01_1. exe 文件、T01_1. pdb 文件和 T01_1. vshost. exe 文件。. exe 文件为生成的可执行文件；. pdb 文件包含完整的调试信息；vshost. exe 文件是宿主进程文件，它是 Visual Studio 2008 中的一项功能，可提高调试性能，支持部分信任调试并支持设计时表达式计算。

（2）obj 文件夹。包含 debug 子目录，用于存放编译过程中生成的中间临时文件。

（3）Properties 文件夹。定义程序集属性，项目属性文件夹一般只有一个 AssemblyInfo. cs 类文件，用于保存程序集的信息，如名称、版本等，这些信息一般与项目属性面板中的数据对应。

（4）T01_1. csproj 文件。项目文件。

（5）Program. cs 文件。应用程序文件，包含应用程序代码。

（6）T01_1. sln。解决方案文件。

本章小结

本章介绍了微软公司推出的 Microsoft .NET 平台、C#语言及特点、Visual Studio 2008 的安装、Visual Studio 2008 集成开发环境及控制台应用程序的一般开发步骤等内容。

上机练习 1

1. 上机执行本章 T01_1 和 T01_2 等任务，并分析其结果。

2. 编写控制台应用程序，程序功能：显示一行欢迎词："欢迎进入程序设计的殿堂"。

3. 编写控制台应用程序，运行效果如下：

4. 编写控制台应用程序，程序功能：输入任一姓名和班级，然后输出。运行效果如下：

```
请输入姓名：程成
请输入班级：信息管理班
姓名:程成    班级:信息管理班
```

5．编写控制台应用程序，运行效果如下：

```
        *
       ***
      *****
     *******
```

第2章 C♯语法基础

本章通过"华氏温度与摄氏温度转换"、"统计付款数"任务，引入标识符、数据类型、变量与常量、运算符与表达式、类型转换和撰写规范程序代码等知识点，以使学生掌握C♯语法基础，为后续章节的学习奠定基础。

本章要点：
- ➢ 了解标识符的分类；
- ➢ 掌握变量与常量的命名、声明与使用；
- ➢ 掌握C♯支持的数据类型；
- ➢ 理解数据类型转换的方法；
- ➢ 掌握运算符与表达式的使用；
- ➢ 理解运算符的运算规则；
- ➢ 了解规范程序代码的撰写。

2.1 华氏温度与摄氏温度转换

2.1.1 任务解析

【任务 T02＿1】 编写控制台应用程序，程序功能：求华氏温度 $100°F$ 对应的摄氏温度。计算公式为：

$$c = \frac{5 \times (f - 32)}{9}$$

式中：c——摄氏温度；

f——华氏温度。

任务关键点分析：如何声明、使用变量和常量，怎样编写控制台应用程序求解表达式。

程序解析：

1. 创建一个控制台应用程序，项目名称为：T02＿1。

2. 在项目中输入以下代码：

16

```
static void Main(string[] args)
{
    double c;                    //声明双精度类型 c,代表摄氏温度
    double f;                    //声明双精度类型 f,代表华氏温度
    f = 100;                     //为华氏温度赋值
    c = 5 *(f-32) / 9;           //将华氏温度通过公式转换为摄氏温度
    Console.WriteLine("f={0},c={1:F2}",f,c);
                                 //输出华氏温度和摄氏温度,摄氏温度保留两位小数
    Console.ReadLine();
}
```

程序运行结果

```
f=100,c=37.78
```

任务总结：本任务实现了华氏温度向摄氏温度的转换。该任务使用了两个双精度型变量 c 和 f，分别代表摄氏温度和华氏温度，并且在进行转换时使用了运算符"－"、"＊"、"/"，那么在编写程序时如何声明数据，如何声明数据的类型，对数据如何进行操作，本章将一一进行介绍。

2.1.2　标识符

在程序中会用到各种对象，比如符号常量、变量、数组、函数和类型等，为了识别这些对象，必须给每个对象一个名称，这样的名称称为标识符。标识符是一种字符序列，可分为标准标识符和用户标识符。

1. 标准标识符

标准标识符又称为关键字或保留字，是系统提供的标识符。从技术层面上讲，标准标识符是对编译器具有特殊意义的预定义字。从应用层面讲，它是系统中具有固定含义和用途的字。

2. 用户标识符

用户标识符即用户自己定义的标识符，在定义时必须符合以下命名规则。

（1）由字母、数字、下画线组成，且必须以字母、下画线或@开头。

（2）用户在定义标识符时应选取有意义的字符序列，尽量见名知义。比如年龄用 age，成绩用 score 或 cj。

（3）用户定义的标识符不能与标准标识符同名。

2.1.3　数据类型

根据在内存中存储位置的不同，在 C♯ 中，数据类型可分为值类型和引用类型两类。

● 值类型：该类型的数据长度固定，存放于栈内。

● 引用类型：该类型的数据长度不固定，存放于堆内。

理解值类型和引用类型的区别，才能更好地理解变量在赋值时的执行方式。值类型直接

存储其值，引用类型只存储对值的引用，即存储实际数据的引用值的地址。对于值类型的变量而言，每一个变量有它们自己的数值，因此对其中一个变量的操作不可能影响到另外一个变量。对于引用类型的变量，完全有可能让两个不同的变量引用同一个对象，这样一来，对其中一个变量的操作就会影响到被另一个变量引用的对象。从图 2-1 中可以清晰地看出两者的区别。

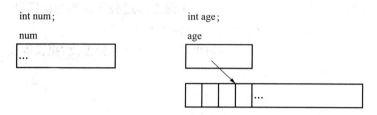

图 2-1 值类型与引用类型

在程序中使用的每一个数据类型都属于唯一的一种数据类型，没有无类型的数据，一个数据也不可能同时属于多种数据类型。C♯支持的数据类型如图 2-2 所示。

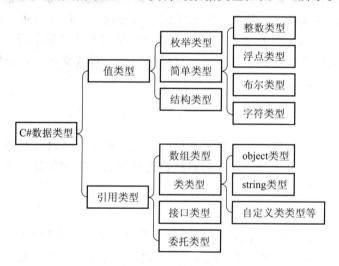

图 2-2 C♯数据类型

1. 值类型

（1）简单类型。

① 整数类型。顾名思义，整数类型变量可以存储的数据为整数。数学上的整数可以从负无穷大到正无穷大，但是由于计算机的存储单元是有限的，所以计算机语言提供的整数类型的值总是在一定的范围之内。C♯支持 8～64 位的有符号和无符号的整数，如表 2-1 所示。

表 2-1 整数类型表

描述	数据类型	位数	范围
带符号字节型	sbyte	8	－128～127
短整型	short	16	－32768～32767
整型	int	32	－2147483648～2147483647

续表

描述	数据类型	位数	范围
长整型	long	64	-9223372036854775808~9223372036854775807
字节型	byte	8	0~255
无符号短整型	ushort	16	0~65535
无符号整型	uint	32	0~4294967295
无符号长整型	ulong	64	0~18446744073709551615

② 浮点类型。浮点类型用来存储小数，C♯ 提供了三种浮点类型，如表 2-2 所示。

表 2-2　浮点类型表

描述	数据类型	位数	范围
单精度浮点型	float	32	$\pm 1.5 \times 10^{-45} \sim \pm 3.4 \times 10^{38}$
双精度浮点型	double	64	$\pm 5.0 \times 10^{-324} \sim \pm 1.7 \times 10^{308}$
十进制类型	decimal	128	$\pm 1.0 \times 10^{-28} \sim \pm 7.9 \times 10^{28}$

float 类型用于存储较小的浮点数，因为它要求的精度较低，只有 7 位。double 类型用于存储较大的浮点数，它的精度是 15 位到 16 位。注意，精度并不是指其小数点后面的精确位数，而是整个数值的数字总位数。

decimal 类型是一种专门用于表示财务计算的类型，主要用于方便在金融和货币方面的计算。decimal 类型虽取值范围比 double 要小，但它更精确。

③ 布尔类型。布尔类型用来表示现实生活中的"真"和"假"这两个概念，主要用于逻辑判断。在 C♯ 中分别采用 True 和 False 这两个值来分别表示真和假。如表 2-3 所示。

表 2-3　布尔类型表

描述	数据类型	位数	范围
布尔类型	bool	8	True 或 False

需要注意的是，如果变量声明为 bool 类型，就只能使用值 True 或 False。如果试图使用 0 表示 False，非 0 表示 True，就会出错。

例如：bool sex= True;

④ 字符类型。C♯ 支持的字符类型用来保存单个字符，字符包括数字字符、英文字母、表达式符号等。C♯ 提供的字符类型按照国际上公认的标准，采用 Unicode 字符集。一个 Unicode 的标准字符长度为 16 位。如表 2-4 所示。

表 2-4　字符类型表

描述	数据类型	位数	取值范围
字符类型	char	16	0~65535 任意双字节编码的字符

char 类型的值是用单引号括起来的，如 'a'，'9'。如果把字符放在双引号中，编译器会把它看做字符串，从而产生错误。

例如：char name= 'J';

（2）枚举类型。如果想声明一个变量用来保存星期日到星期六的值，该怎么处理？当然可用 int 类型，分别用 0，1，2，3，4，5，6 来表示，但这并不直观，可读性较差。C#提供了一个更好的解决办法，使用枚举类型。枚举类型实际上是为一组逻辑上密不可分的整数值提供便于记忆的符号，用 enum 进行声明，其声明如下：

［访问修辞符］enum 枚举名:［基础类型］
{
    枚举成员
}

例如:enum Days
{ Sunday, Monday, Tuesday,Wednesday, Thursday, Friday, Saturday };

在上例中，访问修辞符省略，默认为 public，enum 为关键字，枚举名为 Days，"{}"中的 Sunday，Monday，Tuesday，Wednesday，Thursday，Friday，Saturday 为枚举成员，需要注意的是基础类型为枚举成员的数据类型，并且可以显式地声明 byte、sbyte、short、ushort、int、uint、long 或 ulong 等整数类型作为对应的基础类型。如果没有显式地声明基础类型，则表示默认的基础类型 int，上例中 Days 的数据类型为默认的 int。

注意:

① 枚举成员中的每个常数值必须在该枚举的基础类型的范围内。

② 在枚举类型中声明的第一个枚举成员的默认值为 0，后面的枚举成员依次增加 1。

（3）结构类型。结构类型是指把各种不同类型数据信息组合在一起形成的组合类型。结构类型是用户自定义的数据类型，使用结构类型可以方便地存储多条不同类型的数据。

在 C#中可以使用数组来存储许多具有相同类型和意义的信息，但是如果有些数据信息由若干不同数据类型和不同意义的数据所组成（如一个学生的个人记录可能包括：学号、姓名、性别、年龄、籍贯、家庭住址、联系电话等），这些信息的类型不完全一样，就不能通过定义一个数组来存储一个学生的所有信息。这时，就可以用 C#提供的结构类型有组织地把这些不同类型的数据信息存放到一起。声明结构类型的一般语法格式如下：

```
struct 结构类型名
{
    结构成员定义
}
```

① struct 关键字表示声明的是一种结构类型。

② 由一对花括号括起来的部分称为结构体，它定义了结构中所包含的各种成员。

例如：定义一个描述学生信息的结构。

```
struct Student
```

```
{
    public int no;
    public string name;
    public string phone;
}
```

2. 引用类型

（1）类类型。类是面向对象编程的基本单位，它是一种包含数据成员、函数成员和嵌套类型的数据结构。类的数据成员有常量、域和事件。函数成员包括方法、属性、索引指示器、操作符、事件、构造函数和析构函数。类和结构体都包含了自己的成员，但它们之间最主要的区别是：类是引用类型，而结构是值类型。

类类型是最基本的用户自定义类型，对于其具体的定义和使用方法将在以后章节进行详细描述。

（2）数组类型、接口、委托类型。数组是一种数据结构，它包含若干相同类型的变量，按照数据名、数据元素和维数来描述。委托是一种安全封装方法的类型，它与 C 和 C++ 中的函数指针类似。接口描述的是属于任何类或结构的一组相关功能。接口可由方法、属性、事件、索引器或这四种成员类型的任意组合构成。这几种类型具体将在后续章节中进行详细介绍。

2.1.4　变量与常量

程序所处理的数据不仅分为不同的类型，而且每种类型的数据还有变量和常量之分。从用户角度来看，变量是指在程序运行的整个过程中其值可发生变化的数据存储对象，常量是指在程序运行的整个过程中其值始终不变的数据存储对象。

1. 变量

变量就是存储数据的基本单元，从系统角度来看，变量就是计算机内存中的一个存储空间。可以把计算机内存中的变量看做一个盒子，在这个盒子中，可以存放一些东西，当用到时再把它们取出来。变量可以存放各种类型的信息，如姓名、年龄、学号、价格等。使用变量的基本原则是：先声明，后使用。在声明时必须为变量命名。

（1）变量的命名。在 C♯ 中，不能把任意序列的字符作为变量名。变量名属于用户标识符，其命名规则和用户标识符命名规则一致：

① 必须以字母、下画线或@开头；
② 只能由字母、数字、下画线组成，不能包含空格、标点符号、运算符等其他符号；
③ 不能与 C♯ 的关键字同名；
④ 区分大小写。

关键字不能在程序中用作标识符，除非它们有一个@前缀。C♯ 允许在变量名前加上前缀@，即可用前缀@加上关键字作为变量的名字，如@using 是合法的变量名。引入前缀@的目的在于与其他语言进行交互时避免冲突，因为@实际上并不是名称的一部分，其他编程语言会把它作为一个普通的变量名。建议读者尽量不要用前缀@作为变量名的一部分。

下面是一些合法的变量命名示例：

i、name、score、flag

下面是一些非法的变量命名示例：

```
No.1        //不能包含标点符号
1_new       //不能以数字开头
new         //与关键字同名
```

尽管符合上述规则要求的变量名就可以使用，但还是希望在给变量命名的时候应给出具体描述性质的名称，能够见名知义，这样写出来的程序便于理解。比如，"年龄"可以命名为age，"姓名"可以命名为name，"性别"可以命名为sex等。

（2）变量的声明。声明变量就是把存放数据的类型告诉编译器，以便为变量分配内存空间。声明变量的格式为：

［访问修饰符］数据类型　变量名；

说明：访问修饰符为public、private、protected、internal等，默认为public。
例如：

```
int x;              //声明一个整型变量 x
float sum;          //声明一个单精度浮点型变量 sum
bool flag;          //声明一个布尔型变量 flag
char x;             //声明一个字符型变量 x
string name;        //声明一个字符串型变量 name
int a,b,c;          //声明三个整型变量 a,b,c(可以一次声明多个变量)
```

（3）变量的赋值。变量声明后就可以直接对变量赋值，变量的赋值就是将数据保存到变量中的过程。赋值格式如下：

变量名＝表达式；
例如：

```
int num;            //声明一个整型变量 num
num = 5;            //为变量 num 赋值 5
bool x;             //声明一个布尔型变量 x
x = True;           //为变量 x 赋值 True
char s;             //声明一个字符型变量 s
s = 'w';            //为变量 s 赋值 w
string name;        //声明一个字符串型变量 name
name = "Joe"        //为变量 name 赋值 Joe
```

注意，也可以使用以下方法进行变量赋值。
① 声明变量的同时为变量赋值。
例如：int y = 9; //声明 y 的同时赋值
　　　 int a = b = 10; //该语句不正确
② 为几个变量一同赋值。

例如：int a,b;

　　　　a = b = 10;

③ 使用变量为变量赋值。

例如：float x;

　　　　float y;

　　　　x = 5;

　　　　y = x;

2. 常量

常量同变量一样，也是用来存储数据的。它们的区别在于，常量的值是固定不变的。常量通常可以分为字面常量和符号常量。

（1）字面常量。字面常量，即数据值本身。它分为整数常量、浮点常量、字符常量、字符串常量和布尔常量。

① 整数常量。对于一个整数值，其类型可以分为 int、uint、long 或 ulong 等，默认的类型是 int 类型。如果默认类型不是想要的类型，可以在常量后面加上后缀（U 或 L）来说明指定的类型。

例如，在常量后加上 L 或 l（不区分大小写）表示长整型。

```
56              //表示一个 int 类型
56L             //表示一个 long 类型
```

整数常量可以采用十进制也可以采用十六进制，默认为十进制，在数值前面加上 0x（或 0X）表示十六进制，例如：

```
0x20            //表示十六进制数 20,相当于十进制数 32
0x1F            //表示十六进制数 1F,相当于十进制数 31
```

② 浮点常量。一般带小数点的数或用科学计数法表示的数都被认为是浮点数，它的数据类型默认为 double 类型，但也可以加后缀符表示三种不同的浮点数。

● 在数字后面加 F(f)表示是 float 类型。

● 在数字后面加 D(d)表示是 double 类型。

● 在数字后面加 M(m)表示是 decimal 类型。

例如：

```
3.16,3.16e2             //表示一个 double 类型的常量
3.16F,0.162f            //表示一个 float 类型的常量
3.16D,0.162d            //表示一个 double 类型的常量
3.16M,0.162m            //表示一个 decimal 类型的常量
```

③ 字符常量。字符常量表示单个的 Unciode 字符集中的一个字符，通常包括数字、各种字母、标点、符号和汉字等。字符常量用一对英文单引号界定，如'A'、'a'、'一'、'中'等。

还有一类具有特定含义的字符常量，就是用"\"开头的一个或几个字符，称为转义字符。例如，'\n'表示换行符。C♯中的转义字符如表 2-5 所示。

表 2-5   转义字符表

转义序列	字符	转义序列	字符
\ '	单引号	\ f	换页
\ "	双引号	\ n	换行
\\	反斜杠	\ r	回车
\ 0	空	\ t	水平制表符
\ a	警告	\ v	垂直制表符
\ b	退格		

④ 字符串常量。字符串常量是由一对双引号界定的字符序列。

例如：

"It's a cat!"
"北京欢迎您!"

⑤ 布尔常量。布尔常量即布尔值本身，它有两个关键字，分别为 True 和 False。

(2) 符号常量。符号常量的声明格式如下：

［访问修饰符］const 数据类型　　常量名= 值；

说明：访问修饰符为 public、private、protected、internal 等，默认为 public。

例如：

```
const double PI = 3.1415926;        //声明一个常量 PI,其值为 3.1415926
const int x = 1,y = 2;              //声明两个常量 x、y,x 的值为 1,y 的值为 2
```

如果在程序中多处使用圆周率进行计算，就可以声明一个符号常量来代替圆周率。一方面可以防止诸如把 3.14159 写成 3.14169 的错误，保证整个程序使用的都是同一个圆周率。另一方面假设由于要求更高的精度，需要把原来使用的 3.14159 改为 3.1415926，这时只需要改常量的声明就可以在整个程序中使用更高精度的圆周率了。这样使得程序的维护变得非常简单。

在程序中，使用符号常量有如下优点。

① 符号常量用易于理解的名称替代了含义不明确的数字或字符串，使程序更易理解。

② 符号常量使得程序易于修改。比如程序中有一个表示半径的常量，以后半径如果发生改变，只要更改常量即可。如果不使用常量，而是直接将半径的值写在程序里，则不得不修改程序中所有使用到半径的地方。

③ 符号常量更容易避免程序出现错误。如果要把另一个值赋给程序中的一个常量，而该常量已经有了一个值，编译器就会报告错误。

【任务 T02_2】　编写控制台应用程序，程序功能：声明常量 PI 为圆周率，计算圆的周长和面积。

任务关键点分析：如何定义使用符号常量。

程序解析：

```
static void Main(string[] args)
```

```
{
const double PI = 3.1415926; //声明符号常量 PI
double r = 5;
Console.WriteLine("圆的周长为:{0}面积为:{1}",2*PI *r, PI *r*r);
Console.ReadLine();
}
```

程序运行结果

圆的周长为：31.415926面积为：78.539815

任务总结：在本任务中，两处使用了符号常量 PI，增强了程序的可读性，使得程序易于修改，减少了程序出错的机会。

2.1.5　运算符与表达式

C♯语言中的表达式类似于数学运算中的表达式，由操作数和运算符构成。操作数可以是常量、变量等；运算符是用来对操作数进行各种运算的操作符号。因此，也可以说 C♯语言中的表达式就是利用运算符来执行某些计算并且产生计算结果的符合 C♯语法规则的语句。

依据运算符作用于操作数的个数，可以将运算符划分为三种类型。

一元（单目）运算符：作用于一个操作数。它可能出现在操作数的前面，也可能出现在操作数的后面。如-x，x++。

二元（双目）运算符：作用于两个操作数。始终出现在两个操作数的中间。如 x-y，x%y。

三元（三目）运算符：作用于三个操作数。C♯中只有一个三元操作符"?:"。如 y=(x>1?0：1)。

根据运算符的功能，还可以将运算符划分为算术运算符、赋值运算符、关系运算符、逻辑运算符、位运算符等，下面一一介绍这些运算符。

1. 算术运算符与其表达式

算术运算符对数值型对象进行运算，运算结果也是数值型。用算术运算符把数值量连接在一起且符合 C♯语法的表达式称为算术表达式。算术运算符可分成基本算术运算符和自增自减运算符。

（1）基本算术运算符。基本算术运算符用来处理四则运算的符号，是最简单、最常用的符号。C♯提供的基本算术运算符如表 2-6 所示。

表 2-6　基本算术运算符表

对象数	运算符	含义	运算规则	示例（a=8，b=6）	结果
一元	+	正	取正值	+a	8
	-	负	取负值	-a	-8

续表

对象数	运算符	含义	运算规则	示例（a＝8，b＝6）	结果
	＋	加	加法	a＋b	14
	－	减	减法	a－b	2
二元	＊	乘	乘法	a＊b	48
	/	除	除法	a/b	1
	％	模	整除取余数	a％b	2

使用基本算术运算符时，需要注意以下几点。

① 对于"/"运算符，不同运算对象的运算结果是不一样的。如果运算对象中有实数，则运算结果是双精度数；如果运算对象均是整数，则运算结果是商的整数部分，例如：$3.0/2=1.5$，$3/2=1$。

因此，当有两个整数相除时，应特别小心，否则容易出错。例如：$\frac{1}{5}ab$，若在程序中写成 $1/5*a*b$，结果将是0，原因是 $1/5$ 的值为0，应写为 $1.0/5.0*a*b$。

② 求余运算符"％"要求参与运算的运算对象必须都是整数型，求余运算的结果符号与被除数一致。例如：$5\%2=1$，$5\%-2=1$，$-5\%2=-1$。

【任务 T02_3】 读下列程序，给出运行结果。

任务关键点分析：注意 C#语言中，算术运算符与数学中的不同。

程序解析：

```
static void Main(string[] args)
{
    int n1, n2;
    Console.Write("请输入被除数:");
    n1 = Convert.ToInt32(Console.ReadLine());
                        //接收输入的被除数转换为整数类型赋值给 n1
    Console.Write("请输入除数:");
    n2 = Convert.ToInt32(Console.ReadLine());        //接收输入的除数赋值给 n2
    Console.WriteLine("{0}对{1}取整为{2}", n1, n2, n1 / n2);
    Console.WriteLine("{0}对{1}取余为{2}", n1, n2, n1 % n2);
    Console.Read();
}
```

程序运行结果

```
请输入被除数：25
请输入除数：5
25对5取整为5
25对5取余为0
```

任务总结：本任务中，输入不同的整数，观察运行结果中商只有整数部分。

（2）自增自减运算符。自增自减运算符的操作数必须是一个变量，而不能是常量或者其他表达式。例如不能写成 3++、（x+y）++。它既可出现在操作数之前（前缀运算），也可出现在操作数之后（后缀运算）。自增运算符"++"对变量的值加 1，自减运算符"－－"对变量的值减 1。例如，假设一个整数变量 x 的值是 7，则执行 x++ 后它的值为 8。自增自减运算符如表 2-7 所示。

表 2-7　自增自减运算符表

对象数	运算符	含义	运算规则	示例（a=3）	结果
一元	++	自增（前缀）	先加 1 后再使用	b=++a	b=4，a=4
	－－	自减（前缀）	先减 1 后再使用	b=－－a	b=2，a=2
	++	自增（后缀）	先使用后再加 1	b=a++	b=3，a=4
	－－	自减（后缀）	先使用后再减 1	b=a－－	b=3，a=2

注意：当自增自减运算符出现在表达式的内部时，把它们放在操作数的前面和后面是有区别的。

① 当运算符放在前面，如++x，则先增量 x，然后使用增量后的 x 计算表达式的值。

② 当运算符放在后面，如 x++，则先使用 x 最初的值计算表达式，然后再增量 x。

2. 关系运算符与其表达式

关系运算符用来比较两个数的大小，用关系运算符把运算对象连接起来且符合 C♯语法的式子称为关系表达式。关系表达式的运算结果总是一个布尔值，即 True（真）或 False（假）。如果关系成立则返回 True，否则返回 False。例如：关系表达式 5<6 显然不成立，其返回值为 False。C♯中有 6 种关系运算符，如表 2-8 所示。

表 2-8　关系运算符表

对象数	运算符	含义	运算规则	示例（a=6，b=9）	结果
二元	>	大于	关系成立结果为 True 关系不成立结果为 False	a>b	False
	<	小于		a<b	True
	>=	大于等于		a>=b	False
	<=	小于等于		a<=b	True
	==	等于		a==b	False
	!=	不等于		a!=b	True

注意：

① 对于整数类型和实数类型，则按其大小进行比较，这 6 种运算符都可以使用。比如 3>4，结果为 False。

② 对于字符型数据或字符串型数据进行比较时，则按字符的 Unicode 码值从左到右一一比较，字符型数据 6 种运算符都可以使用，但是字符串型数据只能使用"=="和"！="，

比如"ab"！＝"ac"，结果为 True，比如'a'＞'b'，结果为 False。

3. 逻辑运算符与其表达式

逻辑运算符用来对操作数进行逻辑运算，用逻辑运算符把操作数连接起来且符合 C#语法的式子称为逻辑表达式。逻辑表达式的操作数是布尔类型，运算结果也是布尔类型。C#提供的逻辑运算符如表 2-9 所示。

表 2-9　逻辑运算符表

对象数	运算符	含义	运算规则	示例	结果
一元	！	逻辑非	取反	！（'a'＝＝'b'）	True
二元	&&	短路与	当且仅当两个操作数均为 True 时，结果才为 True	5＜8 && （'a'＝＝'b'）	False
	||	短路或	当且仅当两个操作数均为 False 时，结果才为 False	5＜8 || （'a'＝＝'b'）	True

逻辑运算符的运算规则如表 2-10 所示。

表 2-10　逻辑运算符运算规则表

p	q	p&&q	p||q	！p
True	True	True	True	False
True	False	False	True	False
False	True	False	True	True
False	False	False	False	True
True	True	True	True	False
True	False	False	True	False

【任务 T02_4】　读下列程序，给出运行结果。

任务关键点分析：测试关系运算符和逻辑运算符的运算规则。

程序解析：

```
static void Main(string[] args)
{
    int x = 3, y = 5, a = 3, b = 2;
    Console.WriteLine("{0}", a > b && x < y);
    Console.WriteLine("{0}", ! (a > b) && ! (x > y));
    Console.WriteLine("{0}", ! (a>x)&&! (b<y));
    Console.ReadLine();
}
```

程序运行结果

```
True
False
False
```

任务总结：关系运算符、逻辑运算符的运算结果是 True 或 False，在以后的编程中，有需要判断真或假时，就需要用关系表达式或逻辑表达式。

4. 位运算符与其表达式

位运算符是对其操作数按二进制形式逐位进行运算，参加位运算的操作数必须为整型或是可以转换为整型的任何其他类型。位运算符包括两类：位逻辑运算符和位移位运算符。C♯提供的位运算符如表 2-11 所示。

表 2-11　位运算符表

对象数	运算符	含义	运算规则	示例	结果
一元	～	取反	按位取反	～10	−11
二元	&	位与	当且仅当两个操作数均为 True 时，结果才为 True	5<8&（'a'=='b'）	False
	|	位或	当且仅当两个操作数均为 False 时，结果才为 False	5<8|（'a'=='b'）	True
	∧	异或	当且仅当只有一个操作数为 True 时，结果才为 True	5<8∧（'a'=='b'）	True
	<<	左移	第一个操作数向左移动第二个操作数指定的位数	10<<1	20
	>>	右移	第一个操作数向右移动第二个操作数指定的位数	10>>1	5

（1）取反运算是对操作数的每一位取反，比如 10 的二进制表示为 00001010，对 10 取反结果为 11110101，所以～10＝−11。

（2）左移运算将操作数按位左移，高位被丢弃，低位顺序补 0，比如 10 的二进制表示为 00001010，左移一位为 00010100，左移二位为 00101000，所以 10<<1＝20，10<<2＝40。

（3）右移运算将操作数按位右移若干位，具体计算方法如下。

① 当操作数为 int 或 long 类型时，放弃低位，将剩余的位向右移，如果操作数非负，则将高序空位位置设置为 0，如果操作数为负，则将其设置为 1。

② 当操作数为 uint 或 ulong 类型时，放弃低序位，将剩余的位向右移，并将高序空位位置设置为 0。

比如 8 的二进制表示为 00001000，右移一位为 00000100，右移二位为 00000010，所以 8>>1＝4，8>>2＝2。

（4）位与运算规则：0&0=0　　　0&1=0　　　1&0=0　　　1&1=1

位或运算规则：0|0=0　　　0|1=1　　　1|0=1　　　1|1=1

异或运算规则：0∧0=0　　　0∧1=1　　　1∧0=1　　　1∧1=0

（5）运算符"&"和"|"的操作结果与"&&"和"||"一样，但"&&"和"||"的效率更高。当计算第一个操作数时，若能得知运算结果则不会再计算第二个操作数。

5. 赋值运算符与其表达式

赋值运算符用来给变量赋值。赋值运算符左边的操作数叫左操作数，赋值运算符右边的操作数叫右操作数。赋值运算符的作用是先计算出赋值运算符右边的表达式的值，再把值赋给左边的变量。用赋值运算符把操作数连接起来且符合 C# 语法的式子称为赋值表达式。C# 提供的赋值运算符如表 2-12 所示。

表 2-12　赋值运算符表

对象数	运算符	含义	运算规则	示例（a＝5）	结果（a 的值）
二元	=	赋值	将表达式的值赋给左操作数	a＝5	5
	+=	加赋值	a+=b（相当于 a=a+b）	a+＝3	8
	-=	减赋值	a-=b（相当于 a=a-b）	a-＝3	2
	*=	乘赋值	a*=b（相当于 a=a*b）	a*＝3	15
	/=	除赋值	a/=b（相当于 a=a/b）	a/＝3	1
	%=	模赋值	a%=b（相当于 a=a%b）	a%＝3	2
	&=	位与赋值	a&=b（相当于 a=a&b）	a&＝3	1
	|=	位或赋值	a|=b（相当于 a=a|b）	a|＝3	7
	>>=	右移赋值	a>>=b（相当于 a=a>>b）	a>>＝3	0
	<<=	左移赋值	a<<=b（相当于 a=a<<b）	a<<＝3	40
	∧=	异或赋值	a∧=b（相当于 a=a∧b）	a∧＝3	6

6. 条件运算符与其表达式

条件运算符是 C# 中唯一的一个三元运算符，条件运算符由符号"?"与":"组成，通过操作三个操作数完成运算，其一般格式如下：

```
exp1 ? exp2 : exp3
```

（1）表达式 exp1 的运算结果必须是一个布尔类型值，表达式 exp2 和 exp3 可以是任意数据类型，但它们返回的数据类型必须一致。

（2）计算 exp1 的值，如果其值为 True，则计算 exp2 值，这个值就是整个表达式的结果；否则，取 exp3 的值作为整个表达式的结果。

例如：

```
z = x > y ? x : y;          // z 的值就是 x,y 中较大的一个值
```

```
z = x > = 0 ? x : - x;                    // z 的值就是 x 的绝对值
```

【任务 T02_5】　　编写控制台应用程序，程序功能：输出任意两个整数中较大的一个。

任务关键点分析：条件表达式的应用。

程序解析：

```
static void Main(string[] args)
{
    int n1, n2, t;
    Console.Write("请输入第一个数:");
    n1 = Convert.ToInt32(Console.ReadLine());
    Console.Write("请输入第二个数:");
    n2 = Convert.ToInt32(Console.ReadLine());
    t = n1 > n2 ? n1 : n2; //如果 n1> n2,将 n1 赋值给 t,否则将 n2 赋值给 t
    Console.WriteLine("较大的数是{0}", t);
    Console.ReadLine();
}
```

程序运行结果

```
请输入第一个数: 56
请输入第二个数: 32
较大的数是56
```

任务总结：本任务中，条件表达式解决了一个简单的选择问题，简单明了，书写紧凑，因此一些简单的选择问题可以用此方法。

7. 其他运算符

C♯还提供了一些其他的运算符，比如对象创建、类型信息、溢出检查等运算符，这些运算符的含义和功能如表 2-13 所示。

表 2-13　其他运算符表

名　　　称	运算符	含　　　义
对象创建	new	创建对象和调用实例的构造函数
类型信息	is	检查对象是否为指定类型
	sizeof	获取值类型在内存所占的字节数
	typeof	获取系统命名空间中的数据类型
溢出检查	checked	对整型数据运算和类型转换的溢出检查
	unchecked	取消对整型数据运算和类型转换的溢出检查

（1）new 运算符。new 运算符用于创建一个新的类型实例。它有以下三种形式。

① 对象创建表达式，用于创建一个类类型或值类型的实例。比如 Class1 classname＝new Class1();

② 数组创建表达式，用于创建一个数组类型实例。比如 int [] a ＝ new int[10]；

③ 委托创建表达式，用于创建一个新的委托类型实例。比如 delegate double DFunc（int x）；DFunc f＝new DFunc（5）；

对于 new 运算符的具体用法，将在后续章节中进行介绍。

（2）is 运算符。is 运算符用于检查对象运行时的类型，即判断某个变量是否为某个类型，其运算结果是布尔值。is 表达式的一般格式为：

变量名 is 数据类型

【任务 T02_6】　读下列程序，给出运行结果。

任务关键点分析：is 运算符的应用。

程序解析：

```
static void Main(string[] args)
{
    int x = 2;
    Console.WriteLine(x is int);
    Console.WriteLine(x is float);
    Console.WriteLine(x is object);
    Console.ReadLine();
}
```

程序运行结果

```
True
False
True
```

任务总结：is 运算符用于判断变量是否为某个类型，运行结果是 True 或 False。

（3）sizeof 运算符。sizeof 运算符用来求所定义的数值型变量在内存中占多少字节。sizeof 表达式的一般格式为：

sizeof(变量类型)

该表达式的返回值是一个整数。

例如：

```
sizeof(int)          //返回一个整数,代表变量所占的字节数,结果为 4
```

（4）typeof 运算符。typeof 运算符返回可以获得指定类型的 System .Type 对象。typeof 表达式的一般格式为：typeof（数据类型）

【任务 T02_7】　读下列程序，给出运行结果。

任务关键点分析：typeof 运算符的应用。

程序解析：

```
static void Main(string[]args)
{
```

```
Console.WriteLine(typeof(int));
Console.WriteLine(typeof(string));
Console.ReadLine();
}
```

程序运行结果

```
System.Int32
System.String
```

任务总结：typeof 运算符返回指定类型的 System .Type 对象。

（5）checked 和 unchecked 运算符。checked 运算符用于对整型算术运算和转换显示启用溢出检查。unchecked 运算符则对整型算术运算和转换显示取消溢出检查。

对于如下代码：

```
byte b = 255;
b++ ;
Console.WriteLine(b);
```

byte 数据类型包含的数只能为 0～255，所以执行 b++ 操作时将会溢出。为此，C♯ 提供了 checked 和 unchecked 运算符来决定 CLR 如何处理溢出。如果把一个代码块标记为 checked，CLR 会执行溢出检查，如果发生溢出，就抛出异常，更改上述代码如下：

```
byte b = 255;
checked
{
    b++ ;
}
Console.WriteLine(b);
```

运行这段代码将提示：未处理 OverflowExecption。

如果要禁止溢出检查，可以把代码改为：

```
byte b = 255;
unchecked
{
    b++ ;
}
Console.WriteLine(b);
```

这段代码运行时将不再抛出异常，运算后 b 的值为 0。

如果代码没有使用 checked 或 unchecked 标记，则对溢出的处理方式取决于编译器选项。打开项目的"属性"页，单击"生成"属性页，单击"高级"按钮，弹出"高级生成设置"

对话框，修改"检查运算上溢/下溢"属性。如图 2-3 所示。

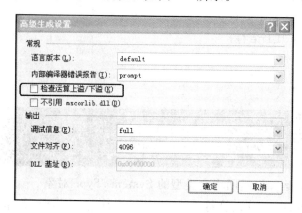

图 2-3　"高级生成设置"对话框

8. 运算符的优先级

当一个表达式含有多个运算符时，C#编译器需要知道先做哪个运算，这就是所谓运算符的优先级，它控制各个运算符的运算顺序。例如，表达式 x＋y＊z 按 x＋（y＊z）计算，因为"＊"运算符具有的优先级比"＋"运算符高。

表 2-14 中从高到低罗列了所有运算符的优先级，表顶部的运算符具有最高的优先级，表底部的运算符具有最低的优先级，即在包含多个运算符的表达式中，最先使用具有最高优先级的运算符。

表 2-14　运算符优先级和结合性

类别	运算符	结合性
基本	x .y f(x) a [x] x++ x－－ new typeof checked unchecked	从右至左
一元	＋（正）－（负）！～ ++x －－x (T) x（类型转换）	从右至左
乘法类	＊ / ％	从左至右
加法类	＋ －	从左至右
移位	＜＜ ＞＞	从左至右
关系和类型检测	＜ ＞ ＜＝ ＞＝ is as	从左至右
相等	＝＝ ！＝	从左至右
位与	＆	从左至右
位异或	∧	从左至右
位或	｜	从左至右
逻辑与	＆＆	从左至右
逻辑或	｜｜	从左至右
条件	?:	从右至左
赋值	＝ ＊＝ /＝ ％＝ ＋＝ －＝ ＜＜＝ ＞＞＝ ＆＝ ∧＝ ｜＝	从右至左

当操作数出现在具有相同优先级的运算符之间时，运算符的结合顺序决定运算怎样进行。规则如下。

（1）除赋值运算符、条件运算符和基本运算符外，所有的二元运算符都是左结合，即操作从左至右完成，例如：x＋y＋z 等价于（x＋y）＋z。

（2）赋值运算符是右结合，即操作是从右至左完成，例如：x＝y＝z 等价于 x＝（y＝z）。

（3）条件运算符和基本运算符结合为右结合，由其格式决定。

2.1.6　类型转换

为了进行不同类型数据的运算（如整数和浮点数的运算等），需要把数据从一种类型转换为另一种类型，即进行类型转换，从而保证参与运算的数据的数据类型保持一致。

C#提供的类型转换方法有隐式类型转换和显式类型转换，也可以采用 C#提供的方法实现类型转换。

1. 隐式转换

隐式转换是指系统默认的，不需要加以声明就能对数据类型进行转换的数据转换。对于数字而言，一种类型可以转换为哪几种类型不需要死记硬背，只需要理解以下两个原则就可以了。

（1）目标类型占用空间不能比源类型小。

（2）目标类型的取值范围可以容纳源类型的取值范围，如以下程序。

例如：

```
int i = 100;
long k = i;        //成功,int 隐式转换为 long,int 占用 32 位空间,long 占用 64 位空间
uint i = 400;
int j = i;         //失败,uint 的一部分数值超出了 int 的取值范围
```

有两点例外：

① 不存在浮点型和 decimal 类型间的隐式转换；

② 不存在到 char 类型的隐式转换。

例如：

```
int i = 'b';       //成功,i 的值为 98
char c = 98;       //失败,数值类型无法隐式转换为字符类型
```

需要注意，从 int、uint 转换为 float 和从 long 转换为 double 可能会导致精度的损失。这是因为 float 的有效位数是 7 位，而 int 的有效位数可以达到 10 位。

2. 显式转换

显式转换又称强制类型转换，与隐式转换相反，是在代码中明确指示将某一类型的数据转换为另一种类型。显式转换包括所有的隐式转换，也就是说把任何系统允许的隐式转换写成显式转换的形式都是允许的。当没有相应的隐式转换时，必须使用显式转换。

显示转换的一般格式为：

（数据类型）数据

例如：

```
int x = 100;
byte y = (sbyte)x;//byte 类型的取值范围是 0~ 255,不会丢失信息,最终 y 的值为 100
int i = 97;
char c = (char)i; //将变量 i 的值显示转换为 char,c 的值为'a'
```

需要注意的是，显式转换有时会引起信息丢失。

```
float i = 3.2;
int j = (int)i;  //变量 j 的值只能保存其整数部分 3
```

3. C#提供的方法进行类型转换

有时通过隐式或显式转换都无法将一种数据类型转换为另一种数据类型，例如，将数值类型转换为字符串类型，或将字符串类型转换为数值类型。但在程序设计中，又经常需要进行这种转换，这时可以使用 C#提供的专门用于数据类型转换的方法实现。

（1）Parse 方法。Parse 方法可以将特定格式的字符串转换为数值。Parse 方法的使用格式为：

数据类型 . Parse（字符串型表达式）

其中，"字符串型表达式"的值必须严格符合"数据类型"对数值格式的要求。

例如：

```
int x = int.Parse("123");        //符合整型格式要求,转换成功
int x = int.Parse("123.0");      //不符合整型格式要求,转换不成功
```

（2）Convert 类。Convert 类的静态方法用于支持 . NET Framework 中的基类型与数据类型之间的转换。受支持的基类型是 Boolean、Char、SByte、Byte、Int16、Int32、Int64、UInt16、UInt32、UInt64、Single、Double、Decimal、DateTime 和 String。可根据不同的需要使用 Convert 类的公共方法实现不同数据类型的转换。

【任务 T02_8】   编写控制台应用程序，程序功能：输入一个学生姓名和性别（男、女），并输出。

任务关键点分析：如何使用 Convert 类的公共方法实现数据类型的转换。

程序解析：

```
static void Main(string[] args)
{
    string name;
    char sex;
    Console.Write("输入姓名:");
    name = Console.ReadLine();
    Console.Write("输入性别:");
    sex = Convert.ToChar(Console.ReadLine());   //接收性别,将其转换为 char 类型
    Console.WriteLine("姓名为{0},性别为{1}", name, sex);
```

```
Console.ReadLine();
}
```

程序运行结果

任务总结：在本任务中，使用 Convert 类的 ToChar 方法将输入的数据转化为字符类型，从而与 sex 类型一致。

（3）ToString 方法。ToString 方法可以将其他数据类型的变量值转换为字符串类型。ToString 方法的使用格式为：

```
变量名.ToString()
```

其中，变量名也可以是一个方法的调用。

例如：

```
int x = 123;
string s = x.ToString();   //将整型变量 x 的值读出来,转换为字符串"123",然后赋值
给 s
```

2.2　统计付款数

2.2.1　任务解析

【**任务 T02_9**】　编写控制台应用程序，程序功能：用户输入苹果和香蕉的重量，程序自动计算出付款数额。（苹果单价为 3.5 元/千克，香蕉单价为 1.5 元/千克）

任务关键点分析：注意撰写程序代码的规范。

程序解析：

1. 创建一个控制台应用程序，项目名称为：T02_9。

2. 在项目中输入以下代码：

```
static void Main(string[] args)
{
    double applePrice, bananaPrice, appleWeight, bananaWeight, total;
    Console.Write("请输入苹果重量(kg)");
    appleWeight = Convert.ToDouble(Console.ReadLine());
    Console.Write("请输入香蕉重量(kg)");
    bananaWeight = Convert.ToDouble(Console.ReadLine());
    applePrice = 3.5;                           //苹果的单价
```

```
        bananaPrice = 1.5;                      //香蕉的单价
        total = applePrice * appleWeight + bananaPrice * bananaWeight;
        Console.WriteLine("应付款为{0}", total);
        Console.ReadLine();
    }
```

程序运行结果

```
请输入苹果重量<Kg>5
请输入香蕉重量<Kg>10
应付款为32.5
```

任务总结：此任务的含义很好理解，主要让大家注意撰写程序代码的一般规范。比如，double 后出现的空格、每行的缩进、第 8 行和第 9 行的注释、第 3 行变量的命名、第 10 行表达式与语句的书写等。

C#应用程序中的代码格式有两类：一类属于 C#的语法规则，这一类格式必须遵守；另一类是属于结构格式，这在程序设计中不是必须的，但统一结构格式的书写方法有助于使代码层次清晰，从而提高程序的可读性，是一种良好的编程习惯。下面介绍结构格式的一般书写方法。

2.2.2 缩进与空格

任务 T02_9 中，程序中"{ }"按层次进行缩进，每行代码也往后缩进 4 个字符。"double applePrice"中间空一个格，"total = applePrice * appleWeight + bananaPrice * banana-Weight"表达式中运算符前后均空一个格。

1. 缩进

缩进用于表示代码的结构层次，这在程序中不是必须的，但是缩进可以清晰地表示程序的结构层次，增强程序可读性，在程序设计中应该使用统一的缩进格式书写代码。需要注意以下几种规则。

（1）代码块（"{ }"）按层次进行缩进，缩进宽度每级统一为 4 个字符（一个制表符，即将 Tab 设为四个字符宽）。使用 Tab 键设置缩进，尽量不要使用空格键。

（2）大括号"{"和"}"总是各自单独占用一行，且要保持相同的缩进。

（3）当表达式过长，不适合在一行显示时（一般每行应该不超过 80 个字符），可在逗号后或操作符前（以便突出操作符）换行，新行要与上一行中同一层次的表达式左对齐。

2. 空格

空格有两种作用，一种是语法要求，必须遵守；一种是为了语句不至于太拥挤，从而提高程序的可读性。需要注意以下几种规则。

（1）const、public、case 等关键字后要加一个空格，否则无法辨析关键字。if、for、while 等关键字后应加一个空格再跟左括号，以突出关键字。

（2）在逗号和分号（如果分号不是一行的结束符号）之后要加一个空格。

（3）在赋值运算符、关系运算符、算术运算符、逻辑运算符、位运算符等二元运算符的前后也应加空格。

2.2.3　注释

任务 T02_9 中，"applePrice = 3.5；"、"bananaPrice = 1.5；"两行后的"//"后均为单行注释。

代码中的注释起到对代码进行解释说明的作用，不参与程序运行。在程序中添加注释，有利于编程者对程序的阅读与维护，也可以使别人更好地理解程序。在添加注释时需要注意以下几种规则。

（1）单行注释要与其注释的代码具有相同的缩进。

例如：

```
if(x>y)
{
    //计算两个数的最大值
        ……
}
```

（2）极短的注释可与它们所要描述的代码位于同一行，但是应该有足够的空白来分开代码和注释。若有多个短注释出现于大段代码中，它们应该具有相同的缩进。

例如：

```
if (x> = 0)
{
  y = x;               //将 x 的值给 y
}
else
{
  y = -x;              //将-x 的值给 y
}
```

（3）单行与行末注释中统一使用注释界定符"//"，不要使用"/ * … * /"形式，主要是因为"/ * … * /"形式的注释不支持嵌套。

2.2.4　命名

任务 T02_9 中，"applePrice，bananaPrice，appleWeight，bananaWeight，total"均为变量的名字，在对变量命名时不仅要遵循命名的语法规则，而且要有一个好的命名规范，而一个好的命名规范要做到两点：一是合理，即容易被大家接受和使用；二是风格一致，即前后一致。具体在命名时基于微软的标准有以下两种常用的命名规则。

1. Pascal 大小写

将标识符的首字母和后面连接的每个单词的首字母都大写。比如 BackColor。

2. Camel 大小写

标识符的首字母小写，而每个后面连接的单词的首字母都大写。比如 backColor。

对标识符进行命名时，经常有以下习惯。

（1）微软建议，对于变量、方法参数等使用 Camel 规则，而类名、方法名、属性等则使用 Pascal 规则。

（2）采用能理解的、有意义的、描述性的词语来命名。比如姓名用 name，平均年龄采用 avgAge 等。

2.2.5　表达式与语句

任务 T02_9 中，"applePrice ＝ 3.5；"、" bananaPrice ＝ 1.5；"、"total ＝ applePrice ＊ appleWeight ＋ bananaPrice ＊ bananaWeight；"这些语句和表达式在使用时也有一定的规则。

表达式和语句都是属于 C＃ 的基本语法，看似简单，但使用时也容易出现一些问题，下面归纳了一些使用表达式和语句的一些规则和建议。

（1）不要试图使用内嵌赋值运算符提高运行时的效率。

例如：

```
//避免
d = (a = b + c) + r;
//最好改为
a = b + c;
d = a + r;
```

（2）每行至多包含一条语句，这样的代码容易阅读，并且方便写注释。

例如：

```
//良好格式
m++;
m--;
//避免
m++; m--;
```

本章小结

本章主要介绍 C＃ 语法基础，即标识符的分类和命名规则，C＃ 数据类型，变量与常量的命名、声明和赋值，几种运算符与表达式，数据类型的隐式转换和显式转换。另外，本章还介绍了如何规范撰写程序，以便提高程序的可读性。

上机练习 2

1．上机执行本章 T02_1～ T02_9 等任务，并分析其结果。

2．编写控制台应用程序，程序功能：输出一段文本内容。程序运行效果如下。

```
".Net"是微软公司推出的下一代平台系统，其中包括
操作系统          开发语言          开发平台等
```

3．编写控制台应用程序，程序功能：用户输入两个整数后，程序自动完成两个数相加，相减，相乘和相除，并显示结果。

4．编写控制台应用程序，程序功能：输入一个学生的多个信息，如姓名，年龄，性别（男、女），C#课程成绩，并输出。

5．编写控制台程序，程序功能：由用户输入半径和高，求出圆锥的体积并进行显示。（圆锥的体积＝π×半径×半径×高/3）

第3章 流程控制语句

本章通过"计算折后价格"、"计算 $1+2+\cdots+100$"等任务，引入流程控制语句的语法知识，通过掌握选择结构、循环结构的程序设计，使学生在程序设计中能够解决选择及同一个操作多次执行或者相似的操作多次执行的问题，具备初步编程能力。

本章要点：
➢ 掌握 if 语句、switch 语句实现选择结构；
➢ 掌握 for 语句、while 语句、do…while 语句实现循环结构；
➢ 理解和掌握循环嵌套结构；
➢ 理解和掌握跳转语句。

3.1 计算折后价格

3.1.1 任务解析

【任务 T03_1】 编写控制台应用程序，程序功能：某商店为了吸引顾客，采取以下优惠活动：所购商品总额小于 1000 元的，打 9 折优惠；所购商品总额大于等于 1000 元的，打 8 折优惠。要求计算折后价格。

任务关键点分析：如何计算分段函数。

程序解析：

1. 创建一个控制台应用程序，项目名称为：T03_1。

2. 在项目中输入以下代码：

```
/* 计算折后价格* /
static void Main(string[] args)
{
    double sum;
    Console.WriteLine("请输入所购商品总额:");
    sum = Convert.ToDouble(Console.ReadLine());
```

```
    if (sum > = 1000)                        //实现选择
    {
        sum = sum*0.8;
    }
    else
    {
        sum = sum*0.9;
    }
    Console.WriteLine("打折后的实际价格是{0:F2} ", sum); //保留两位小数
    Console.ReadLine();
}
```

程序运行结果

任务总结：该问题需要解决分段函数，当所购商品总额＜1000 元时，打折后的商品总额为：所购商品总额×0.9。当所购商品总额＞＝1000 元时，打折后的商品总额为：所购商品总额×0.8。这是典型的选择结构，用 if…else 语句实现。

3.1.2　选择结构

所谓选择结构又称判断结构或分支结构，它根据是否满足给定的条件而从两组操作中选择一种执行。在 C♯中，使用 if 语句或 switch 语句实现分支结构。

● if 语句，可实现单分支、双分支选择，也可以通过 if…else…if 实现多分支选择。

● switch 语句，用于多分支选择。

1. 输入成绩判断是否通过考试

（1）任务解析。

【任务 T03_2】　编写控制台应用程序，程序功能：输入成绩 score 的值：判断如果 score 大于等于 60，那么显示通过考试。

任务关键点分析：利用单分支 if 语句判断输入的成绩 score。

程序解析：

```
/* 判断是否通过了考试* /
static void Main(string[] args)
{
    int score;
    Console.WriteLine("请输入您的成绩:");
    score = Convert.ToInt32(Console.ReadLine());
    if (score > = 60)                        //单分支选择
```

```
    {
        Console.WriteLine("恭喜您通过了这次考试");
    }
    Console.ReadLine();
}
```

程序运行结果

```
请输入您的成绩:
69
恭喜您通过了这次考试
```

任务总结：该任务中只有在 score >= 60 时有对应的操作，因此使用单分支的 if 语句。

（2）单分支 if 语句。单分支 if 语句是程序设计中最基本的选择语句，它根据条件表达式的值选择要执行的后面的语句序列。一般用于简单选择。

格式：

```
if(条件表达式)
{
    语句序列;
}
```

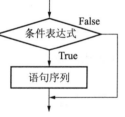

图 3-1　单分支 if 语句
流程图

功能：根据条件表达式的值进行判断。当该值为真时，执行 if 后的语句序列；当该值为假时，什么都不执行。这种形式的 if 语句流程如图 3-1 所示。

注意：

● 在 if 语句中，if 关键字之后均为表达式。该表达式通常是逻辑表达式或关系表达式，其结果为布尔值。

● 在 if 语句中，条件判断表达式必须用括号括起来，在语句之后必须加分号。

● 在 if 语句中，如果要想在满足条件时执行一组（多个）语句，则必须把这一组语句用 {} 括起来组成一个复合语句。

练一练：编写控制台应用程序，程序功能：从键盘上输入一个整数，输出它的绝对值。（提示：如果该数小于 0，那么其绝对值为它的相反数，否则为该数本身）

2. 计算水费

（1）任务解析。

【任务 T03_3】　编写控制台应用程序，程序功能：为鼓励居民节约用水，自来水公司采用按月用水量分段计费的方法，居民应交水费 y（元）与月用水量 x（吨）的函数关系如下。

$$y=f(x)=\begin{cases} \dfrac{4}{3}x & (x\leqslant15) \\ 2.5x-10.5 & (x>15) \end{cases}$$

　　任务关键点分析：对于二分段函数的计算，只需要根据自变量 x 的值不同，采用不同的计算公式进行计算即可。输入用户的用水量 x（吨），判断应采用的公式，计算并输出用户应付的水费 y（元）。

　　程序解析：

```
/* 计算二分段函数*/
static void Main(string[] args)
{
    double x, y;
    Console.WriteLine("请输入本月使用水量:");
    x = Convert.ToDouble(Console.ReadLine());
    if (x <= 15)                     //双分支选择 if…else 语句
    {
        y = 4 * x / 3.0;
    }
    else
    {
        y = 2.5 * x - 10.5;
    }
    Console.WriteLine("本月应交水费{0:F2}", y); // F2 表示小数点后保留两位
小数
    Console.ReadLine();
}
```

　　程序运行结果

```
请输入本月使用水量:
60
本月应交水费139.50
```

　　任务总结：对于二分段函数的计算，利用双分支 if…else 语句。

　　（2）if…else 语句。if…else 语句与上面介绍的单分支 if 语句不同的是，它具有两个分支，根据条件判断的不同结果，执行不同的分支。

　　格式：

```
    if (条件表达式)
    {
        语句序列 1;
    }
    else
    {
        语句序列 2;
    }
```

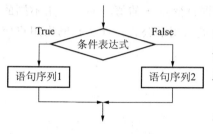

功能：根据条件表达式的值进行判断，当条件表达式的值为真时，执行 if 语句后的语句序列 1，当条件表达式值为假时，执行 else 语句后的语句序列 2。该结构用于两路分支的选择，执行流程如图 3-2 所示。

注意：else 子句不能单独出现，必须与它前面的 if 成对使用。

练一练：编写控制台应用程序，程序功能：输入两个整数，输出两个数中的较大数。

图 3-2   if…else 语句流程图

3. 控制汽车速度

（1）任务解析。

【任务 T03_4】 编写控制台应用程序，程序功能为当运行速度超过最大速度 120 公里/小时，给出提示，使驾驶员减速；当运行速度低于最小速度 60 公里/小时，给出提示，使驾驶员加速，否则提示速度适中。设定最大的速度为 MaxSpeed，最小的速度为 MinSpeed。

任务关键点分析：如何解决运行的速度在多个区间时，输出不同的提示。

程序解析：

```csharp
/* 控制汽车速度程序 */
static void Main(string[] args)
{
    const int MaxSpeed = 120;      //定义常量 MaxSpeed 为最大速度
    const int MinSpeed = 60;       //定义 MinSpeed 为最小速度
    int speed;
    Console.WriteLine("please input the speed");
    speed = Convert.ToInt32(Console.ReadLine());
    //根据实际速度选择输出不同结果
    if(speed< MinSpeed)            //满足 speed 小于最小速度
    {
        Console.WriteLine("速度过慢,请加速");
    }
    else if(speed< = MaxSpeed)        //满足 speed 大于等于最小速度,小于等于最大
速度
    {
        Console.WriteLine("目前速度适中,请保持");
    }
    else                          //满足 speed 大于最大速度
    {
        Console.WriteLine("请注意,目前的速度已超过规定速度,请你及时减速!");
    }
    Console.ReadLine();
```

}

程序运行结果

```
please input the speed
130
请注意，目前的速度已超过规定速度，请你及时减速！
```

```
please input the speed
110
目前速度适中，请保持
```

任务总结：该任务是多分支结构。在 C♯ 中，可使用 if…else if…语句实现。

（2）if…else if…语句。if…else if…语句可以对多个条件进行判断，不同的条件执行不同的分支。

格式：

```
if (表达式 1)
{
    语句序列 1;
}
else if (表达式 2)
{
    语句序列 2;
}
    …
else if (表达式 n-1)
{
    语句序列 n-1;
}
else
{
    语句序列 n;
}
```

功能：如果表达式 1 为真，则执行语句序列 1；如果表达式 1 为假，则判断表达式 2，如果表达式 2 为真，则执行语句序列 2；如果表达式 2 为假，则判断表达式 3，……，依次类推，直到找到一个表达式的值为真并执行后面的语句。如果所有表达式的值都为假，则执行 else 后面的语句序列 n。执行完任一分支，就跳出 if 语句。执行流程如图 3-3 所示。

注意：else 后不能直接跟条件表达式，如果有分支，一定要有 if 语句。

练一练：编写控制台应用程序，程序功能：为鼓励居民节约用天然气，采用按月用天然气量分段计费的方法，居民应交天然气费 y（元）与月用天然气量 x（立方）的函数关系如下：

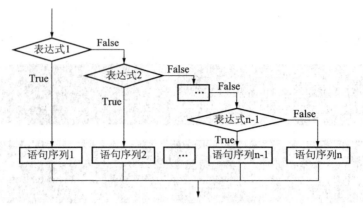

图 3-3　if⋯else if⋯语句流程图

$$y = f(x) = \begin{cases} 0 & (x < 0) \\ 2.13x & (0 \leqslant x \leqslant 50) \\ 2.78x & (x > 50) \end{cases}$$

4．人物查找

（1）任务解析。

【任务 T03_5】　编写控制台应用程序，程序功能：人物查找。输入一个人名，显示所查人物的信息。

任务关键点分析：如何处理分支较多的语句。

程序解析：

```
/* 显示所查人物的信息* /
static void Main(string[] args)
{
    string name;
    Console.WriteLine("请输入人名:");
    name = Console.ReadLine();
    switch (name)                        //根据输入的名字输出不同的信息
    {
        case "李白":
            Console.WriteLine("唐朝著名诗人,被称为诗仙。");
            break;
        case "杜甫":
            Console.WriteLine("唐朝著名诗人,被称为诗圣。");
            break;
        case "白居易":
            Console.WriteLine("我国唐代伟大现实主义诗人,有诗魔和诗王之称");
            break;
        case "岳飞":
            Console.WriteLine("中国史上著名战略家、军事家、民族英雄。");
```

```
            break;
        default:
            Console.WriteLine("抱歉,您输入的人物我们没有录入!");
            break;
    }
    Console.ReadLine();
}
```

程序运行结果

任务总结：该任务中使用了 switch 语句，根据用户输入的人名，用 switch 语句将相应的人物信息输出，在每个语句段的末尾使用 break 跳出 switch 语句。如果用 if 语句实现多分支，当嵌套的层数较多时，程序的可读性降低。C♯ 提供了 switch 语句直接处理多分支选择问题，简单明了。

（2）switch 语句。switch 语句是多分支语句，允许根据条件判断执行一段代码。它与 if…else if…语句结构相同，两者相似度很高。某些特定的 if…else if…语句可以使用 switch 语句来代替，而所有的 switch 语句都可以改用 if…else if…语句来表达。它们之间的不同点是 if…else if…语句计算一个逻辑表达式的值，而 switch 语句则用一个整数或 string 表达式的值与一个或多个 case 标签里的值进行比较。

格式：

```
switch (表达式)
{
    case 常量表达式 1:
        语句序列 1;
        break;
    case 常量表达式 2:
        语句序列 2;
        break;
            …
    case 常量表达式 n:
        语句序列 n;
        break;
    default:
        语句序列;
        break;
}
```

switch 语句的执行过程：首先计算表达式的值，然后依次与每一个 case 后的常量表达式的值进行比较，一旦发现了某个匹配的值，就执行该 case 后面的语句序列，直到执行 break 语句为止。如果没有匹配的值，则执行 default 后面的语句序列。

switch 语句使用了以下三个关键字。

① switch。switch 子句列出用于确定选取哪路分支的表达式。该表达式可以是一个变量，也可以是一个表达式。

② case。一个或多个 case 条目用于指定与 switch 表达式相匹配的一个常量，常量的数据类型必须与 switch 表达式的类型一致。每个 case 条目后通常还会紧跟着一条或多条选择语句，当某一 case 中的值与 switch 表达式的值相同时，这些语句就会执行。

③ default。当没有任何一个 case 中的值与 switch 表达式的值相匹配时，就执行 default 子句后的语句序列。

注意：

● 在 switch 语句中，case 后的值必须是常量表达式，不允许使用变量。

● 常量表达式的值一般是 int 或 char 类型。

● 每个 case 后面常量表达式的值必须各不相同。

● default 可以省略，如果省略了，当表达式的值与任何一个常量表达式的值都不相等时，就什么也不执行，结束 switch。

● 各个 case 及 default 子句的常量表达式没有先后次序。

● 每个 case 子句和 default 必须使用一个跳转语句作为其控制语句的结尾。

● 空 case 标签可以从一个 case 标签贯穿到另一个。

例如：

```csharp
static void Main(string[] args)
{
    int n = 2;
    switch(n)
    {
        case 1:
        case 2:
        case 3:
            Console.WriteLine("It's 1, 2, or 3.");
            break;
        default:
            Console.WriteLine("Not sure what it is.");
            break;
    }
}
```

n 是 1 或 2 或 3 时都将执行 Console.WriteLine（"It's 1, 2, or 3."）语句。

练一练：编写控制台应用程序，程序功能：从键盘上输入编号，输出对应的星期，例如输入 0，输出"星期日"；输入 1，输出"星期一"。

3.1.3　选择结构应用

【**任务 T03_6**】　编写控制台应用程序，程序功能：世界卫生组织（WHO）公布的身体质量指数（BMI）计算公式为：BMI＝体重（kg）/＝身高（m）²；其中 BMI＜18.5 为消瘦；18.5≤BMI＜25 为正常；BMI≥25 为超重。要求：由用户输入自己的体重（kg）和身高（m），由程序判断出用户体重情况。

任务关键点分析：如何应用多分支结构解决实际问题。

程序解析：

```
static void Main(string[] args)
{
    double weight, height, BMI;
    Console.WriteLine("想知道您的体重是否标准吗？快来试试吧！");
    Console.Write("请输入您的体重(kg):");
    weight = Convert.ToDouble(Console.ReadLine());
    Console.Write("请输入您的身高(m):");
    height = Convert.ToDouble(Console.ReadLine());
    BMI = weight / (height * height);
    if (BMI < 18.5)
    {
        Console.WriteLine("您的体重偏轻,请注意营养。");
    }
    else if (BMI< 25)
    {
        Console.WriteLine("您的体重正常,请注意保持。");
    }
    else
    {
        Console.WriteLine("您的体重超重,请注意锻炼身体,合理饮食。");
    }
    Console.ReadLine();
}
```

程序运行结果

任务总结：此任务是一个多分支的选择结构，使用 if…else if…语句。在使用时要注意边界问题。

【**任务 T03_7**】 编写控制台应用程序，程序功能：根据输入的学生成绩，给出相应的等级。即

90~100	优秀
80~89	良好
70~79	中等
60~69	及格
0~60	不及格

任务关键点分析：如何应用 switch 语句。

程序解析：

```
/* 输入的学生成绩,给出相应的等级*/
static void Main(string[] args)
{
    int score;
    Console.WriteLine("请输入成绩:");
    score = Convert.ToInt32(Console.ReadLine());
    switch (score/10)                    //除以 10 可以减少对应的常量
    {
        case 10:
        case 9:
            Console.WriteLine("优秀");
            break;
        case 8:
            Console.WriteLine("良好");
            break;
        case 7:
            Console.WriteLine("中等");
            break;
        case 6:
            Console.WriteLine("及格");
            break;
        case 5:
        case 4:
        case 3:
        case 2:
        case 1:
        case 0:
```

```
        Console.WriteLine("不及格");
        break;
    default:
        Console.WriteLine("抱歉,您输入的数据有误!");
        break;
    }
    Console.ReadLine();
}
```

程序运行结果

```
请输入成绩:
66
及格
```

任务总结：该任务分支较多，使用 switch 语句。在使用时要注意合理设计 switch 后的表达式，使它的取值尽可能的少，例 score/10。

3.2　计算 1＋2＋…＋100

3.2.1　任务解析

【任务 T03_8】　编写控制台应用程序，程序功能：实现 s＝1+2+…+100。

任务关键点分析：此问题是一个反复求和的过程，首先抽取出具有共性的算式：sum＝sum＋i，sum 是累加和，其初值为 0。该算式重复 99 次，同时 i 从 1 变为 100，就实现了从 1 加到 100。

程序解析：

```
/* 计算 1 + 2 + … + 100*/
static void Main(string[] args)
{
    int i = 0;
    long sum = 0;               //计算 1 到 100 的累加,结果保存在变量 sum 中
    while (i< 100)
    {
        i++ ;
        sum += i;
    }
    Console.WriteLine("1 到 100 的累加和为:{0}",sum);
    Console.ReadLine();
}
```

程序运行结果

```
1到100的累加和为:5050
```

任务总结：该任务通过循环完成了 1 到 100 的累加和。C♯ 提供四种循环语句，while 循环、do…while 循环、for 循环、foreach 循环。本章仅仅介绍 while 循环、do…while 循环和 for 循环。

3.2.2 循环语句

1. while 循环

while 循环又称"当循环"，它是一种当循环条件成立时才执行的循环，适用范围较广。

格式：

```
while  (表达式)
{
    语句序列；
}
```

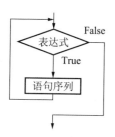

图 3-4 while 语句流程图

功能：先计算表达式的值并判断，如果表达式值为真，则执行循环体中的语句序列；然后再计算表达式的值再判断，如此重复，直到表达式值为假，跳出循环。执行顺序如图 3-4 所示。

注意：表达式应为关系表达式或逻辑表达式，结果为布尔值。

练一练：编写控制台应用程序，程序功能：计算 sum＝1＋3＋5＋…＋101。

2. do…while 循环

【任务 T03_9】 编写控制台应用程序。程序功能：我国现有人口 15 亿，如果按年 0.8％ 的增长率，问多少年后人口能达到 20 亿。设 p 为现有人口数，r 为年增长率，则每年的人口数计算公式为 p＝p×(1＋r)。

任务关键点分析：设 p 为现有人口数，r 为年增长率，则每年的人口数计算公式为 p＝p×(1＋r)。

程序解析：

```
/* 计算多少年后人口能达到 20 亿* /
static void Main(string[] args)
{
    double p = 15;              //p 表示现有人口
    double r = 0.008;           //r 表示人口增长率
    int n = 0;                  //计算多少年后,人口达到 20 亿,结果放到 n 中
    do
    {
        p = p *(1+r);
        n++ ;
```

```
    } while (p < 20);
    Console.WriteLine("{0}年后人口达到{1}亿", n, p);
    Console.ReadLine();
}
```

程序运行结果

37年后人口达到20.14331513215558亿

任务总结：如果循环次数未知，可以使用 do…while 循环。

do…while 循环又称"直到型循环"，它是一种无论循环条件是否成立，都至少会执行一遍循环体的循环语句。

格式：

```
do
{
    语句序列；
}while (表达式);
```

功能：首先无条件地执行一次循环体中的语句序列，然后再判断表达式的值，如果表达式值为真，则继续执行循环体中的语句；然后再计算表达式并进行判断，如此重复，直到表达式值为假，则跳出循环。执行顺序如图 3-5 所示。

注意：

① do…while 语句的表达式后要加分号。

② do…while 语句在表达式一开始为假时，也会执行一次循环体中的语句；而 while 语句在表达式一开始为假时，循环体中的语句一次也不执行。

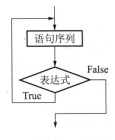

图 3-5　do…while
语句流程图

练一练：编写控制台应用程序，程序功能：计算 s＝1＋2＋3＋…直到 s 的值大于 10000 为止。

3. for 循环

【任务 T03_10】　编写控制台应用程序，程序功能：求 1 到 100 的和。

任务关键点分析：设 sum 初值为 0，抽取具有共性的算式：sum ＝ sum ＋ i，该算式重复 100 次，i 从 1 变到 100。

程序解析：

```
/* 计算 1 到 100 的累加*/
static void Main(string[] args)
{
    int sum = 0, i;
    for (i = 1; i <= 100; i++ )          //结果保存在变量 sum 中
    {
        sum = sum + i;
```

```
    }
    Console.WriteLine("sum= {0}", sum);
    Console.ReadLine();
}
```

程序运行结果

```
sum=5050
```

任务总结：利用 for 语句实现循环，语句显得更加紧凑。

for 循环用于重复执行特定次数的语句序列。

格式：

```
for(表达式 1;表达式 2;表达式 3)
{
    语句序列;
}
```

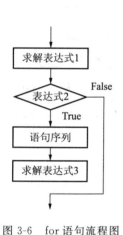

图 3-6　for 语句流程图

功能：先计算表达式 1 的值，判断表达式 2 的值是否为真，如果条件成立，则执行语句序列，求解表达式 3，如果条件不成立，则跳出 for 语句。执行顺序如图 3-6 所示。

注意：for 语句写起来很灵活，表达式 1、表达式 2、表达式 3 都可以省略，但是即使是三个表达式都省略了，两个 "；" 也不可省略。

例如，计算 1 到 100 的累加，可以写成：

```
sum = 0;i = 1;
for (; i < = 100;)
{
    sum = sum + i;
    i++ ;
}
```

练一练：编写控制台应用程序，程序功能：计算 10!。

3.2.3　循环嵌套

【任务 T03_11】　编写控制台应用程序，程序功能：在窗口上显示乘法口诀表。

按下列形式打印乘法九九表：

1×1=1	1×2=2	1×3=3	⋯	1×9=8
2×1=2	2×2=4	2×3=6	⋯	2×9=18
3×1=3	3×2=6	3×3=9	⋯	3×9=27
4×1=4	4×2=8	4×3=12		4×9=36
⋮	⋮	⋮		⋮
9×1=9	9×2=18	9×3=27	⋯	9×9=81

任务关键点分析：设被乘数为 i，乘数为 j，被乘数 i 取值 1～9，i 每取一值，乘数 j 取值
1～9。

程序解析：

```
/*打印九九乘法表*/
static void Main(string[] args)  /*打印九九乘法表。*/
{
    int i, j;
    for (i = 1; i < = 9; i++ )
    {
        for (j = 1; j< = 9; j++ )
        {
            Console.Write("{0}*{1}={2} ", i, j, i * j);
        }
        Console.WriteLine();        // 输出完一行后换行
    }
    Console.ReadLine();
}
```

程序运行结果

```
1*1=1 1*2=2 1*3=3 1*4=4 1*5=5 1*6=6 1*7=7 1*8=8 1*9=9
2*1=2 2*2=4 2*3=6 2*4=8 2*5=10 2*6=12 2*7=14 2*8=16 2*9=18
3*1=3 3*2=6 3*3=9 3*4=12 3*5=15 3*6=18 3*7=21 3*8=24 3*9=27
4*1=4 4*2=8 4*3=12 4*4=16 4*5=20 4*6=24 4*7=28 4*8=32 4*9=36
5*1=5 5*2=10 5*3=15 5*4=20 5*5=25 5*6=30 5*7=35 5*8=40 5*9=45
6*1=6 6*2=12 6*3=18 6*4=24 6*5=30 6*6=36 6*7=42 6*8=48 6*9=54
7*1=7 7*2=14 7*3=21 7*4=28 7*5=35 7*6=42 7*7=49 7*8=56 7*9=63
8*1=8 8*2=16 8*3=24 8*4=32 8*5=40 8*6=48 8*7=56 8*8=64 8*9=72
9*1=9 9*2=18 9*3=27 9*4=36 9*5=45 9*6=54 9*7=63 9*8=72 9*9=81
```

任务总结：该任务属于循环嵌套，即一个循环语句中又使用另一个循环语句。对于外层
循环变量的每个值，内层循环变量都会变化一个轮次，内外层循环变量名不能相同。任务
T03_11 中 i，j 值的变化如表 3-1 所示。

表 3-1　九九乘法表中 i，j 变化情况

i 的变化	j 的变化	输出结果
	j = 1	输出 1 * 1
	j = 2	输出 1 * 2
i = 1	⋮	⋮
	j = 9	输出 1 * 9
	j = 1	输出 2 * 1
	j = 2	输出 2 * 2
i = 2	⋮	⋮
	j = 9	输出 2 * 9

i 的变化	j 的变化	输出结果
⋮	⋮	⋮
	j = 1	输出 9 * 1
i = 9	j = 2	输出 9 * 2
	⋮	⋮
	j = 9	输出 9 * 9

练一练：编写控制台应用程序，程序功能：求出用数字 0～9 可以组成多少个没有重复的三位整数。

3.2.4　循环语句应用

循环程序的实现要点：

（1）归纳出哪些操作需要反复执行？也就是循环体；这些操作在什么情况下重复执行？这就是循环条件。

（2）选用合适的循环语句：for、while、do…while。

（3）循环具体实现时考虑（循环条件）：事先给定循环次数，首选 for，通过其他条件控制循环，考虑 while 或 do…while。

通过学习下面的一些任务，可以进一步理解循环程序设计的思路与技巧。

【任务 T03_12】　编写控制台应用程序，程序功能：输入一批学生的成绩，求最高分。

任务关键点分析：

先输入一个成绩，假设它为最高分，然后在循环中读入下一个成绩，并与最高分比较，如果大于最高分，就设它为新的最高分，继续循环，直到所有的成绩都处理完毕。因此，循环体中进行的操作就是输入和比较，难点在于如何确定循环条件，由于题目没有指定输入数据的个数，需要自己增加循环条件，一般有以下两种途径。

（1）先输入一个正整数 n，代表数据的个数，然后再输入 n 个数据，循环重复 n 次，属于指定次数的循环，用 for 语句实现。

（2）设定一个特殊数据（伪数据）作为循环的结束标志，由于成绩都是正数，选用一个负数作为输入的结束标志。由于循环次数未知，考虑使用 while 语句。

程序解析（方法一）：

```
/* 求 n 个学生中的最高成绩* /
static void Main(string[] args)
{
    int i,score,max,n;
    Console.WriteLine ( "please input n:" );
    n = Convert.ToInt32(Console.ReadLine());
    Console.Write ( "please input score:" );
    score = Convert.ToInt32(Console.ReadLine());   //输入一个学生的分数
    max = score;                          //目前只有一个分数,最大值就是 score
```

```
for (i = 1; i <  n; i++ )
{
    Console.Write("please input score:");
    score = Convert.ToInt32(Console.ReadLine());   //输入新的成绩
    if (max <score)                       //如果 score 比当前 max 大,修改 max 的值
    {
        max=score;
    }
}
Console.WriteLine("the max score is {0}\n", max);
Console.ReadLine();
}
```

程序运行结果

```
please input n:
5
please input score:66
please input score:56
please input score:78
please input score:89
please input score:67
the max score is 89
```

程序解析（方法二）：

```
/* 求一批学生中的最高分* /
static void Main(string[] args)
{
    int score,max;
    Console.Write ( "please input score:" );
    score = Convert.ToInt32(Console.ReadLine());
    max = score;
    while(score> = 0)                //输入的成绩大于等于 0 时,进入循环
    {
        Console.Write("please input score:");
        score = Convert.ToInt32(Console.ReadLine());
        if (max < score)
        {
            max = score;
        }
    }
    Console.WriteLine("the max score is {0}\n", max);
    Console.ReadLine();
```

```
    }
```

程序运行结果

```
please input score:77
please input score:89
please input score:76
please input score:56
please input score:77
please input score:-5
the max score is 89
```

任务总结：该任务在不同的情况下可以使用不同的方法进行解决。

【任务 T03_13】　编写控制台应用程序，程序功能：小红今年 12 岁，她父亲比她大 30 岁，编程计算她的父亲在几年后比她年龄大一倍，那时父女的年龄各为多少？

任务关键点分析：do…while 语句的应用。

程序解析：

```
/* 求父女的年龄 */
static void Main(string[] args)
{
    int age = 12;
    int fage = age + 30;
    int n = 0;
    do
    {
        age++
        fage++ ;
        n++ ;
    }while (fage ! = 2 * age);
    Console.WriteLine("{0}年后小红父亲的年龄是小红年龄的两倍,这时小红年龄是{1},
                    小红父亲年龄是{2}", n, age, fage);
    Console.ReadLine();
}
```

程序运行结果

```
18年后小红父亲的年龄是小红年龄的两倍.这时小红年龄是30.小红父亲年龄是60
```

任务总结：该任务和任务 T03_9 类似，仍使用 do…while 语句。

【任务 T03_14】　编写控制台应用程序，程序功能：已知一只公鸡 5 元，一只母鸡 3 元，三只小鸡 1 元。现有 100 元钱欲买 100 只鸡，求公鸡、母鸡和小鸡能各买多少只？

任务关键点分析：

这是一个组合问题，由 3 个因素决定组合的数量：公鸡、母鸡和小鸡数，鸡数的取值范围均为 0～100，总额为 100。对于每种鸡数的取值都要反复地试，最后确定正好满足 100 元钱买 100 只鸡的组合。显然这要用循环来解决，3 种鸡按照各自的取值范围循环，可以采用三重循环嵌套。

程序解析：

```
/* 百钱买百鸡 */
static void Main(string[] args)
{
    int x, y, z;
    for(x = 0; x < = 100; x++ )
        for(y = 0; y < = 100; y++ )
            for(z = 0; z < = 100; z++ )
            {
                if( x + y + z == 100 && 15 *  x + 9 *  y + z == 300)
                {
                    Console.WriteLine("x = {0}, y = {1}, z = {2}", x, y, z);
                }
            }
    Console.ReadLine();
}
```

程序运行结果

```
x =0, y = 25, z =75
x =4, y = 18, z =78
x =8, y = 11, z =81
x =12, y = 4, z =84
```

任务总结：该任务中使用上述方法，x 取 0～100 中的每一个值时，y 循环 101 次，y 每循环一次，z 循环 101 次，循环次数较多。

思考：有没有减少循环次数的解法呢？

3.3　报数

3.3.1　任务解析

【任务 T03_15】　编写控制台应用程序，程序功能：报数到指定数就结束，规定数到 6 结束。

任务关键点分析：如何在循环中终止循环。

程序解析：

1. 创建一个控制台应用程序，项目名称为：T03_15。

2. 在项目中输入以下代码：

```
/* 报数到指定数就结束 */
```

```
static void Main(string[] args)
{
    int i;
    for (i = 1; i < = 10; i++ )
    {
        if (i == 6)
        {
            break;
        }
        Console.Write("{0}\t", i);
    }
    Console.ReadLine();
}
```

程序运行结果

任务总结：使用 break 语句跳出循环体。

3.3.2   break 语句

break 语句主要用于 switch 结构和循环结构中，而且经常和 if 语句配合使用，即条件满足时，才执行 break 语句；否则，如果 break 无条件执行，意味着永远不会执行循环体中 break 后面的其他语句。

3.3.3   任务解析

【任务 T03_16】   编写控制台应用程序，程序功能：在 1 至 10 之间报数，数字 6 不能输出。
任务关键点分析：如何在循环体中跳出某些次循环。
程序解析：
1. 创建一个控制台应用程序，项目名称为：T03_16。
2. 在项目中输入以下代码：

```
/* 1 到 10 之间报数,到 6 时不输出 */
static void Main(string[] args) /* 1 到 10 之间报数,到 6 时不输出 */
{
    int i = 1;
    for (; i <= 10;i++ )
    {
        if (i== 6)
        {
            continue;
```

```
        }
        Console.Write("{0}\t", i);
    }
    Console.ReadLine();
}
```

程序运行结果

任务总结：continue 语句用来跳出本次循环，继续下一次循环。

3.3.4　continue 语句

使用 continue 语句用来跳过循环体中 continue 后面的语句，继续下一次循环，continue 语句一般也和 if 语句配合使用。

练一练：编写控制台应用程序，程序功能：分别利用 break 和 continue 语句实现输出乘法口诀表上下三角的情况。程序运行效果如下。（提示：下三角的条件是 j＞i 时不输出）

下三角：

上三角：

3.4　综合实例

【任务 T03_17】　编写控制台应用程序，程序功能：通过密码验证实现登录，如果三次输入账号密码都不正确就退出。

任务关键点分析：if 语句、for 语句、break 语句的综合应用。

程序解析：

1. 创建一个控制台应用程序，项目名称为：T03_17。

2. 在项目中输入以下代码：

```
/*密码验证,设密码是"123456"*/
static void Main(string[] args)                /*  密码验证,设密码是"123456"*/
{
    int num;
    string password;
    Console.WriteLine("请输入密码:");
    password = Console.ReadLine();      //输入三次密码验证是否正确
    for (num = 0; num < 3; num++ )
    {
        if (password=="123456")
        {
            Console.WriteLine("密码正确,欢迎使用。");
            break;
        }
        else
        {
            Console.WriteLine("密码错误,请再输一次,您共有三次机会。");
            password = Console.ReadLine();
        }
    }
    Console.ReadLine();
}
```

程序运行结果

任务总结：该任务循环次数已知，可以采用 for 循环，并且需要注意，满足条件需要中途跳出时，使用 break 语句。

【任务 T03_18】 编写控制台应用程序，程序功能：假设自动售货机出售 4 种商品，薯片（crisps）、爆米花（popcorn）、巧克力（chocolate）和可乐（cola），售价分别是每份 3.0、2.5、4.0 和 3.5 元。在屏幕上显示以下菜单，用户可以连续查询商品的价格，当查询次数超过 5 次时，自动退出查询；不到 5 次时，用户可以选择退出。当用户输入编号 1～4，显示相应商品的价格；输入 0，退出查询；输入其他编号，显示价格为 0。

[1] Select crisps

[2] Select popcorn

[3] Select chocolate

[4] Select cola

[0] Exit

任务关键点分析：if 语句、for 语句、break 语句、switch 语句的综合应用。

程序解析：

1. 创建一个控制台应用程序，项目名称为：T03_18。

2. 在项目中输入以下代码：

```
static void Main(string[] args)
{
    int choice, i;
    double price;
    for (i = 1; i < = 5; i++ )
    {
        Console.Write("[1] Select crisps \n");
        Console.Write("[2] Select popcorn \n");
        Console.Write("[3] Select chocolate \n");
        Console.Write("[4] Select cola \n");
        Console.Write("[0] exit \n");
        Console.Write("Enter choice: ");
        choice= Convert.ToInt32(Console.ReadLine());
        if (choice == 0)
        {
            break;
        }
        switch (choice)
        {
            case 1: price = 3.0; break;
            case 2: price = 2.5; break;
            case 3: price = 4.0; break;
            case 4: price = 3.5; break;
            default: price = 0.0; break;
        }
        Console.Write("price = {0}\n", price);
    }
    Console.Write("Thanks \n" );
```

```
    Console.ReadLine();
}
```

程序运行结果

任务总结：遇到生活中的实际问题，需要综合应用选择语句、循环语句和跳转语句，根据具体情况选择不同语句去实现。

本章小结

本章介绍了 C# 中流程控制语句的语法及应用，主要包含选择结构中的 if 语句、switch 语句，循环结构中的 for 语句、while 语句、do…while 语句及跳转语句 break 语句、continue 语句。

上机练习 3

1. 上机执行本章 T03_1～ T03_18 等任务，并分析其结果。

2. 编写控制台应用程序，程序功能：请编制一个用于判断某一年是否是闰年的程序。（year 能被 4 整除但不能被 100 整除，或 year 能被 400 整除）

3. 编写控制台应用程序，程序功能：分段计算水费，居民应交水费 y（元）与月用水量 x（吨）的函数关系如下：

$$y = f(x) = \begin{cases} 0 \, (x < 0) \\ \dfrac{4}{3} x \, (0 \leqslant x \leqslant 15) \\ 2.5 x - 10.5 \, (x > 15) \end{cases}$$

4. 编写控制台应用程序，程序功能：实现计算 1～100 内的偶数和和奇数和。

5. 编写控制台应用程序，程序功能：解决猴子吃桃问题：猴子第一天摘下若干个桃子，当即吃了一半，还不过瘾，又多吃了一个，第二天早上又将剩下的桃子吃掉一半，又多吃了一个。以后每天早上都吃了前一天剩下的一半加一个。到第 10 天早上想再吃时，发现只剩下一个桃子了。求第一天共摘了多少桃子。

6. 编写控制台应用程序，程序功能：某地需要搬运砖块，已知男人可一人搬 3 块，女人可一人搬 2 块，小孩两人搬一块。问用 45 人正好搬 45 块砖，有多少种搬法？

第4章 数 组

本章通过"逆序输出"任务，引入数组定义及使用方法，使学生在实际应用中能处理同一类型的成批数据，从而具备利用简单构造类型数据解决实际问题的编程能力。

本章要点：
- 理解数组的定义，掌握声明数组的方法；
- 了解数组元素在内存中的存储方式；
- 了解数组使用的意义；
- 掌握一维数组元素的引用方式；
- 掌握 foreach 语句的使用方式；
- 了解多维数组的定义及使用方法。

4.1 逆序输出

4.1.1 任务解析

【任务 T04_1】 编写控制台应用程序，程序功能：输入 10 个整数，将它们按与输入相反的顺序输出。

任务关键点分析：此任务每一个数据都需要保留，用前面的方法需要定义多个变量，显得烦琐，不方便扩展，不易用循环，此处使用新的数据类型——数组。

程序解析：

1. 创建一个控制台应用程序，项目名称为：T04_1。

2. 在项目中输入以下代码：

```
/* 输入 10 个整数,将它们按与输入相反的顺序输出* /
static void Main(string[] args)
{
    int n = 10,i;
    int[] a = new int[n];              //定义一个整型长度为 10 的数组
```

```
for ( i = 0; i < n; i++ )
{
    Console.Write("请输入第{0}个数:",i);
    a[i] = Convert.ToInt32(Console.ReadLine());
}
Console.WriteLine("逆序输出各数:");
for (i = n - 1; i >= 0; i-- )
{
    Console.Write("{0} ",a[i]);
}
Console.ReadLine();
}
```

程序运行结果

任务总结：该任务功能很明确，输入一批整数，然后逆序输出。这就要求保存输入数据，并对它们进行处理，程序中用一个整型数组，而不是若干个整型变量存放它们。

在程序中使用数组，可以让一批相同类型的变量使用同一个数组变量名，用下标来相互区分。

例如：

```
int n = 10,i;
int[] a = new int[n];
```

在内存中开辟了 10 个连续的单元，用于存放数组 a 的 10 个元素 a [0] ～a [9] 的值，这些元素的类型都是整型，由数组名 a 和下标唯一地确定每个元素。

4.1.2　一维数组的定义、创建与初始化

1.一维数组的定义

数组是一组类型相同的变量的集合。每个数组元素都可以看作不同的变量，可用变量在数组中的位置来引用它。数组必须先定义后使用。在 C♯ 中，定义数组的形式为：

类型 [] 数组名；

例如：

```
double[] score;              //定义 double 型数组 score
int[] arr1,arr2;             //定义 int 型数组 arr1,arr2
```

注意：int [] 是类型，变量名放在方括号后面，不可放在方括号前面。

2. 创建数组对象

创建数组就是给数组对象分配内存。必须在使用它之前创建数组对象，使用 new 运算符来创建数组实例，有以下两种方式。

(1) 使用 new 运算符来创建数组实例。格式如下：

类型 [] 数组名；

数组名＝new 类型［元素个数］；

例如：

```
double[] score;             //声明数组引用
score = new double[10];     //创建具有 10 个元素的数组
```

(2) 声明数组的同时创建数组对象。格式如下：

数据类型[]数组名 = new 数据类型[表达式]

例如：int[]arr = new int[4]; //声明一个整型数组 arr,为其分配 4 个整型数的存储空间

3. 一维数组初始化

数组必须在访问之前初始化，数组的初始化有两种方式。可以以常量值形式指定数组的完整内容，也可以指定数组的大小，再使用关键字 new 初始化所有的数组元素。

方式一：使用常量值指定数组。

例如：

```
int[] myArray = {1,3,5,7};
```

其中，myArray 有四个元素，每个元素都赋予了一个整数值。

方式二：只指定数组的大小。

例如：

```
int[] myArray = new int[5];
```

这是用关键字 new 显式地初始化数组，用一个常量定义数组大小。这种方式给所有的数组元素赋予一个默认值，对于数值类型来说，其默认值为 0，也可以使用符号常量来表示长度。

例如：

```
const int arraysize = 5;
int[] myArray = new int[arraysize];
```

注意：长度只能是常量，如果将 const 去掉，这段代码就会编译失败。

也可将这两种方式组合。

例如：

```
int[] myArray = new int[5]{1,3,4,5,7};
```

这种方式数组大小必须与元素个数匹配。例如，下列代码就会编译失败：

```
int[] myArray = new int[10]{1,3,4,5,7};
```

4. 访问数组元素

为获取在一个数组中保存的一个值，必须提供数组名和元素的序号（序号称为索引或是下标），格式为：

例如：

```
int[] arr = new int[4];
```
数组 arr 中的元素分别为:arr[0],arr[1],arr[2],arr[3]。

注意：

① 数组下标从零开始，最大下标为数组长度减1；

② 所有数组元素需在编译时检查是否在边界之内，上例中，若有 arr［4］将不能访问；

③ 可在用户程序中使用 Length 属性来得到数组长度，即数组名.Length。

4.1.3　一维数组的应用

【**任务 T04_2**】　　编写控制台应用程序，程序功能：输出一维数组中的所有元素值。

说明：利用下标变化访问不同的元素。

任务关键点分析：如何输出一维数组中的元素。

程序解析：

1. 创建一个控制台应用程序，项目名称为：T04_2。

2. 在项目中输入以下代码：

```
/* 输出一维数组中的所有元素值* /
static void Main(string[] args)
{
    int i;
    int[] queue = new int[10] { 89, 78, 45, 98, 34, 53, 23, 14, 80, 55 };
    for (i = 0; i < queue. Length; i++ )      //用 Length 属性得到数组的长度
    {
        Console. Write("{0} ", queue[i]);
    }
    Console. ReadLine();
}
```

程序运行结果

```
89   78   45   98   34   53   23   14   80   55   _
```

任务总结：一维数组通过循环变量改变下标值，从而访问不同数组元素。

思考：如果数组中没有初值，需要输入数据，如何编写呢？

【任务 T04_3】　编写控制台应用程序，程序功能：输出一组数组中的最大值。

任务关键点分析：与打擂台类似，令第一个元素是擂主（即最大值 max），让后面的元素依次与擂主 max 比较，有比它更大的就更换擂主 max，最后一个擂主 max 就是最大值。

程序解析：

1. 创建一个控制台应用程序，项目名称为：T04_3。

2. 在项目中输入以下代码：

```
/* 输出一组数中的最大值* /
static void Main(string[] args)
{
    int max,,i;
    int[] queue = new int[10] { 89, 78, 45, 98, 34, 53, 23, 14, 80, 55 };
    max = queue[0];
    for ( i = 1; i <  queue.Length; i++ )        //用 Length 属性得到数组的长度
    {
        if (queue[i] >  max) max = queue[i];
    }
    Console.WriteLine("最大的数是{0}", max);
    Console.ReadLine();
}
```

程序运行结果

最大的数是98

任务总结：在实际生活中，经常遇到求最高分、最低分、最大值、最小值等问题，可以用类似的方法解决。

【任务 T04_4】　编写控制台应用程序，程序功能：输入 5 个整数，将它们存入数组中，再输入一个数 x，然后在数组中查找 x，如果找到，输出相应的下标，否则，输出"not found!"。

任务关键点分析：如何在一组数中查找要找的数。

程序解析：

1. 创建一个控制台应用程序，项目名称为：T04_4。

2. 在项目中输入以下代码：

```
/* 查找元素* /
static void Main(string[] args)
{
    int i, x;
    int[] a = new int[5];
```

```
    bool flag = False;                //定义标记 flag 表示是否查找到
    for (i = 0; i < 5; i++ )          //输入数据
    {
        Console.Write("请输入第{0}个数 ", i);
        a[i] = Convert.ToInt32(Console.ReadLine());
    }
    Console.WriteLine("请输入 x:");
    x = Convert.ToInt32(Console.ReadLine());
    for (i = 0; i < 5; i++ )          //依次比较查找,若找到,flag 的值变为 True
    {
        if (x == a[i])
        {
            Console.WriteLine("数{0}的下标为{1}", x, i);
            flag = True;
        }
    }
    if (flag == False) Console.WriteLine("not found!");
    Console.ReadLine();
}
```

程序运行结果

未找到时的运行结果

找到时的运行结果

任务总结：该任务中如果有相同值，会把所有查找到的结果输出。

思考：如果只输出查找到的第一个数的下标或者只输出查找到的最后一个数的下标，该怎样修改程序呢？

【任务 T04_5】　编写控制台应用程序，程序功能：输入 10 个正整数，按从大到小的顺序输出。

任务关键点分析：首先将第一个数字和第二个数字进行比较，如果第一个数比第二个数小，则将两个数交换，然后比较第二个数和第三个数，依次类推，直至第 n−1 个数和第 n 个数进行比较为止。上述过程称为第一趟冒泡排序，这样第一趟排序结束时，第 n 个数就是所有数列中最小的数。然后进行第二趟排序，方法同第一趟排序，对前 n−1 个数进行同样的操作，其结果使得第二小的数安置到了第 n−1 个数的位置上。以此类推，直到第 n−1 趟。此排序方法称为冒泡法排序。

程序解析：

1. 创建一个控制台应用程序，项目名称为：T04_5。
2. 在项目中输入以下代码：

```
/* 输入 10 个正整数,按从大到小的顺序输出* /
static void Main(string[] args)
{
    int[] a = new int[10];              //定义 1 个数组 a,它有 10 个整型元素
    int i, j, temp;
    for (i = 0; i < 10; i++ )
    {
        Console.Write("请输入第{0}个数 ", i);
        a[i] = Convert.ToInt32(Console.ReadLine());
    }
    for (i = 0; i < 10; i++ )             //对 10 个数排序
    {
        for (j = 0; j < 9 - i; j++ )
        {
            if (a[j] < a[j + 1])
            {
                temp = a[j + 1];
                a[j + 1] = a[j];
                a[j] = temp;
            }
        }
    }
    Console.Write("请输出排好序的数:");
    for (i = 0; i < 10; i++ )
    {
        Console.Write("{0} ", a[i]);
    }
    Console.ReadLine();
```

```
    }
```

程序运行结果

任务总结：该任务中所使用的排序方法称冒泡排序。排序的方法很多，比如选择排序、快速排序等，读者可以查阅相关资料，这里不再一一叙述。

练一练：

1. 编写控制台应用程序，程序功能：输入 10 个学生的成绩，输出最高分和对应的下标。

2. 编写控制台应用程序，程序功能：输入 10 个整数，计算其中偶数的和。

3. 编写控制台应用程序，程序功能：输出一维数组中的最小值和对应的下标。

4.2　遍历数组中的元素

4.2.1　任务解析

前面对数组中元素进行遍历的都是已知数组的长度，使用循环变量 i 来访问每一个数组元素。而对于不知道长度的数组要对其进行遍历时，需要先求出数组的长度。这里如果使用 foreach 将不需要求出数组长度。

【任务 T04_6】　编写控制台应用程序，程序功能：用 foreach 语句循环访问已初始化的数组元素。

任务关键点分析：如何利用 foreach 语句遍历已初始化的数组元素。

程序解析：

1. 创建一个控制台应用程序，项目名称为：T04_6。

2. 在项目中输入以下代码：

```
/* 用 foreach 语句循环访问已初始化的数组元素* /
static void Main(string[] args)
{
    int[] array = new int[4]{ 1, 3, 5, 7 };
```

```
foreach (int elements in array)
{
    Console.Write("{0} ", elements);
}
Console.ReadLine();
}
```

程序运行结果

```
1   3   5   7   _
```

任务总结：foreach 语句在遍历数组元素时不需要其长度。

4.2.2 foreach 循环

foreach 语句的格式：

foreach (类型 标识符 in 表达式)
{
    语句序列；
}

其中，in 为关键字，类型和标识符用于说明循环变量，表达式对应集合，每执行一次语句序列，循环变量就依次取出集合中的一个元素代入其中。

4.2.3 foreach 循环的应用

【任务 T04_7】　编写控制台应用程序，程序功能：用 foreach 语句循环访问数组元素。

任务关键点分析：foreach 语句的应用。

程序解析：

1. 创建一个控制台应用程序，项目名称为：T04_7。

2. 在项目中输入以下代码：

```
/* 用 foreach 语句循环访问数组元素* /
static void Main(string[] args)
{
    int i;
    int[] array = new int[6];
    for ( i = 0; i < 6; i++ )
    {
        array[i] = i;
    }
    foreach (int j in array)          // 用 foreach 语句循环访问数组元素
    {
```

```
        Console.Write("{0}\t", j);
    }
    Console.ReadLine();
}
```

程序运行结果

任务总结：foreach 语句遍历数组的时候，数组元素是只读的。

【任务 T04_8】　设计控制台应用程序，程序功能：用 foreach 语句计算数组中偶数的和。

任务关键点分析：利用 foreach 语句遍历数据元素时如何判断其值是否是偶数。

程序解析：

1. 创建一个控制台应用程序，项目名称为：T04_8。

2. 在项目中输入以下代码：

```
/* 用 foreach 语句计算数组中偶数的和* /
static void Main(string[] args)
{
    int oddsum = 0, evensum = 0;
    int[] arry = new int[] { 0, 1, 2, 3, 4, 5, 6, 7, 8, 9, 10, 11, 12 };
    foreach (int elemValue in arry)
    {
        if (elemValue % 2 == 0)
        {
            evensum + = elemValue;
        }
    }
    Console.WriteLine("数组中偶数的和为{0}", evensum);
    Console.ReadLine();
}
```

程序运行结果

任务总结：该任务使用 foreach 语句遍历数组中的每一个元素，比较简洁。

练一练：编写控制台应用程序，程序功能：用 foreach 语句计算数组中的奇数和。

4.3　输出矩阵中的最大值元素

4.3.1　任务解析

【任务 T04_9】　编写控制台应用程序，程序功能：将一个 3×2 的矩阵的最大值元素及它所在的行列值输出。

任务关键点分析：对于既有行又有列的数据如何存储、定义和使用是本任务的关键。

程序解析：

1. 创建一个控制台应用程序，项目名称为：T04_9。

2. 在项目中输入以下代码：

```
/* 输出 3* 2 的矩阵的最大值元素* /
static void Main(string[] args)
{
    int[,] a = new int[3, 4] { { 1, 2, 3, 4 }, { 3, 4, 5, 6 }, { 7, 5, 8, 9 } };
                        //定义二维数组 a
    int max = a[0, 0];
    int row, colum, i, j;
    row = 0;
    colum = 0;
    for (i = 0; i < = 2; i++ )
    {
        for (j = 0; j < = 3; j++ )
        {
            if (max < a[i, j])
            {
                max = a[i, j];
                row = i;
                colum = j;
            }
        }
    }
    Console. WriteLine("最大值为{0},行号为{1},列号为{2}", max, row, colum);
    Console. ReadLine();
}
```

程序运行结果

```
最大值为9,行号为2,列号为3
```

任务总结：矩阵中的数据具有行列之分，用一维数组实现比较烦琐，此处引入二维数组处理这种具有行列之分的数据比较方便。

4.3.2 二维数组的定义、创建与初始化

1. 定义二维数组

二维数组是有两个下标的数组，它把相同类型的数据存储在一起。例如，用来存储矩阵。二维数组也必须先创建再使用。其声明、创建方式和一维数组类似。

格式为：类型［,,…］数组名；

C#数组的维数是计算逗号的个数再加 1 来确定的，即一个逗号是二维数组，两个逗号是三维数组，依次类推。

例如：

```
int[,] arr;           //声明一个二维数组 arr
int[,,] arr1;         //声明一个三维数组 arr1
```

2. 创建二维数组

(1) 声明时创建。

格式：类型[,]数组名＝new 类型[表达式 1,表达式 2]；

例如：

```
int[,] arr = new int[2,3];        //定义了一个 2 行 3 列的二维数组 arr；
int[,,]arr1 = new int[2,3,2];     //定义三维数组 arr1
```

(2) 先声明后创建

格式：类型[,]数组名；

数组名 = new 类型[表达式 1,表达式 2]；

例如：

```
int[,] arr;
arr = new int[5,6];
```

3. 二维数组的初始化

二维数组的初始化与一维数组类似，可用下列任意一种形式进行初始化。

(1) 定义时创建数组对象，同时进行初始化。

类型[,]数组名＝new 类型[表达式 1,表达式 2]{初值表}；

(2) 先定义二维数组，然后在创建对象时初始化。

类型[,]数组名；

数组名＝new 类型[表达式 1,表达式 2]{初值表};

4. 访问二维数组

格式：数组名[下标 1,下标 2];

例如：

a[2, 3] 表示数组 a 的第 3 行、第 4 列个元素;

a[i, j] 表示数组 a 的第 i+1 行、第 j+1 列个元素;

第三行第三列的元素，即为：a [2, 2]。

注意："下标 1"表示元素所在的行;"下标 2"表示元素所在的列;二维数组的下标也是从 0 开始的。

4.3.3　二维数组应用

【**任务 T04_10**】　编写控制台应用程序，程序功能：将输入的二维数组的元素按行列形式输出。

任务关键点分析：输出时要注意，每行元素输出后要换行。

程序解析：

1. 创建一个控制台应用程序，项目名称为：T04_10。

2. 在项目中输入以下代码：

```
static void Main(string[] args)
{
    int i, j;
    int[,] a = new int[2, 3];
    for (i = 0; i < = 1; i++ )
    {
        for (j = 0; j < = 2; j++ )
        {
            Console.WriteLine("请输入数组中的元素");
            a[i, j] = Convert.ToInt32(Console.ReadLine());
        }
    }
    for (i = 0; i < = 1; i++ )            //按行列形式输出数据
    {
        for (j = 0; j < = 2; j++ )
        {
            Console.Write("{0} ",a[i, j]);
        }
        Console.WriteLine();
    }
```

```
        Console.ReadLine();
    }
```

程序运行结果

任务总结：二维数组在输出时通常是先输出行后输出列。

练一练：编写控制台应用程序，程序功能：输入一个 3 行 3 列的二维数组，求所有元素之和。

本章小结

本章主要介绍一维数组、二维数组的定义与应用及 foreach 语句的使用方法。C♯中数组元素可以为任意数据类型，数组下标从 0 开始，即第一个元素对应的下标为 0，以后逐个递增。数组可以是一维数组也可以是多维数组。

上机练习 4

1. 上机执行本章 T04_1～ T04_10 等任务，并分析其结果。

2. 编写控制台应用程序，程序功能：由用户输入 10 个整数，将最小值与第一个数交换，最大值与最后一个数交换，然后输出交换后的 10 个数。

3. 编写控制台应用程序，程序功能：由用户输入 10 位学生的成绩，显示最高分、平均分、及格率并将成绩按降序排列。

4. 编写控制台应用程序，程序功能：输入您的出生年份，输出您的生肖。

5. 编写控制台应用程序，程序功能：用数组输出斐波那契数列的前 10 项，即 1，1，2，3，5…，并按每行打印 5 个数的格式输出。

提示：用数组计算并存放斐波那契数列的前 10 个数，有下列关系成立：

f[0] = f[1] = 1

f[n] = f[n-1]+ f[n-2] (2<=n<=9)

6. 编写控制台应用程序，程序功能：输入 10 个整数存放到一维数组，利用 foreach 输出数组中的所有能被 5 整除的元素。

7. 编写控制台应用程序，程序功能：（航空订票系统）一家航空公司刚购买了一台计算机用于其新的航空订票系统。要求读者为这个系统编程。编写一个程序设置公司唯一一架飞机（假设容量为 10）的座位。

程序应显示下列菜单选项：

Please type 1 for "smoking"
Please type 2 for "no smoking"

如果有人输入 1，程序应为其安排一个吸烟区（座位 1~5）的座位；如果有人输入 2，则在非吸烟区（座位 6~10）安排一个座位。程序应打印一张登记卡，指明座位号及是否在吸烟区或非吸烟区。

程序不能对一个座位分配两次。当吸烟区满了以后，程序应该询问顾客是否愿意接受一个非吸烟区的座位（反之亦然）。如果可以，则安排一个合适的座位，否则打印信息："Next flight leaves in 3 hours"。

提示：利用一个一维数组代表飞机的座位。初始化所有数组元素为 0，以表示座位都空着。当分配某座位后，设置相应座位的元素值为 1，以说明该座位不再是空的。

8. 编写控制台应用程序，程序功能：定义一个 5×5 的二维数组，输出每行的最大值。

第5章　面向对象编程基础

本章通过"描述学生类"任务，引入面向对象编程基础知识，例如，类的基本概念及其创建、类成员的创建等，使学生具备使用类描述现实世界，并利用面向对象思想进行编程的能力。

本章要点：
➤ 了解面向对象的编程思想；
➤ 掌握类的基本概念；
➤ 掌握类的成员及其使用；
➤ 掌握属性封装和隐藏的概念。

5.1　描述学生类

5.1.1　任务解析

【任务 T05_1】　编写控制台应用程序，程序功能：描述学生类，设计控制台应用程序，用面向对象的概念实现学生对象的属性（姓名、性别和出生日期）设定及行为（学习、唱歌等）的表达。

任务关键点分析：如何使用类创建学生实体，如何表达学生实体类的属性和行为等。

程序解析：

（1）创建一个控制台应用程序，项目名称为：StuDemo。

（2）在项目中添加一个类 Student，并在 Student 类中输入以下代码：

```
public class Student
{
    private string  Name;
    /// <summary>
    /// 属性：姓名
    /// </summary>
```

```csharp
public string Name
  {
     get { return _Name; }
     set { _Name = value; }
  }
private string _Sex;
/// <summary>
/// 属性：性别
/// </summary>
public string Sex
  {
     get { return _Sex; }
     set { _Sex = value; }
  }
///字段：出生日期
public DateTime _Birth;
/// <summary>
/// 构造函数：当对象创建后就具有了相应的属性
/// </summary>
/// < param name= "name"> 姓名</param>
/// < param name= "sex"> 性别</param>
/// < param name= "birth"> 出生日期</param>
public Student (string name, string sex, DateTime birth)
  {
     this._Name = name;
     this._Birth = birth;
     this._Sex = sex;
  }
public void Study (string courseName)
  {
     Console.WriteLine ("我正在学习课程的名称为：{0}", courseName);
  }
public void Sing (string musicName)
  {
     Console.WriteLine ("我正在演唱歌曲：{0}", musicName);
  }
}
```

（3）在 Program. cs 类中输入以下代码：

```
static void Main(string[] args)
{
    Student stu_new = new Student ("张三", "男", Convert.ToDateTime ("1980-10-08"));
    Console.WriteLine ("Stu_new 对象的学生姓名为：{0}，性别为：{1}，
        出生日期为：{2}。", stu_new.Name, stu_new.Sex, stu_new._Birth);
    stu_new.Study ("数据库原理");
    stu_new.Sing ("青藏高原");
    Console.ReadLine();
}
```

（4）程序运行结果

```
Stu_new对象的学生姓名为：张三，性别为：男，出生日期为：1980-10-08  0:00:00。
我正在学习课程的名称为：数据库原理
我正在演唱歌曲：青藏高原
```

任务总结：在本任务中，主要使用了面向对象的基本概念，具体包括定义类及类的成员（字段、属性和方法等）、类的实例化及类成员的调用等。

5.1.2　面向对象的基本概念

对象是面向对象编程的基本成分。什么是对象？万物皆为对象。对象既可以是现实世界中的一个物理对象，也可以是抽象的概念或规则，可用它的一组属性和操作功能来定义。

面向对象编程是创建计算机应用程序的一种比较新的方法，它解决了传统编程方法带来的一些问题。传统的编程方法又称函数化（或过程化）编程，它把所有的功能都包含在几个代码模块中，常常会导致单一应用程序。而使用面向对象编程技术，常常要使用许多代码模块，每个模块都提供特定的功能，每个模块都是孤立的，甚至与其他模块完全独立。这种模块化编程方法提供了非常大的多样性，大大增加了代码重用的机会。

面向对象的程序设计（Object-Oriented Programming，OOP）是一种基于结构分析的，以数据为中心的程序设计方法，它的主要思想是将数据及处理这些数据的操作都封装到一个称为类（Class）的数据结构中。使用这个类时，只需要定义一个类的变量即可，该变量叫做对象（Object）；然后调用对象的成员即可完成对类的使用。在该方法下，编程人员不需要过分关注"如何做"，而只需重点关注"做什么"。

1. 对象、类、实例化

在面向对象编程中，对象就是 OOP 应用程序的一个组成部件，它是具有属性（又称为状态）和方法（又称为操作）的实体。对象的属性表示了它目前所处的状态；对象的操作则用来改变对象的状态以达到特定的功能。对象有一个唯一的标志名以区别于其他对象；对象有固定的对外接口，是其在约定好的运行框架和消息传递机制中与外界通信的通道。对象是面向对象技术的核心，所有的面向对象的程序都是由对象来组成的。

类是在对象之上的抽象，它为属于该类的全部对象提供了统一的抽象描述。所以类是一种抽象的数据类型，它是对象的模板，对象则是类的具体化。例如，对于概念中的"打印机"，打印机类泛指具有某一共同特征（可以实现文档打印功能等）的一批打印机，而其中某

一台打印机则是这个打印机类的一个具体对象，而且这台打印机具有一定的属性（黑白/彩色、针式/激光/喷墨、支持的纸张大小等）和行为（打印文档）。

2. 面向对象编程的三大原则

面向对象编程的三大原则是：封装、继承和多态，如图 5-1 所示。

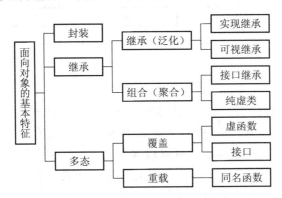

图 5-1　面向对象编程的基本特征

（1）封装。所谓"封装"，就是用一个框架把数据和代码组合在一起，形成一个对象。遵循面向对象数据抽象的要求，一般数据都被封装起来，即外部不能直接访问该数据，只有提供给外面访问的公共操作（也称接口，对象之间交流的通道）。在 C♯ 中，类是支持对象封装的工具，对象则是封装的基本单元。

封装的对象之间进行通信的机制叫做消息传递。消息是向对象发出的服务请求，是面向对象系统中对象之间交互的途径。消息包含要求接收对象去执行某些活动的信息，以及完成要求所需的其他信息（参数）。发送消息的对象不需要知道接收消息的对象如何对请求予以响应，接收者接收了消息，就承担了执行指定动作的责任，作为消息的答复，接收者将执行某个方法，来满足所接收的请求。

（2）继承。继承是面向对象编程技术的一块基石，通过它可以创建分等级层次的类。例如，在现实世界中存在的打印机产品，所有的打印机都具有最基本的属性（黑白/彩色、单行/多行、支持的纸张大小等）和功能（文档打印）；但是打印机又分为针式打印机、激光打印机、喷墨打印机等类，同样是激光打印机可能具有不同的外观设计、支持的纸张大小、月打印量等。为此可以首先创建一个打印机的通用类，它定义了打印机的最基本的属性（如分辨率、月打印量、功率、接口类型等）和功能（如文档打印等）；然后从这个已有的类出发，通过继承的方法派生出新的子类，如：针式、激光、喷墨打印机等，它们都是打印机类的更具体的类，每个具体的子类还可以继续增加自己一些特有的更加具体的信息（包括属性和功能）。

继承就是使用已存在的定义作为基础建立新定义的技术。继承是父类和子类之间共享数据和方法的机制，通常把父类称为基类，子类称为派生类。新类的定义可以是用基类所声明的数据和新类所增加的声明组合，即新类复用基类的定义，而不要求修改基类。一个基类可以有任意数目的派生类，从基类派生出的类还可以被派生，一群通过继承相联系的类就构成了类的树形层次结构，例如 Person 是基类，Teacher、Student、Guest 是派生类，具体示例如图 5-2 所示。

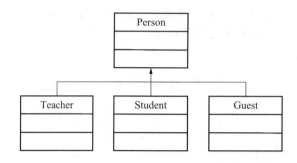

图 5-2   Person 类的继承

如果一个类有两个或两个以上的直接基类，这样的继承结构被称为多重继承或多继承。多继承可能引起继承操作或属性的冲突。C♯语言对多继承的使用进行了限制，它通过接口来实现。接口可以从多个基接口继承，可以包含方法、属性、事件和索引器。一个典型的接口就是一个方法声明的列表，接口本身不提供它所定义的成员的实现，所以接口不能被实例化。先声明一个实现接口的类，再以适当的方式定义接口中声明的方法。

（3）多态。多态性即多种形态。在面向对象编程中，多态是指同一个消息或操作作用于不同的对象，可以有不同的解释，产生不同的执行结果。

实现多态，有两种方式：覆盖（动态多态）和重载（静态多态）。

① 重载，是指允许存在多个同名函数，而这些函数的参数表不同（或许参数个数不同，或许参数类型不同，或许两者都不同）。当在同一个类中直接调用一个对象的方法时，系统在编译时，根据传递的参数个数、参数类型及返回值的类型等信息决定实施何种操作，这就是静态多态。

② 覆盖，是指子类重新定义父类的虚函数的做法。当在一个有着继承关系的类层次结构中间接调用一个对象的方法时，也就是说，调用经过基类的操作，该调用只有到系统运行时，才能根据实际情况决定实现何种操作，这就是动态多态。

C♯支持这两种类型的多态，在实现多态上，可以有几种方式：接口多态性、继承多态性和通过抽象类实现的多态性。有关该知识的介绍参见第 6 章。

其实，重载的概念并不属于"面向对象编程"，重载的实现是：编译器根据函数不同的参数表，对同名函数的名称做修饰，然后这些同名函数就成了不同的函数。例如，有两个同名函数：int func (int a) 和 string func (string a)。对于这两个函数的调用，在编译器内就已经确定了，是静态多态。当子类重新定义父类的虚函数后，父类指针根据赋给它的不同的子类指针，动态地调用属于子类的该函数，这样的函数调用在编译期间是无法确定的，属于动态多态。

5.1.3 定义类

物以类聚，人以群分。现实世界中同类的对象进行抽象以后就形成了类。任务 T05_1 中包含的下列代码定义了一个 Student 类。

```
public class Student
{

}
```

public 是描述 Student 类的访问属性，public 表示不限制该类的访问；class 是定义类的关键词；Student 是类名（自己定义，但应尽量见名知义）；类名后面的一对大括号中的内容是类的定义。语法格式如下：

［类的访问修饰符］class 类名［:类基］

｛

　　　零个或者多个构造函数定义；

　　　零个或者多个字段/属性定义；

　　　零个或者多个方法定义；

｝

其中，类的修饰符可以是表 5-1 所列的几种之一或者有效组合，但在类声明中，同一修饰符不允许出现多次。

表 5-1　类的修饰符

修饰符	使用说明
new	仅允许在嵌套类声明中使用，表明类中隐藏了由基类中继承而来的与类中同名的成员
public	表示不限制对该类的访问
protected	表示只能从所在类和所在类派生的子类进行访问
internal	只有在同一个程序集内，内部类型或成员才能访问
private	只有在其所在类才能访问
abstract	抽象类，不允许建立类的实例
sealed	密封类，不允许被继承

注意：如果类省略访问修饰符，则默认为 internal，即内部类。

5.1.4　类的成员

5.1.3 节中声明的 Student 类，几乎没有作用，必须向类中添加相关的成员来满足具体应用的需要。

类的成员主要分为三类：数据成员、函数（方法）成员和嵌套类型。数据成员包括成员变量、常量和事件；函数成员包括方法、运算符、索引、构造函数与析构函数等。

常量：常量是指在程序运行过程中其数据内容保持不变的数据成员。

字段：字段主要用来保存类的对象的数据，这些数据可以根据需要进行变动，也可以保持不变。例如，学生的姓名和性别可能一生都不会发生变化，但是年龄可能每年都发生变化。这些数据成员都可以用字段来表达。

属性：属性是类中可以像类的字段一样访问的方法。属性可以为类的字段提供保护，避免字段在对象不知道的情况下被更改，或者设置为没有意义的数据。有关属性的作用将在 5.2.5 节中详细介绍。

方法：方法定义类可以执行的操作。方法可以接受提供输入数据的参数，也可以通过参数返回输出处理的结果。

事件：事件是向其他对象提供有关事件发生通知的一种方式。事件是使用委托来定义和触发的。

索引器：索引器允许以类似于数组的方式为对象建立索引。

构造函数：构造函数是在创建对象时调用的方法，它们主要用于初始化对象的数据。

析构函数：析构函数是当对象即将从内存中移除时，由运行库执行引擎（.NET 平台）调用的方法。它们通常用来确保需要释放的所有资源都得到适当的处理。由于 .NET 平台提供了系统垃圾资源回收机制，因此，一般情况下可以不用提供析构函数。

嵌套类型：嵌套类型是在类内部声明的类型。

有关委托、事件、索引器等概念属于面向对象编程进阶部分的内容，将在第 6 章进行介绍，本章主要介绍字段、属性、方法、构造函数等概念。

5.1.5 数据成员

现实当中每个类的对象都具有相关的属性（如学生有姓名、性别等属性）和功能（学生有学习和唱歌功能）。因此，创建了 Student 类后，需要向类中添加代码来定义类的各个字段、属性和方法。有关方法将在稍后章节中继续学习，本节主要介绍类的字段与属性。

1. Student 类的数据成员

在 Student 类中，定义的数据成员包括：_Name（姓名），_Sex（性别），_Birth（出生日期），这是 Student 类的对象具有的共同数据。

通过任务 T05_1 可以看出，在 C♯ 中，数据成员主要有以下两类。

一类是类似于出生日期数据成员的定义，这一类数据成员后面没有和其关联的 get 和 set 方法，称为字段（Field）。

另一类是类似于姓名和性别数据成员的定义，它们一般定义成私有的字段，然后提供公共的访问方法（get 方法和 set 方法，有时也称为访问器），这一类数据成员称为属性（Attribute）。

2. 属性

属性是对现实世界中实体特征的抽象，它提供了对类或对象性质的访问。在 C♯ 中，属性是对象或类的特性，更充分地体现了对象的封装性，即不是直接操作类的数据内容，而是通过访问方法（也称为访问器）进行访问。就像 Student 类中的数据成员姓名和性别，它们被定义为对象的私有信息，不允许外界直接使用，但是根据需要又需要外界能够读取或修改其内容，类中为其提供了公开的访问方法，即 get 和 set 方法。但通过这两个方法对属性的访问和赋值与字段的使用极其相似，而不同于其他方法的使用。

属性声明的语法格式如下：

［属性修饰符］［类型修饰符］成员名

{

    访问器声明

}

其中：

● 属性修饰符：包括 new、static、virtual、abstract、override、public 等及它们的合法组合，在项目中尤其是自己设计的实体类来封装字段时一般使用 public。

● 类型修饰符：指定该声明所引用的属性的数据类型。

● 成员名：指定该属性的名称。

● 访问器声明：声明属性的访问器，可以是一个 get 访问器（用于读操作）或者是一个 set 访问器（用于写操作），也可以同时具有 get 和 set 访问器。

访问器的声明语法格式如下：

```
get
{
    //读访问语句块,一般是直接返回和属性关联字段的值
}
set
{
    //写访问语句块,一般是设置和属性关联字段的值(包括数据完整性控制)
}
```

其中，get 访问器的返回值类型与属性的类型相同，所以在语句中的 return 语句必须有一个可以隐式转换为属性类型的表达式，set 访问器没有返回值，但它有一个隐式的值参数，其名称为 value，value 的类型与属性的类型相同。同时，包含 get 和 set 访问器的属性是读写属性，只包括 get 访问器的属性是只读属性，只包含 set 访问器的属性是只写属性。

属性和字段的使用语法比较类似，但由于属性本质上是方法，因此不能把属性当做变量那样使用，也不能把属性作为引用型参数或输出参数来进行传递。属性是字段的自然扩展，也可以作为特殊的方法使用，并不要求它和字段域一一对应，所以属性还可以用于各种控制和计算。

属性和字段的区别：属性是逻辑字段；属性是字段的扩展，源于字段；属性并不占用实际的内存，字段占内存位置及空间。属性可以被其他类访问，而大部分字段不能直接访问。属性可以对接收的数据范围和访问权限（可以在 get 方法中判断用户的数据读取权限，如果没有权限，则禁止访问）作限定，而字段不能。（也就增加了数据的完整性控制和安全性控制）。最直接地说：属性是被"外部使用"，字段是被"内部使用"。

5.1.6　构造函数

在 Student 类中提供了一个带参数的构造函数，其具体代码如下：

```
/// <summary>
/// 构造函数:当对象创建后就具有相应的属性值
/// </summary>
/// <param name= "name"> 姓名</param>
/// <param name= "sex"> 性别</param>
/// <param name= "birth"> 出生日期</param>
public Student(string name,string sex,DateTime birth)
```

```
{
    this._Name = name;
    this._Birth = birth;
    this._Sex = sex;
}
```

构造函数是一种特殊的成员函数，主要用于构造该类的实例，目的是为对象分配存储空间，对数据成员进行初始化。构造方法是一个类创建对象的根本途径，如果一个类没有构造方法，那么该类通常将无法创建实例。当创建类的对象时，系统将最先执行构造函数中的语句。

构造函数又分为默认构造函数（系统自动提供的构造函数）和非默认构造函数，注意，一旦类有了自己的构造函数，无论是有参数还是没有参数，默认构造函数都将无效，而且仅仅声名一个类的对象而不实例化它，则不会调用构造函数。

构造函数的声明语法如下：

［构造函数修饰符］构造函数名（［形参列表］）

```
{
    //构造函数功能语句块
}
```

其中修饰符和属性修饰符相同，有 public、protected、internal、private、extern 等。一般地，构造函数总是 public 类型的；如果是 private 等其他类型的，则表示该类不能被外部类实例化。

构造函数名要求与类同名，不声明返回类型，并且也没有任何返回值。这与返回值类型为 void 的函数不同。构造函数参数可以没有，也可以根据需要设置一个或多个。有关构造函数的应用将在 5.2.2 节中介绍。

5.1.7 方法

1. Student 类中的方法

```
public void Study(string courseName)
{
    Console.WriteLine("我正在学习课程的名称为:{0}",courseName);
}
public void Sing(string musicName)
{
    Console.WriteLine("我正在演唱歌曲:{0}", musicName);
}
```

以上代码中，Study() 方法提供学生学习的功能。其中 public 是访问修饰符，代表该函数的访问无限制，void 代表函数的返回值类型为空，Study 是函数名，函数名后面的小括号用于声明函数的参数（如果没有参数，括号内什么也不用写，如果有参数，则依次在小括号中声明参数），大括号中的内容是方法体，用于完成该方法的具体功能。

同理，Sing() 方法提供学生唱歌的功能。

从编程实际经验来看，应用程序的逻辑处理代码几乎都在方法中，因此说方法是类或对象的行为（功能）特征的抽象，是类或对象最重要的组成部分。从应用来讲，方法分为两类：实例方法和静态方法。

在面向对象编程语言里，整个系统由一个一个的类组成。在 C♯ 语言里，方法不能独立存在，必须归属于类或对象。因此，如果需要定义方法，则只能在类体内定义，不能单独定义一个方法。一旦将一个方法定义在某个类体内，如果这个方法使用了 static 修饰，则该方法便属于这个类，否则该方法属于这个类的对象。

因此，定义方法时需注意以下内容。

● 方法不能独立定义，只能在类体里面定义。

● 从逻辑意义上看，方法要么属于一个类，要么属于一个对象。

● 永远不能独立执行方法，执行方法必须使用类或对象作为调用者。

2. 方法的声明

（1）方法的声明。在 C♯ 中，方法的定义包括方法的修饰符（如方法的可访问性）、返回值的类型，然后是方法名、输入参数的列表（用圆括号括起来）和方法体（用花括号括起来）。其具体的声明格式如下：

［方法修饰符］返回值类型　方法名（［形参列表］）
{
　　//由零条或多条语句组成的方法体
}

（2）方法的调用。因为方法不能独立存在，它必须属于一个类或者一个对象，执行方法时必须使用类或对象来作为调用者。

方法的调用格式：

<类名或者类的对象名>.<方法名>（［参数列表］）

① 如果是静态方法，则使用：类名．方法名（参数列表）。

② 如果是实例方法，则使用：对象名．方法名（参数列表）。

静态方法和实例方法的区别与使用在 5.2.3 节中介绍。

3. 方法的参数传递

方法声明时参数列表中定义的参数称为形式参数（简称形参），而实际调用这个方法时传递的参数称为实际参数（简称实参）。形参和实参的个数要一样，并按照参数列表中的顺序一一对应，且数据类型一致。对应的形参和实参的名称可以不相同。

在 C♯ 中，方法的参数传递主要有四种类型：值参数（value），引用型参数（reference），输出参数（output），数组参数（array）。

（1）值参数。值类型参数的声明很简单，只需声明属于值类型的数据类型和参数名即可。

方法被调用时，编译器会为每个值类型的形参分配一个内存空间，然后将实参的值复制一份到这个内存空间给形参，因此，方法中形参的值进行的操作不会影响到这个方法外部的实参的值。

（2）引用参数。引用类型参数使用 ref 修饰符声明。

方法被调用时，不会为引用类型的形参分配内存空间，此时形参是实参的一个引用，它们共同指向同一个对象，即保存同一个地址。对引用类型参数的操作会直接作用于实参。利用这种方式可以实现参数的双向传递。

使用 ref 参数时应注意以下事项。

● ref 关键字仅对跟在它后面的参数有效，而不能应用于整个参数表。因此如果需要多个引用参数，需要一一指定参数为引用类型。

● ref 作用的形参和实参都需要使用 ref 修饰符且数据类型相同；而且要求实参必须为变量，而不能是常量。

● ref 作用的实参必须有初始值。

【任务 T05_2】　编写控制台应用程序，程序功能：实现两个整型变量数据内容的交换。

任务关键点分析：ref 参数、值参数及两者的区别。

程序解析：

```csharp
class ValueChangeInt
{
    public void ChangeIntAB(int a, int b)
    {
        int temp = a;
        a = b;
        b = temp;
        Console.WriteLine("ValueChangeIntAB 方法里,a = {0};b = {1}", a, b);
    }
}
class RefChangeInt
{
    public void ChangeIntAB(ref int a,ref int b)
    {
        int temp = a;
        a = b;
        b = temp;
        Console.WriteLine("RefChangeIntAB 方法里,a = {0};b = {1}", a, b);
    }
}
class Program
{
    static void Main(string[] args)
    {
        int a = 10; int b = 5;
```

```
ValueChangeInt valueChangeAB = new ValueChangeInt();
valueChangeAB.ChangeIntAB(a, b);
Console.WriteLine("交换结束后,a = {0};b = {1}", a, b);
a = 10; b = 5;
RefChangeInt refChangeAB = new RefChangeInt();
refChangeAB.ChangeIntAB(ref a, ref b);
Console.WriteLine("交换结束后,a = {0};b = {1}", a, b);
Console.ReadLine();
    }
}
```

程序运行结果

```
ValueChangeIntAB方法里, a = 5; b = 10
交换结束后, a = 10; b = 5
RefChangeIntAB方法里, a = 5; b = 10
交换结束后, a = 5; b = 10
```

任务总结：通过观察结果发现，通过值参数传递方法进行变量值交换的结果无法影响程序外面变量的数据内容，而通过引用传递的方法则可以。一般情况下，一个方法只有一个返回值，而引用参数传递的这种特性可变相使一个方法有多个返回值。

（3）输出参数。输出参数使用 out 修饰符声明。return 语句只能返回一个值，当需要方法返回多个返回值时，就需要将其他返回值在方法的参数列表中用 out 修饰符声明，这就是输出参数，它的作用只是输出。输出参数在方法调用前不需要进行初始化，但在方法返回前必须进行赋值。

（4）数组参数。方法的参数可以是数组，使用 params 修饰符来声明。数组参数必须在参数列表中的最后面，且只有一个一维数组，同时不能再用 ref 或 out 修饰符进行声明。

传递给数组形参的实参可以是一个数组，也可以是任意多个数组元素类型的变量。

5.1.8　类的使用

1. 使用 Student 类

（1）创建对象。定义类后，如果要使用类，必须先创建属于该类的对象，可以使用类中提供的构造方法来创建类的对象，例如：

```
stu_new = new Student ("张三", "男", Convert.ToDateTime ("1980-10-8"));
```

new 关键字就是创建对象的意思。在 C# 中，创建对象也称类的实例化。

（2）使用类成员。创建对象以后，在应用程序中就可以使用这个对象了，类成员调用的语法格式如下：

< 类名|类对象名>.< 数据成员|方法成员>

① 使用数据成员。

```
stu_new.Name = "李四";
```

Console.WriteLine ("Stu_LS 对象的学生姓名为：{0}，性别为：{1}，出生日期为：{2}。", stu_new.Name, stu_new.Sex, stu_new._Birth);

② 使用方法成员：

stu_new.Study ("C# 程序设计基础");
stu_new.Sing ("青藏高原");

2. 类的实例化

将具有关联关系的属性和功能封装后的代码块就可以作为一个类，但类不能直接使用，因为面向对象概念中是不允许随便修改类的内容。如果要用，就需要实例化类的对象。例如，现在有一个打印机类，若使用打印机去完成打印作业，你是使用具体的某个打印机去完成打印作业，而不是使用打印机这个类去完成的。所以类是对具有一系列相同或相近属性的对象群体的抽象，而对象则是类的具体特例。

在 C# 中，如果想实例化一个类的对象，需要使用 new 关键字。实例化的具体语法格式如下：

< 类名> < 对象名> = new < 类名> （［构造参数］）

3. this 关键字的使用

保留字 this 仅限于在构造函数、类的方法和事件中使用，具有以下含义。

（1）在类的构造函数中出现 this，作为一个引用类型，表示对正在构造的对象本身的引用。

（2）在类的方法和事件中出现的 this，作为一个引用类型，表示对调用该方法的对象的引用。

【任务 T05_3】 编写控制台应用程序，演示 this 关键字的使用。

任务关键点分析：this 关键字的使用。

程序解析：

```
class User
{
    string userName;
    string userPwd;
    public User(string userName,string userPwd)
    {
        this.userName = userName;
        this.userPwd = userPwd;
        this.DispUserInfo();
    }
    public void DispUserInfo()
    {
        Console.WriteLine("用户名为:{0},密码为{1}",userName,userPwd);
```

```
        Console.ReadLine();
    }
}
class Program
{
    static void Main(string[] args)
    {
        User user = new User("BillGates","123456");
    }
}
```

程序运行结果

```
用户名为：BillGates，密码为123456
```

任务总结：this 关键字一般在当前类中的方法中使用，用于引用当前类中的字段、属性和其他方法等，起到快速智能提示的作用。

5.2　描述学生类进阶

5.2.1　任务解析

【任务 T05_4】　描述学生类进阶，要求：阅读并分析程序代码，体会属性封装、重载等概念及其应用。

任务关键点分析：如何对属性进行封装，如何使用重载技术进行方法重载。

程序解析：

```
class Student
{
    private string _Name;
    /// <summary>
    /// 属性：姓名
    /// </summary>
    public string Name
     {
        get { return _Name; }
        set { _Name = value; }
     }
    private string _Sex;
    /// <summary>
```

```csharp
/// 属性：性别
/// </summary>
public string Sex
  {
    get { return _Sex; }
    set
      {
        if (value == "男" || value == "女")
         { _Sex = value; }
        Else
         { Console.WriteLine ("您设置的性别信息有误。"); }
      }
  }
/// <summary>
/// 构造函数1：对象创建后不具有任何属性值
/// </summary>
public Student() { }
/// <summary>
/// 构造函数2：当对象创建后就具有相应的属性值
/// </summary>
/// <param name= "name"> 姓名</param>
/// <param name= "sex"> 性别</param>
public Student(string name, string sex)
  {
    this._Name = name;
    this._Sex = sex;
  }
public void Sing (string musicName)
  {
    Console.WriteLine ("我正在清唱歌曲《{0}》", musicName);
  }
public void Sing (string mode, string music)
  {
    Console.WriteLine ("我正在使用《 {0}》演唱歌曲《 {1}》。", mode, music);
  }
}
class Program
{
```

```
static void Main (string [] args)
  {
    //1 创建一个空白对象，然后设定相关属性
    Student stu_ZS = new Student();
    stu_ZS.Name = " 张三";
    stu_ZS.Sex = " 男";
    Console.WriteLine ("Stu_ZS 对象的学生姓名为：{0}，性别为：{1}。",
      stu_ZS.Name, stu_ZS.Sex);
    stu_ZS.Sing ("青藏高原");
    //2 创建对象时，自带相关属性
    Student stu_LS = new Student ("李四", "女");
    Console.WriteLine ("Stu_LS 对象的学生姓名为：{0}，性别为：{1}。",
      stu_LS.Name, stu_LS.Sex);
    stu_LS.Sing ("美声","母亲");
    Console.ReadLine ();
  }
}
```

程序运行结果

```
Stu_ZS对象的学生姓名为：张三，性别为：男。
我正在清唱歌曲《青藏高原》
Stu_LS对象的学生姓名为：李四，性别为：女。
我正在使用《美声》演唱歌曲《母亲》。
```

通过代码发现，类中有两个构造函数和两个方法，它们输入参数不同，处理流程也不同，使用方法也会发生变化。

任务总结：描述学生类进阶案例主要涉及构造函数、方法的重载、属性封装等概念。

5.2.2　构造函数的应用

任务 T05_4 提供了两个构造函数：一个是不带参数的构造函数，一个是带参数的构造函数。如果类中没有提供这些构造函数，那么系统会自动提供一个默认的构造函数。一旦类中自定义了构造函数，系统则不提供默认的构造函数，否则系统编译会报错。

在面向对象的概念中，有两种情况可以创建对象：一种情况是当现实世界中一个具体的对象产生时就为其设置已经准备好的属性；还有一种是对象产生时各个属性未知，对象产生后再根据实际情况设置相关属性。这其实就涉及构造函数的重载问题。

因此，编程时，一般提供以下两种类型的构造方法用于实例化类的对象。

（1）当一个对象诞生之前已经拟定好相关属性，当对象诞生时直接将准备好的属性绑定到该类的对象上，例如任务 T05_4 中的构造函数 2。

（2）对象诞生时只知道该对象具有相关的属性，但不知道具体的值。因此对象诞生时该对象不具有任何数据，以后可以根据需要再另行添加，例如任务 T05_4 中的构造函数 1。

根据实际应用，构造函数还分为实例构造函数、静态构造函数和私有构造函数。任务 T05_4 提供的都是实例构造函数，下面介绍静态构造函数和私有构造函数。

1. 静态构造函数的声明

静态构造函数声明的语法如下：

```
static 类名标识符()
{
    //静态构造函数体
}
```

其中：

● 静态构造函数修饰符：［extern］static 或者 static ［extern］。如果有 extern 修饰，则说明这是一个外部静态构造函数，不提供任何实际的实现，所以静态构造函数体仅仅是一个分号。

● 标识符：是静态构造函数名，必须与类同名；静态构造函数不能有参数。

● 静态构造函数体：静态构造函数的目的是用于对静态字段进行初始化，所以它只能对静态数据成员进行初始化，而不能对非静态数据成员进行初始化。

● 静态构造函数是不可继承的，而且不能被直接调用，只有创建类的实例或者引用类的任何静态成员时，才能激活静态构造函数，所以在给定的应用程序中，静态构造函数至多被执行一次。

静态构造函数声明时需注意以下几点。

● 用于对静态字段、只读字段或者用于执行仅需执行一次的特定操作的初始化。

● 添加 static 关键字，不能添加访问修饰符，因为静态构造函数都是私有的。

● 类的静态构造函数不能带参数。

● 如果类中包含用来开始执行的 Main 方法，则该类的静态构造函数将在调用 Main 方法之前执行。任何带有初始值设定项的静态字段，在执行该类的静态构造函数时，先要按照文本顺序执行那些初始值设定项。

● 如果没有编写静态构造函数，而这时类中包含带有初始值设定的静态字段，那么编译器会自动生成默认的静态构造函数。

● 一个类可以同时拥有实例构造函数和静态构造函数，这是唯一可以具有相同参数列表的同名方法共存的情况。

【任务 T05_5】　编写控制台应用程序，声明一个固定分辨率的屏幕类，演示静态构造函数的应用。

任务关键点分析：静态构造函数的应用。

程序解析：

```
class Screen
{
    static int height;
    static int width;
    static Screen()
```

```
    {
        height = 1024;
        width = 768;
    }
}
```

任务总结：静态构造函数主要对静态字段、只读字段等进行一次性初始化，其经典应用就是对系统一些重要的基础参数进行设置，例如数据库应用程序开发时可以在应用程序配置文件中配置数据库连接字符串；然后在数据库通用访问类中声明静态的 string 字段（用于保存数据库连接字符串）；最后在静态构造函数中读取配置文件中设置的连接字符串的值并赋值给该静态字段。

2. 私有构造函数

私有构造函数是一种特殊的构造函数，它通常用于只包含静态成员的类中。如果类具有一个或者多个私有构造函数而没有公共构造函数，则不允许其他类（嵌套类除外）创建该类的实例。因此，常常声明一个空私有构造函数来阻止自动生成默认构造函数。当没有实例字段或者实例方法时，或者当调用方法以获得类的实例时，私有构造函数可用于阻止创建类的实例。如果不对构造函数使用访问修饰符，默认为 private。但是，通常显式地使用 private 修饰符来清楚地表明该类不能被实例化。

5.2.3　静态方法和实例方法

类的数据成员可以分为静态字段和实例字段。静态字段是和类相关联的，不依赖于特定对象的存在；实例字段是和对象相关联的，访问实例字段依赖于实例的存在。其实构造函数也分为静态构造函数和实例构造函数，方法也分为静态方法和实例方法。

通常若一个方法声明中含有 static 修饰符，则表明这个方法是静态方法，同时说明它只对这个类中的静态成员操作，不可以直接访问实例字段。若一个方法声明中不包括 static 修饰符，则该方法是一个实例方法。一个实例方法的执行与特定对象关联，所以需要一个对象存在。实例方法可以访问静态字段和实例字段。

【任务 T05_6】　编写控制台应用程序，演示静态和实例方法的应用。

任务关键点分析：静态方法、实例方法以及两者的应用中的区别。

程序解析：

```
class StaticInstanceMethod
{
    static string helloworld = "Hello World";
    string hellochina = "Hello China";
    //静态方法演示
    public static void StaticMethod()
    {
        helloworld = helloworld + "欢迎您,世界!";
        Console.WriteLine("静态方法运行结果:{0}", helloworld);
```

```
    }
    //实例方法演示
    public void InstanceMethod()
    {
        helloworld = helloworld + "世界,欢迎您!";
        hellochina = hellochina + "中国,欢迎您!";
        Console.WriteLine("实例方法运行结果:{0},{1}",helloworld,hellochina);
    }
    static void Main(string[] args)
    {
        //静态方法调用
        StaticInstanceMethod.StaticMethod();
        //实例方法调用
        StaticInstanceMethod sim = new StaticInstanceMethod();
        sim.InstanceMethod();
        Console.ReadKey();
    }
}
```

程序运行结果

任务总结:通过运行结果发现,实例方法的运行结果包含了静态方法的运行结果,因为静态方法运行产生的结果对整个类的实例都产生影响。

5.2.4 方法的重载

重载是面向对象程序设计中的一个重要特征,通过重载可以使同一个类中多个具有相同功能而参数不同的方法共享一个方法名。在调用方法时,根据方法参数的个数和参数数据类型的不同来区分所调用的方法。至于方法的其他部分,如方法的返回值和修饰符等,与重载方法没有任何关系。这样做的优点在于可以使程序简洁清晰。任务 T05_4 中的 Sing 方法通过参数个数的不同实现了重载。

方法重载有以下两点要求。

(1) 重载的方法名称必须相同。

(2) 重载的方法,其形参个数或类型必须不同,否则将出现"已经定义了一个具有相同类型参数的方法成员"的编译错误。

5.2.5 隐藏和封装

封装是面向对象编程语言对客观世界的模拟,客观世界里的属性都是被隐藏在对象内部,外界无法直接操作和修改。属性封装是将对象的状态信息隐藏在内部，不允许外部程序直接访问对象内部信息，而是通过该类所提供的方法来实现对内部信息的操作和访问。可以通过访问方法对属性的访问进行逻辑控制。在编写程序中，如果使用属性但没有进行任何限制，这样可能引起一些潜在的问题。例如，学生的成绩字段一般是 0～100 分，如果将其值设置为 −1 或者 1000，这在语法上没有任何问题，但是显然违背了现实。因此面向对象编程推荐将类或对象的属性进行深度封装，以满足现实应用的要求。

任务 T05_4 中的 Student 类实现了对学生的性别属性的封装，这样当设置一个学生性别为男或女以外的值时，就会出现错误提示。

对一个类或对象实现良好的封装，可以实现以下目的。

● 隐藏类的实现细节。

● 让使用者只能通过事先预定的方法来访问数据，从而可以在方法里加入控制逻辑，限制对属性的不合理访问。

● 可进行数据检查，从而有利于保证对象信息的完整性。

● 便于修改，提高代码的可维护性。

为了实现良好的封装，需要从以下两个方面来考虑。

● 将对象的属性和实现细节隐藏起来，不允许外部直接访问。

● 把方法暴露出来，让方法来操作或访问这些属性。

5.3　综合实例

【任务 T05_7】　编写控制台应用程序，程序功能：定义一个 Car 类，用来对小汽车的特性和功能进行描述。

说明：汽车要具有型号、状态、总里程、车速、当前油量、每公里油耗和车况等字段，模拟汽车行驶状况，根据行驶的公里数修改已经行驶公里数和油耗等参数，如果已行驶公里数大于 200000 公里，则将可行驶状态修改为"报废"；如果当前油量为 0，则停车。

任务关键点分析：类的声明、定义、实例化及属性、构造函数、方法等面向对象基本概念在项目中的应用。

程序解析：

(1) 在 Visuat Stadio2008 中创建控制台应用程序，项目名称为：CarApp。

(2) 在项目中添加类 Car，并在类 Car 中添加以下代码。

```
namespace CarApp
{
    class Car
    {
        const float KM = 200000; //小汽车可行驶的最大公里数
        const float TIMESTEP = 0.5f;//行驶的时间间隔
        private string _Style;
        /// <summary>
```

```csharp
        /// 汽车型号
        /// </summary>
        public string Style
        {
            get { return _Style != null ? _Style : ""; }
            set { _Style = value; }
        }
        private bool _RunEnable;
        /// <summary>
        /// 行驶状况属性
        /// </summary>
        public bool RunEnable
        {
            get { return _RunEnable; }
            set { _RunEnable = value; }
        }
        private float _RunKM;
        /// <summary>
        /// 行驶公里数
        /// </summary>
        public float RunKM
        {
            get { return _RunKM; }
        }
        private float _Rate;
        /// <summary>
        /// 车速属性
        /// </summary>
        public float Rate
        {
            get { return _Rate; }
        }
        private float _Oil;
        /// <summary>
        /// 油量属性
        /// </summary>
        public float Oil
        {
            get { return _Oil; }
```

```csharp
        set { _Oil = value; }
    }
    private float _OilKm;
    /// <summary>
    /// 公里油耗属性
    /// </summary>
    public float OilKm
    {
        get { return _OilKm; }
        set { _OilKm = value; }
    }
    private bool _Status;
    /// <summary>
    /// 车况属性
    /// </summary>
    public bool Status
    {
        get { return _Status; }
        set { _Status = value; }
    }
    //默认构造函数
    public Car()
    {
        _Style = "NA";
        _RunEnable = False;
        _Status = True;
        _RunKM = 0;
        _Oil = 0;
        _OilKm = 1;
    }
    //带参构造函数
    public Car(string style)
    {
        _Style = style;
        _RunEnable = False;
        _Status = True;
        _RunKM = 0;
        _Oil = 0;
        _OilKm = 1;
```

```
}
//显示车运行状况
public void Display()
{
    Console.WriteLine("------------------------- ");
    Console.WriteLine("车型:"+ Style.ToString());
    Console.WriteLine("车速:"+ Rate.ToString());
    Console.WriteLine("公里耗油量:"+ OilKm.ToString());
    Console.WriteLine("油量:"+ Oil.ToString());
    Console.WriteLine("行驶里程:"+ RunKM.ToString());
}
//车按照指定的速度行驶
public void Run(float Rate)
{
    float Km;
    float T = 0;
    _Rate = Rate;
    while (_RunEnable && _Status)
    {
        T + =  TIMESTEP;
        Km = TIMESTEP * Rate;
        _Oil - =  _OilKm * Km;
        //如果没有油,则停车
        if (_Oil < =  0)
        {
            _Oil = 0;
            _RunEnable = False;
        }
        _RunKM + = Km;
        //如果行驶公里数> 限定值,则报废
        if (RunKM >  Km)
        {
            _Status = False;
        }
        Console.WriteLine("------------------------- ");
        Console.WriteLine("时间:{0}",T);
        this.Display();
    }
    if (! _RunEnable)
```

```
        {
            Console.WriteLine("该车没有油啦,请加油!");
        }
        if (!_Status)
        {
            Console.WriteLine("该车报废啦。");
        }
        _Rate = 0;
    }
    //给车加油
    public void AddOil(float Oil)
    {
        _Oil + = Oil;
        _RunEnable = True;
    }
}
}
```

（3）在 Program.cs 程序文件中添加如下代码。

```
using System;
using System.Collections.Generic;
using System.Text;

namespace CarApp
{
    class Program
    {
        //操作菜单
        static int Menu()
        {
            string ch;
            Console.WriteLine("1. 购买汽车");
            Console.WriteLine("2. 行驶");
            Console.WriteLine("3. 加油");
            Console.WriteLine("4. 报废");
            Console.WriteLine("5. 停车");
            ch = Console.ReadLine();
            return int.Parse(ch);
        }
```

```csharp
//购买车
static void Buy(ref Car mycar)
{
    Console.WriteLine("车型:");
    mycar.Style = Console.ReadLine();
    Console.WriteLine("公里耗油量:");
    mycar.OilKm = float.Parse(Console.ReadLine());
}
//行驶
static void Run(ref Car mycar)
{
    float rate;
    Console.WriteLine("车速:");
    rate = float.Parse(Console.ReadLine());
    mycar.Run(rate);
}
//加油
static void AddOil(ref Car mycar)
{
    float oil;
    Console.WriteLine("添加油料:");
    oil = float.Parse(Console.ReadLine());
    mycar.AddOil(oil);
}
static void Main(string[] args)
{
    Car car = new Car();
    int i;
    bool ch = True;
    while (ch)
    {
        i = Menu();
        switch (i)
        {
            case 1:
                Buy(ref car);
                break;
            case 2:
                Run(ref car);
```

```
                    break;
                case 3:
                    AddOil(ref car);
                    break;
                case 4:
                    car.RunEnable = False;
                    Console.WriteLine("该车报废成功。");
                    break;
                case 5:
                    car.Status = False;
                    Console.WriteLine("该车停车完毕。");
                    break;
                case 0:
                    break;
            }
        }
    }
}
```

程序运行结果

本章小结

　　面向对象是一个非常重要的编程思想和技术，类是面向对象程序设计的基本构成模块。本章主要讲述类的创建及其使用、类的成员、构造函数、方法及其重载、属性和封装等知识点。

上机练习 5

1. 上机执行本章 T05_1～T05_6 等任务，分析代码并体会面向对象编程的思想和方法。

2. 新建一个项目，在该项目中定义一个 Person 类，并且类 Person 中有年龄、姓名两个字段。为 Person 类写一个构造函数，要求带一个 string 类型的参数、一个 int 类型的参数。为 Person 类写方法 ShowAge()，ShowName()。前者用于显示年龄；后者用于显示姓名。再写一个方法 Judge 通过这个人的年龄判断他是少年、青年、中年还是老年（少年：10～17 岁，青年：18～34 岁，中年：35～59 岁，老年：60 岁以上）。在主方法中创建职员的实例 p1（姓名为"张红"、年龄为 32），调用 ShowAge()方法、ShowName()方法、Judge ()方法来显示年龄、姓名和年龄段。

3. 新建一个项目，在该项目中定义一个 Empolyee 类，并且类 Empolyee 中有姓名、年龄、性别和薪水四个字段成员。为 Empolyee 类写一个构造函数，要求带两个 string 类型的参数、一个 int 类型的参数和一个 double 类型的参数。为 Employee 类添加姓名、年龄、性别和薪水的属性，使用 get 和 set 方法对属性的值进行读写。为 Employee 类写方法 AddSalary()和 ShowSalary()。前者将不足 800 的薪水加到 800，已到 800 的增加 10％；后者用于显示某职员的薪水。在主方法中创建职员的实例 s1（姓名为"zhanghua"、年龄为 32、性别为"男"、薪水为 1600），调用 AddSalary 方法来增加薪水，并调用 ShowSalary 方法最后显示职员原来的薪水和修改后的薪水。

4. 用一个类来描述一个学生，学生的特性包括：学号是 12 位数字字符串；姓名；性别，只能取男或女；年龄，必须是 15 岁至 20 岁之间；E-mail 地址，默认的 E-mail 地址是用户编号加上字符串@sina. com. cn，写出代码。

5. 设计 Max 类，定义 GetMax 方法，实现求两个整数最大值、三个整数最大值和多个整数最大值。提示：多个整数求最大值，利用数组传递参数。

第6章 面向对象编程进阶

继承和多态是面向对象程序设计的两个重要特征，本章通过"打印机世界真实展现"和"文档模拟打印"两个任务，引入类的继承、接口、抽象类、事件和委托、异常处理、集合等知识点，使学生具备面向对象高级编程的能力。

本章要点：
➢ 了解继承的概念和使用；
➢ 掌握父类对象和子类对象的转换；
➢ 掌握抽象类和接口的概念及应用；
➢ 掌握集合和索引器的概念及应用；
➢ 掌握委托和事件的概念及应用；
➢ 掌握异常处理的概念及应用。

6.1 打印机世界真实展现

6.1.1 任务解析

【任务 T06_1】 打印机世界真实展现。创建控制台应用程序描述打印机，具体要求如下：凡是打印机都具有型号和名称属性，但是打印机又区分为针式、喷墨和激光打印机等类别，虽然都向外提供打印功能，但各类打印机的打印方式等都有所区别；另外激光打印机又可能区分为黑白和彩色两类。

任务关键点分析：如何尽可能使用贴近现实的思想对打印机家族进行描述。

程序解析：

（1）在 Visual Studio 2008 中创建名为 PrinterDEMO 的控制台应用程序项目。

（2）在 PrinterDEMO 项目中，添加名为 IPrinter 的接口，然后向该接口中添加如下代码：

```
//打印机接口
interface IPrinter
```

```
{
    /// <summary>
    /// 显示打印机基本信息
    /// </summary>
    void ShowMsg();
    /// <summary>
    /// 打印功能
    /// </summary>
    void Print(string msg);
}
```

在该接口中，主要定义所有打印机面向外面提供的（或者是都具有）公共方法。但要注意：接口中的方法只有声明，没有定义。

（3）在 PrinterDEMO 项目中，添加名为 Printer 的类，其中的代码如下：

```
//字段、属性和普通方法及抽象方法,侧重属性
public abstract class Printer:IPrinter
{
    string type;
    /// <summary>
    /// 打印机的类型
    /// </summary>
    public string Type
    {
        get {return type; }
        set {type = value; }
    }
    string name;
    /// <summary>
    /// 打印机的名称
    /// </summary>
    public string Name
    {
        get {return name; }
        set {name = value; }
    }
    // 定义打印机类公共的方法
    public Printer()
    {
    }
```

```csharp
        public Printer(string type,string name)
        {
            this.type = type;
            this.name = name;
        }
        public void ShowMsg()
        {
            Console.WriteLine("类型:{0},名称为:{1}。",type,name);
        }
        // 定义打印机类公共但处理方式又不同的方法,一般由接口规范
        public abstract void Print(string msg);
}
```

（4）添加一个名为"LaserPrinter"的激光打印机类，其中的代码如下：

```csharp
class LaserPrinter:Printer
{
        public LaserPrinter(string type, string name) : base(type, name)
{ }
        public override void Print(string msg)
        {
            Console.WriteLine("激光方式打印:"+ msg);
        }
}
```

该类继承于抽象类 Printer，提供了两个方法，一个是从基类继承的构造方法，使用 base 关键字；一个是重写基类中的抽象方法，使用了 override 关键字。

（5）添加一个名为 ColorLaserPrinter 的彩色激光打印机类，其中的代码如下：

```csharp
/// <summary>
/// 彩色打印机
/// </summary>
class ColorLaserPrinter:LaserPrinter
{
        public ColorLaserPrinter(string type,string name) : base(type,name)
{ }
        public override void Print(string text)
        {
            Console.WriteLine("彩色激光方式打印:"+ text);
        }
}
```

（6）在 Program. cs 中添加如下代码：

```
class Program
{
    static void Main(string[] args)
    {
        Console.WriteLine();
        //Printer printer = new Printer("aaa",""); 错误:抽象类不能被实
例化

        LaserPrinter lp = new LaserPrinter("P1007", "HP 激光打印机");
        lp.ShowMsg();
        lp.Print("北京欢迎您! \r\n");

        IPrinter ip;
        ip = lp;
        ip.Print("朋友,北京欢迎您! \r\n");
        Printer[] printers = {
            new LaserPrinter("ML-1676","三星激光打印机"),
            new ColorLaserPrinter("CP1525N","HP 彩色激光打印机")
        };
        foreach (IPrinter print in printers)
        {
            print.Print("Hello World");
        }
        Console.ReadLine();
    }
}
```

程序运行结果

任务总结：打印机世界真实展现案例主要引入了接口、继承、抽象类、多态性编程等高级编程知识。

6.1.2　继承

继承可以使用现有类的所有功能，并在无须重新编写原来的类的情况下对类的功能进行扩展。使用继承而产生的类称为派生类或者子类，而被继承的类称为父类或者基类。

任务 T06_1 中第（3）步创建了一个 Printer 类，在该类中定义了打印机的属性（类型 type 和名称 name）和功能（显示打印机基本信息的方法 ShowMsg）。然后，在 Printer 类的基础上定义了激光打印机类 LaserPrinter（当然还可以定义针式打印机或者喷墨打印机类等）；在 LaserPrinter 中继承了 Printer 类的类型、名称属性和显示打印机基本信息的方法。同样，在彩色激光打印机类中，也同样继承了激光打印机的类型、名称属性和 ShowMsg 方法（尽管这些特征或功能是继承来的，也可以子子孙孙延续）；另外，在彩色激光打印机类中重新定义了打印功能，当然可以根据需要添加更多的功能，例如照片打印等。

C♯语言类的继承具有以下特点。

● C♯语言只允许单继承，即派生类只能有一个基类。

● C♯语言继承是可以传递的。

● 派生类可以添加新成员，不能删除基类中的成员，可以重写基类的成员。

● 派生类不能继承基类的构造函数、析构函数和事件，但能继承基类的属性。

● 派生类对象也是基类对象，但基类对象却不一定是其派生类的对象。C♯语言规定，基类的引用变量可以引用其派生类对象，派生类的引用变量不可以引用其基类对象。如果确实需要让派生类对象引用基类对象，需要进行强制转换。

1. 类的继承

类的继承的语法格式如下：

［类的修饰符］class［子类型名称］:［父类名］

｛ // 类的定义｝

例如，任务 T06_1 中，彩色激光打印机类继承激光打印机类的实现代码：

```
class ColorLaserPrinter:LaserPrinter{ }
```

具体可参照任务解析第（5）步进行理解和学习。

2. 子类对象与父类对象的转换

和基本数据类型之间的强制类型转换一样，存在继承关系的父类对象和子类对象之间也可以在一定条件下互相转换。这种转换需要遵守以下原则。

（1）子类对象可以直接被视为是其父类的一个对象，但父类对象不能直接被当做是其某一个子类的对象，但可以通过强制类型转换来实现，格式为：（子类名）父类对象名。

针对打印机世界真实展现案例中的类 LaserPrinter 对象 lp 和 ColorLaserPrinter 对象 clp，可以这样做：

```
LaserPrinter lp = new LaserPrinter("P1007", "HP LaserJet");
ColorLaserPrinter clp = new ColorLaserPrinter("P1606dn", "HP LaserJet Pro");
lp = clp; //正确:直接将子类对象作为父类对象
clp = lp; //错误:不能直接将父类对象作为子类对象
```

```
clp = (ColorLaserPrinter)lp;        //正确,进行强制类型转换
```

（2）如果一个方法的形参定义的是父类对象，那么调用这个方法时，可以使用子类对象作为实际参数，原因同（1）。

（3）声明的对象是父类对象，但运行时却是子类对象，如果子类重写了父类的方法，即从父类继承的方法不再存在，那么此时父类对象调用的是子类重写的方法；但如果子类仅仅是隐藏了父类的成员，当把子类对象转换为父类对象时，访问的则是父类被隐藏的成员。

3. 父类成员的引用（base 关键字）

有时根据需要在派生类中访问继承父类的成员，在下列两种情况下需要使用 base 关键字。

（1）在派生类的构造函数中，指明要调用的基类构造函数。由于基类可能有多个构造函数，根据 base 后的参数类型和个数，指明具体要调用的构造函数。

在任务 T06_1 中，定义激光打印机类和彩色激光打印机类时，定义构造函数时，指定使用基类的带参构造函数，此时使用 base 关键字来进行指定。具体使用格式如下：

```
public 类名(形参序列):base(基类被调用构造函数的参数序列){}
```

其中，基类被调用构造函数的参数序列的实参需要从子类构造函数的形参序列中选择。具体使用方法可以参照打印机世界真实展现案例中激光打印机类和彩色激光打印机类构造函数的定义。

（2）在派生类中调用基类中被派生类覆盖的方法。

【任务 T06_2】　在打印机世界真实展现任务的彩色激光打印机类中增加普通模式打印文本的方法。

任务关键点分析：base 关键字的使用。

程序解析：

```
/// <summary>
/// 普通模式打印机文本
/// </summary>
/// <param name= "content"> 文本内容</param>
public void NormalPrint(string content)
{
    base.Print(content);
}
```

然后在主函数中创建彩色打印机的对象，并调用 NormalPrint 方法，具体代码如下：

```
ColorLaserPrinter clp = new ColorLaserPrinter("P1606dn", "HP LaserJet Pro");
clp.NormalPrint("北京欢迎您!!! \r\n");
```

程序运行结果

任务总结：通过程序的运行结果可以看出，在派生类中如果需要访问基类中被派生类重写的方法，必须加上 base 关键字进行指定，否则访问的成员仍为派生类的成员。

激光方式打印：北京欢迎您！！！

6.1.3　多态性（动态多态）

C＃支持静态多态和动态多态，多态在 C＃中主要通过重载、隐藏和覆盖三个概念来实现。重载也就是第 5 章学习的静态多态，本节主要学习动态多态（隐藏和覆盖）。

一般情况下，子类总是以父类为基础，额外增加新的属性和方法。当出现类的特例时，子类需要重新定义父类的方法。例如，在任务 T06_1 中打印机都有打印 Print() 方法，彩色激光打印机是激光打印机类的特例，其打印方法肯定与普通的激光打印机方法有区别，因此需要重写打印方法完成彩色激光打印机的特殊功能。针对此类情况，可以使用面向对象编程中的隐藏和覆盖来实现动态多态。

要实现继承的多态性，在类定义方面，必须分别用 virtual 关键字和 override 关键字在基类与派生类中声明同名的方法。

基类中的声明格式为：

```
public virtual 方法名(参数列表){ }
```

派生类中的声明格式为：

```
public override 方法名(参数列表){ }
```

6.1.4　抽象类及抽象方法

在面向对象的概念中，所有的对象都是通过类来描述的，但这并不是说所有的类都是用来描述对象的。当一个类中没有包含足够的信息以描绘一个具体的对象时，这样的类就是抽象类。抽象类往往用于描述在对问题进行分析、设计中得出的抽象概念，是对一系列看上去不同但本质相同的具体概念的抽象。任务 T06_1 中对打印机进行描述，就会发现存在针式打印机、激光打印机和喷墨打印机等这样一些具体概念，它们的工作原理不尽相同，但是它们又都属于打印机这样一个概念，因此打印机就是一个抽象的概念。正因为是抽象的概念，所以用来表示抽象概念的抽象类是不能够实例化的。例如定义了一个 Printer 类，这个类应该提供一个打印方法 Print()，但不同的 Printer 的子类打印方法也是不一样的，即 Printer 类无法准确知道其子类进行打印操作的方法。如何既能让 Printer 类里面包含 Print() 方法，但又不提供其方法实现呢？解决这个问题就可以使用抽象方法这个概念。抽象方法只有方法签名，没有方法实现的部分。

.NET 中用关键字 abstract 修饰的类称为抽象类，它拥有所有子类的共同属性和方法。用 abstract 关键字修饰的方法称为抽象方法，该方法只有方法的签名，没有方法体，方法签名后面以分号结束。抽象方法必须定义在抽象类中，但抽象类中的方法不一定都是抽象方法，也可以包含具体方法。

抽象类不能被实例化，只能被子类继承。子类继承抽象类时，如果子类不再是抽象类，则必须实现从抽象类继承来的所有抽象方法。子类在实现从抽象父类继承类的抽象方法时，其返回值类型、方法名、参数列表等必须和父类相同。但不同的是子类有方法体，且不同的子类可以有不同的方法体。

抽象方法和抽象类必须使用 abstract 修饰符进行定义，有抽象方法的类只能被定义成抽象类，抽象类里可以没有抽象方法。定义和使用抽象类和抽象方法的规则如下。

● 抽象类必须使用 abstract 修饰符来修饰，抽象方法必须使用 abstract 修饰符来修饰，抽象方法不能有方法体。

● 抽象类不能被实例化，无法使用 new 关键字来调用抽象类的构造方法，创建抽象类的实例。即使抽象类里面不包含抽象方法，这个抽象类也不能实例化。

● 抽象类可以包含属性、方法（普通方法和抽象方法都可以）、构造方法、初始化块、内部类、枚举类 6 种成分。抽象类的构造方法不能用于创建实例，主要是用于被其子类调用。

● 含有抽象方法的类（包含直接定义了一个抽象方法；继承了一个抽象父类，但没有完全实现父类包含的抽象方法；以及实现了一个接口，但没有完全实现接口包含的抽象方法三种情况）只能被定义成抽象类。

根据上面的定义规则，抽象类能包含和普通类相同的成员，但不能用于创建实例；普通类不能包含抽象方法，而抽象类可以包含抽象方法。定义抽象方法只需在普通方法前面增加 abstract 修饰符，将其方法体全部去掉。

任务 T06_1 中，Printer 方法就是一个抽象类，在其中定义了所有打印机都具有的属性（类型和名称）、普通方法（现实基本信息的 ShowMsg 方法）和抽象方法（Print 方法，不同的打印机打印方法不同，使用抽象方法来声明，最后可以在打印机的具体类中进行实现）。有了这样一个抽象类后，就可以在此基础上创建针式打印机类、激光打印机类、喷墨打印机类等具体的打印机类以实现不同工作机制的打印操作。

【任务 T06_3】　在任务 T06_1 中，添加喷墨打印机类，使其具有普通打印机的属性和功能并实现喷墨打印机特定的打印功能。

任务关键点分析：抽象类的作用。

程序解析：

（1）创建喷墨打印机类，继承 Printer 打印机抽象类，重写打印方法完成喷墨打印机的打印功能。

```
class InkJet:Printer
{
    public InkJet(string type, string name) : base(type, name) { }
    public override void Print(string msg)
    {
        Console.WriteLine("喷墨方式进行打印:" +msg);
    }
}
```

（2）在主函数中使用喷墨打印机和激光打印机，具体代码如下：

```
class Program
{
    static void Main(string[] args)
```

```
    {
        Printer printer;
        string content = "今天天气不错,去旅游如何?";
        //当电脑连接了一台喷墨打印机
        printer = new InkJet("STYLUS PHOTO R230", "爱普生 R230");
        printer.Print(content+ "\r\n");
        //当电脑连接了一台彩色激光打印机
        printer = new ColorLaserPrinter("P1606dn", "HP LaserJet Pro");
        printer.Print(content + "\r\n");
        Console.ReadLine();
    }
}
```

程序运行结果

喷墨方式进行打印:今天天气不错,去旅游如何?
彩色激光方式打印:今天天气不错,去旅游如何?

　　任务总结:通过 Main 方法中的代码可以清晰地看出抽象类和抽象方法使得程序变得更加灵活。即定义了一个 Printer 对象,既可以实例化为喷墨打印机对象,也可以实例化为彩色激光打印机对象等。由于在 Printer 类中定义了 Print 方法,所以 Printer 对象可以为其子类所共用,且不需要将它们强制类型转换为其子类型,若没有抽象方法,这样使用就必须将父类对象强制转换为子类对象。这就是抽象类和抽象方法的优势之一,这也是面向对象的特征之多态性特征的体现。总之利用抽象类和抽象方法的优势,程序变得更加灵活。但使用抽象类或抽象方法时,需要注意以下几个方面。

　　● 当 abstract 修饰类时,表明这个类只能被继承;当 abstract 修饰方法时,表明这个方法必须由子类提供实现。

　　● abstract 不能用于修饰属性,不能用于修饰局部变量,即没有抽象变量、抽象属性等说法;abstract 也不能用于修饰构造方法,即没有抽象构造方法的概念,抽象类里定义的构造方法只能是普通构造方法。

　　● 当使用 static 修饰一个方法时,表明这个方法属于当前类,即该方法可以通过类来调用;如果该方法被定义成抽象方法,则将导致通过该类来调用该方法时出现错误,因此 static 和 abstract 不能同时修饰某个方法,即没有所谓的类抽象方法。

　　● abstract 关键字修饰的方法必须被其子类重写才有意义,否则这个方法将永远不会有方法体,因此 abstract 方法不能定义为 private 访问权限,即 private 和 abstract 不能同时使用。

6.1.5　接口

　　继承虽然很好地表达了父类和子类之间的族谱关系,但是一个子类有时可能需要继承多个父类的特征和功能。例如,沙发床不仅具有沙发的特征,而且具有床的作用。使用多继承虽然能够使子类同时拥有多个父类的特征,但是其缺点也很明显,主要体现在两个方面:一方面，如果在一个子类继承的多个父类中拥有相同名称的变量，子类在引用该变量时将产生歧义，无法判断应该使用哪个父类的变量；另一方面，如果在一个子类继承的多个父类中拥有相同的方法，子类中又没有覆盖该方法，那么调用该方法时将会产生歧义，无法判断应该调用哪个父类的方法。正因为有以上的致命缺点，所以很多面向对象编程语言都禁止类的多继承，.NET 平台也不例外。

因此，在 .NET 中，类与类之间只能单继承，而不能多继承。但是多继承也有其优点，为此 .NET 平台提供接口多继承，通过接口的功能实现多继承的优点而又摒弃其缺点。

1. 接口的概念

接口的概念可以借鉴计算机中的 USB 接口来理解。很多人认为 USB 接口等同于主板上的插口，这其实是一种错误的认识。主机板上那个插口是遵守了 USB 接口规范的一个具体实例。

对于不同型号的主机而言，它们各自的 USB 接口都需要遵守一个规范，遵守这个规范就可以保证插入该插口的 USB 设备正常通信。那么这个 USB 规范就是接口。它更抽象，没有任何实现部分，就是一个规约，只要按照这个约定实现的 USB 设备就可以进行通信。

可以这样描述接口：抽象类是从多个类中抽象出来的模板，如果将这种抽象进行得更彻底，则可以提炼出一种更加特殊的"抽象类"，即接口（interface）。接口里不包括普通方法，而只有抽象方法。和抽象类一样，接口是从多个相似类中抽象出来的，和抽象类的区别是接口只是规范，不提供任何实现。接口也体现了规范和实现相分离的设计哲学。

让规范和实现分离正是接口的好处，让软件系统的各组件之间面向接口耦合，是一种耦合的设计，就像 USB 一样，只要遵守 USB 接口规范，就可以插入 USB 接口，与计算机正常通信。至于这个设备是哪个厂家制造的，内部是如何实现的等，用户都无须关心。

同样，软件系统各模块之间也应该采用这种面向接口的耦合，从而尽量降低各模块之间的耦合度，为系统提供更好的可扩展性和可维护性。

因此，接口定义的是多个类共同的行为规范，通常是一组共用方法。

2. 接口的声明

接口的定义和类的定义不同，定义接口时使用的是 Interface 关键字。接口定义的基本语法如下：

［修饰符］internal 接口名:父接口 1,父接口 2…
｛
　　　零个或者多个抽象方法(不需要也不能使用 abstract 修饰)声明……
｝

● 修饰符若是 public，说明接口可以被任何其他接口或类访问；若为默认，一般为 internal，说明该接口只能被该项目内的其他接口或类访问。

● 接口的名称可以是任意有效标识符。

● 接口中只能包含方法、属性、索引器和事件的声明。不允许声明成员上的修饰符，即使是 pubilc 都不行，因为接口成员总是公有的，也不能声明为虚拟的和静态的。如果需要修饰符，最好让实现类来声明。

● 接口中的方法都是公共的、抽象的方法（但是声明方法时不能使用 abstract 修饰符），仅有方法签名，而没有方法体。接口和抽象类都包括抽象方法，但两者存在很大的不同，主要体现在以下几个方面：抽象类可以有实例变量，而接口中不能有实例变量；抽象类中可以有非抽象的方法，而接口中只能有抽象的方法；抽象类只支持单继承，接口支持多继承。

● 接口可继承，且支持多继承，父接口和接口直接用冒号隔开，多个父接口之间用逗号隔开。

任务 T06_1 中，第（2）步就创建了一个打印机接口 IPrinter，该接口声明了两个方法 ShowMsg 和 Print 的方法；其次定义了一个 Printer 抽象类，继承并实现了接口 IPrinter，然后在 Printer 类的基础上创建了激光打印机类，最后在入口主程序中使用该接口。有关程序的具体代码实现和运行结果参照 6.1.1 节。

注意：接口不能用于创建实例，但可以用于声明引用类型的对象。当使用接口声明对象时，这个对象必须引用到其实现类的对象。除此之外，接口的主要用途是被实现类实现。

3. 接口的继承

接口的继承和类继承不一样，接口完全支持多继承，即一个接口可以有多个直接父接口。和类继承相似，子接口扩展某个父接口，将会获得父接口里面定义的所有抽象方法、属性等定义。一个接口继承多个接口时，父接口和子接口之间用冒号隔开，父接口之间用逗号隔开。

【任务 T06_4】　创建控制台应用程序，实现兼具打印、复印和扫描功能的一体机描述。

任务关键点分析：接口的应用及其在项目中的作用。

程序解析：

（1）创建打印机接口，所有打印机都具有打印功能。

```
//打印机功能接口
interface IPrinter
{
    //打印功能
    void Print();
}
```

（2）创建复印机接口，所有复印机都具有复印功能。

```
//复印机功能接口
interface ICopier
{
    //复印功能
    void Copy();
}
```

（3）创建多功能一体机接口，除具有复印、打印功能之外，还具有扫描功能。

```
//一体机功能接口
interface IOneMachine:IPrinter,ICopier
{
    //扫描功能
```

```
        void Scan();
}
```

（4）创建一体机功能实现类，实现打印、复印和扫描的功能描述。

```
//一体机功能实现类
class OneMachine:IOneMachine
{
    # region IOneMachine 成员
    public void Scan()
    {
        Console.WriteLine("您正在使用的是一体机的扫描功能。");
    }
    # endregion
    # region IPrinter 成员

    public void Print()
    {
        Console.WriteLine("您正在使用的是一体机的打印功能。");
    }
    # endregion
    # region ICopier 成员
    public void Copy()
    {
        Console.WriteLine("您正在使用的是一体机的复印功能。");
    }
    # endregion
}
```

（5）在主程序中使用一体机。

```
class Program
{
    static void Main(string[] args)
    {
        OneMachine om = new OneMachine();
        om.Copy();
        om.Print();
        om.Scan();
        Console.ReadKey();
    }
}
```

程序运行结果

```
您正在使用的是一体机的复印功能。
您正在使用的是一体机的打印功能。
您正在使用的是一体机的扫描功能。
```

任务总结：该程序首先定义了一个打印机功能接口和一个复印机功能接口，然后在两个接口的基础上定义了一个一体机功能接口，最后创建了一个一体机类实现了一体机接口。此案例使用接口多继承不仅避免了类的多继承中可能出现的缺陷，而且保存了类的多继承的优势。

4．接口和抽象类的比较

接口和抽象类都具有如下特征。

● 接口和抽象类都不能被实例化，它们都位于继承树的顶端，用于被其他类实现和继承。

● 接口和抽象类都可以包含抽象方法，实现接口或继承抽象类的普通子类都必须实现这些抽象方法。

但接口和抽象类之间的差别非常大，这种差别主要体现在两者的设计目的上。

作为系统与外界交互的窗口，接口体现的是一种规范。对于接口的实现者而言，接口规定了实现者必须对外提供哪些服务（以方法的形式来提供）；对于接口的调用者而言，接口规定了调用者可以调用哪些服务，以及如何调用这些服务（就是如何来调用方法）。当在一个程序中使用接口时，接口是多个模块间的耦合标准；当在多个应用程序之间使用接口时，接口是多个程序之间的通信标准（具体可参照 6.2 节文档打印模拟实现来理解）。因此接口一般侧重于方法的声明。

从某种程度上来看，接口类似于整个系统的“总纲”，它制定了系统各模块之间应该遵循的标准，因此一个系统中的接口不应该经常改变。一旦接口被改变，对整个系统甚至其他系统的影响将非常巨大，会导致系统中大部分类需要改写。

抽象类则不一样，作为系统中多个子类的共同类，它所体现的是一种模板式设计。抽象类作为多个子类的抽象父类，可以被当成系统实现过程中的中间产品，这个中间产品已经实现了系统的部分功能（任务 T06_1 中的 ShowMsg 方法），但是依然不是最终产品，必须进行更进一步的完善。因此抽象类侧重于属性、模板方法的创建。

除此之外，接口和抽象类在用法上也存在一定的差别。

● 接口里只能包含抽象方法，不包含已经提供实现的方法，抽象类中则完全可以包含普通方法。

● 接口里不能定义静态方法，抽象类可以定义静态方法。

● 接口里只能定义静态常量属性，不能定义普通属性，而抽象类里既可以定义普通属性，也可以定义静态常量属性。

● 接口不包含构造方法；抽象类中可以包含构造方法，但不是用于创建对象，而是让其子类调用这些构造方法来完成属于抽象类的初始化操作。

● 接口里不能包含初始化块，而抽象类完全可以包含初始化块。

● 一个类最多只能有一个直接父类，包括抽象类，但一个类可以直接实现多个接口，通过接口弥补单继承方面的不足。

其实有关接口和抽象类的概念属于面向对象高级编程中非常重要的知识，现在流行的设计模式的概念主要就是通过接口和抽象类来描述的，因此学好接口和抽象类是成为编程高手的必备知识。

6.2　文档打印模拟实现

6.2.1　任务解析

【任务 T06_5】　创建控制台应用程序描述文档打印功能，具体要求：文档可能存在不同的类型，但都具有打印功能，且文档打印操作是委托打印机实现。具体来说就是希望像 Word 编辑软件中的打印功能一样，当触发打印操作时，自动调用激光打印机的打印方法进行打印操作。

任务关键点分析：如何将打印机类和文档类通过委托（或者代理）的方式建立关联，并根据需要使用委托类的方法。

程序解析：

（1）在 6.1.1 节的项目 PrinterDEMO 中添加一个类，命名为：DelegateDefine，然后将该类文件中的类定义部分全部删除，只保留命名空间的部分，然后在命名空间中添加如下代码声明委托。

```
//声明一个打印委托
public delegate void PrintEventHandler(string text);
```

（2）在项目中添加 IOffice 接口，声明 PrintEventHandler 委托的一个事件和打印方法。

```
interface IOffice
{
    //基于委托声明一个事件
    event PrintEventHandler PrintEvent;
    /// <summary>
    /// 打印文档
    /// </summary>
    /// <param name= "content"> 要打印的内容< /param>
    void PrintDoc(string content);
}
```

（3）在项目中添加 WordOffice 类继承 IOffice 接口并实现接口中的事件和方法。

```
class WordOffice:IOffice
{
    public event PrintEventHandler PrintEvent;
    public void PrintDoc(string content)
```

```
    {
        //触发事件
        PrintEvent(content);
    }
}
```

（4）重新改写主程序中的代码如下：

```
class Program
{
    static void Main(string[] args)
    {
        // 实例化激光打印机对象
        IPrinter printer = new LaserPrinter("P1007", "HP LaserJet");
        // 实例化 WordOffice 文档对象
        IOffice office = new WordOffice();
        //注册文档的打印事件
        office.PrintEvent += new PrintEventHandler(printer.Print);
        //文档打印功能
        string msg = "今天天气不错，我们去生态园烧烤如何?";
        office.PrintDoc(msg);
        Console.ReadLine();
    }
}
```

程序运行结果

激光方式打印：今天天气不错，我们去生态园烧烤如何？

任务总结：任务 T06_1 中主要引入了委托和事件的概念。

回调（callback）函数是 Windows 编程的一个重要部分。回调函数实际上是方法或者函数调用的指针，在 C++中称为函数指针，具有非常强大的编程特性。C♯中的委托就相当于C++中的函数指针的概念。它们的特殊之处是，与 C++ 函数指针不同，.NET 委托是类型安全的。本节主要学习.NET 如何将委托用作实现事件的方法。

6.2.2　委托

当要把方法作为参数传递给其他方法时，就需要委托。例如，任务 T06_5 中文档打印事件其实调用的是打印机的打印方法实现打印功能，还有类似多线程编程中启动并行线程执行序列、GUI 编程中的事件处理等都是委托的应用。

前面提到 C♯中的委托类似于 C/C++中的函数指针的概念，但又有区别。区别就在于委托是面向对象的，是引用类型，因此对委托的使用要先定义后实例化，最后才能使用。下面通过一个任务来说明委托的含义。

【任务 T06_6】 编写控制台应用程序，模拟实现董事长年度业绩工作报告。

任务要求：企业董事长定期或者根据需要向股东做业绩报告，其中业绩报告可能包括财务报告、销售报告等，且每个报告的总结董事长一般不可能亲身去做（一般由各部门经理完成业绩报告，董事长审批即可）。现编写程序模拟董事长作报告的流程。

任务关键点分析：如何使用委托的概念表达按需使用的目的。

程序解析：

（1）创建一个董事长类 President，其代码如下：

```csharp
class President
{
    //写材料的委托
    public delegate void WriteMaterial(string material);
    //汇报工作函数
    public void Report(WriteMaterial wm)
    {
        Console.WriteLine("2012 年业绩汇报工作开始");
        wm("2012 年度业绩报告");
    }
}
```

（2）创建财务经理类 FinancialClerk，其代码如下：

```csharp
class FinancialClerk
{
    public void Write(string financialreport)
    {
        Console.WriteLine(financialreport+ ":财务报告");
    }
}
```

（3）创建销售经理类 SellClerk，其代码如下：

```csharp
class SellClerk
{
    public void Write(string sellreport)
    {
        Console.WriteLine(sellreport+ ":销售报告");
    }
}
```

（4）在主程序中完成董事长年度业绩汇报任务，其具体代码如下：

```csharp
class Program
{
```

```
static void Main(string[] args)
    {
        //1 实例化相关对象
        //1.1 实例化董事长对象
        President president = new President();
        //1.2 实例化财务经理对象
        FinancialClerk financialClerk = new FinancialClerk();
        //1.3 实例化销售经理对象
        SellClerk sellClerk = new SellClerk();
        //2 董事长汇报年度业绩报告时委托各部门经理完成分业务报告
        //2.1 第一个委托操作:委托财务经理写财务报告
        President.WriteMaterial pwm;
        pwm = new President.WriteMaterial(financialClerk.Write);
        //2.2 第二个以后的委托操作:委托销售经理写销售报告
        pwm + = new President.WriteMaterial(sellClerk.Write);
        //3 董事长开始汇报工作
        president.Report(pwm);
        Console.ReadLine();
    }
}
```

程序运行结果

程序说明：这个程序中主要出现了三个类，董事长类 President 和两个经理类（财务经理类 FinancialClerk 和销售经理类 SellClerk），董事长类声明了写材料委托 WriteMaterial，主程序中为董事长注册了两个委托（财务经理写财务报告和销售经理写销售报告）。

任务总结：该任务中引入委托的概念，解决了现实中按需使用相关对象或任务的问题。
下面简单介绍委托的使用方法。

① 声明委托。使用委托时，需要经过两个步骤：声明委托和注册委托。声明委托就是定义要使用的委托。对于委托，定义它就是告诉编译器这种类型的委托代表了哪种类型的方法（参数类型和返回值类型等）。定义委托的关键字是 delegate，其语法格式如下：

public delegate 返回值　委托名（参数签名）;

例如，任务 T06_6 中定义的写材料委托：

public delegate void WriteMaterial(string material);

和声明一个方法几乎相同，只是在返回值类型前面添加一个 delegate 关键字。添加这个关键字后，就代表这个委托可以引用的参数是一个 string 数据，返回值是 void 的所有方法。

② 委托的注册。委托的注册就是将目标方法绑定到委托上。从实现上来讲，委托注册只

需使用 new 关键字创建一个委托类型的新实例，将目标方法名作为参数传递即可，当调用委托时，自动调用目标方法完成委托任务。

从具体应用上来讲，委托的实现分为单委托（只有一次委托）和组合委托（两次包括两次以上的委托）。对于组合委托，当委托被调用时，委托会自动迭代委托列表，依次调用每一个委托。

不管是单委托还是组合委托，要使用委托必须进行第一次委托注册。第一次注册的方法是：

委托名　委托对象 = new 委托名(目标方法名);

注意： 第一次委托时使用"＝"进行委托注册。

例如，任务 T06_6 中为董事长的写材料委托注册财务经理写报告方法。

pwm = new President.WriteMaterial(financialClerk.Write);

组合委托中第二次及以上委托注册的方法是：

委托对象 += new 委托名(目标方法名);

注意： 组合委托时使用的是"＋＝"进行委托注册。

例如：pwm + = new President.WriteMaterial(sellClerk.Write);

取消委托时使用的运算符为"－＝"，具体方法是：

委托对象 -= 目标方法名;

例如，假设根据需要现在不需要财务报告了，可以这样做：

pwm -= financialClerk.Write;

通过任务 T06_6 可以看出，委托其实就是为方法传递一个方法参数。但使用委托需要注意以下几个方面。

● 注册到委托的方法的参数个数和类型以及返回值类型必须和声明委托时的参数和返回值类型的定义一致。

● 注册到委托的方法可以是实例方法，也可以是静态方法。

● 可以根据需要为一个委托注册多个方法，此时调用委托将依次执行为其绑定的所有方法。

可以根据需要为一个委托取消方法。

③ 委托的好处。通过案例程序的运行结果可以看出，委托一旦被调用，委托链中的目标方法就会依次被执行，当董事长的委托发生变化时（如只需要财务报告，不需要销售报告），只需要修改主程序中董事长的委托链代码，而经理类代码无须做任何改变，经理类的重用性大大增强。反过来看，如果不采用委托链，而是在董事长类的 Report 方法中直接调用相应方法的组合，则需要首先预测董事长作报告前所有可能的情况，根据需要通过分支语句进行组合调用。具体的方式可参照下面的算法思想。

```
public void Report(int type,string msg)
{
```

```
switch (type)
{
    case 1: //财务经理、销售经理都参与
        SellClerk sc = new SellClerk();
        sc.Write(msg);
        FinancialClerk fc = new FinancialClerk();
        fc.Write(msg);
        break;
    case 2: //只有财务经理参与
        SellClerk sc = new SellClerk();
        sc.Write(msg);
        break;
    case 3: //只有销售部经理参与
        SellClerk sc = new SellClerk();
        sc.Write(msg);
        break;
}
```

很明显，这样的代码冗余太大，如果参与人数太多的话，各种组合数目成几何级数增长，将导致分支结构过于复杂，且实现比较困难。如果采用委托的方式来调用所需要的方法，就可以根据当前业务需求进行委托注册（这就不必挖空心思考虑组合的问题），大大降低了董事长类的复杂度，而且提高了该类的复用性。

6.2.3　事件

委托在 C♯编程中非常广泛，但使用过程中有一个比较大的缺陷。为委托注册方法时，第一次注册只能使用"＝"进行注册，以后添加注册方法则使用"＋＝"方法，稍显不统一。.NET 平台引入事件解决此问题。事件的工作方式是：发布－＞预定。即先在类中发布一个事件，然后就可以在任意数量的类中对事件进行预定。C♯中事件机制是基于委托来实现的，因此也是类型安全的。

任务 T06_2 比较简单，程序主要模拟文档打印功能，当用户进行打印操作时激发打印事件，自动委托打印机完成打印操作。下面通过任务 T06_2 来学习事件的具体使用步骤。

（1）声明一个委托。在定义事件之前，首先应该定义该事件的委托类型，委托可以定义在命名空间内或者某个类的外部，表示一种类型，如任务 T06_2 第（1）步声明的委托：

```
public delegate void PrintEventHandler(string text);
```

（2）基于委托定义事件字段。事件使用 event 关键字来声明字段，关键字 event 通知 C♯语言编译器该委托作为事件使用，使编译器对其使用加以限制，如任务 T06_2 第（2）步接口中事件的定义：

```
event PrintEventHandler PrintEvent;
```

其中，PrintEventHandler 表示该事件是什么类型的委托，PrintEvent 表示事件名。

（3）触发事件。事件只能在声明这个事件的类中触发，在事件触发时，必须向外部类传递委托所定义的参数，如任务 T06_2 第（3）步 PrintDoc 方法中触发事件的操作：

```
PrintEvent(content);
```

（4）定义事件回调函数。当事件被触发时，外部类需要定义相应的回调函数来响应它。注意，定义回调函数时，函数的返回值和参数必须与事件委托类型的返回值和参数签名一致。由于任务 T06_2 使用了任务 T06_1 的打印方法，因此可参照 6.1.1 节任务解析第（4）步中 LaserPrinter 类的 Print 方法学习理解。

（5）事件委托方法注册。由于事件是一种特殊的委托，因此外部对象的方法与该事件进行关联时，必须进行事件委托方法注册，如任务 T06_5 第（4）步中的事件委托方法注册操作：

```
office.PrintEvent += new PrintEventHandler(printer.Print);
```

（6）事件触发操作去。任务 T06_5 中当调用文档的打印功能时可激发打印事件，具体的代码如下：

```
string msg = "今天天气不错,去公园烧烤如何?";
office.PrintDoc(msg);
```

从程序的运行效果来看，事件作为 C# 中的一种类型，具有为类和类的实例定义发出通知的能力，从而将事件和可执行代码捆绑在一起。事件通知机制为对象之间的交互提供了非常便利的方式，而且保证了类封装的完整性，使得类可重用性更高。

6.2.4 集合和索引器

有时需要在数据集合中存储多个数据项，也就是说，需要在较大的结构中存储与某种方式相关的数据或数据集合。C# 语言和 .NET Framework 提供了用于数据存储和检索的专用类，这些类提供对列表 ArrayList、栈 Stack、队列 Queue、有序队列 SortedList、字典 Dictionary、散列表 HashTable 等的支持。大多数集合类实现相同的接口，可继承这些接口来创建适应更为专业的数据存储和检索所需要的新集合类。

1. 集合的概念

要学习集合的概念，首先必须提到对象组的概念，对象组即将许多类似的对象组合起来。最简单的数据结构就是前面学习的数组。数组是 System.Array 类的一个实例，但 C# 为这个类提供了独特的语法。System.Array 有两个优点：可以高效地访问给定下标的元素；这个类有自己的 C# 语法，使用它编程也非常直观。但是数组也有天生的缺陷：在实例化时需要指定数组的大小；以后也不能添加、插入或删除元素。此外数组必须根据下标才能访问其中的元素，也会有一定的缺陷。例如，在一组 Employee 对象中，如果要查找姓名为"张三"的对象，此时下标并不是很有用。

集合是一组可以通过遍历每个元素来访问的一组对象，特别是可以通过使用 foreach 循环来访问它们。因此使用 foreach 循环是集合的主要目的，集合没有提供其他特性。

集合与数组的区别主要体现在以下几个方面。

（1）数组声明了它容纳的元素的类型，而集合不声明，因为集合中的对象都是 object 类型的元素。

（2）数据实例具有固定的大小，不能伸缩，集合可动态改变大小。

（3）数组是一种可读可写的数据结构，无法创建一个只读数组，但是集合可以提供 ReadOnly 方法，以只读方式使用集合。

由于 .NET 平台提供的集合类和接口较多，这里就不再一一举例，表 6-1 列出 .NET 平台常用的集合类的接口及其方法和属性。

表 6-1 集合类中的接口及其方法和属性

接　　口	方法和属性	说　　　明
IEnumerable IEnumerable ＜T＞	GetEnumerator()	这个接口只声明了一个方法 GetEnumerator()，它返回一个实现了 IEnumerator 的枚举。泛型接口继承了非泛型接口，定义了一个返回 Enumerable＜T＞的 GetEnumerator 方法
ICollection	Count CopyTo() IsSynchronized SyncRoot	接口由集合类实现。它可以返回集合中元素的个数，还可以把集合复制到数组中，并提供信息说明它是线程安全的
ICollection ＜T＞	Count，IsReadOnly Add()，Clear()，Contains() CopyTo()，Remove()	在 ICollection 的基础上增加了只读属性，并增加了元素添加、清空、包含、移除某个元素的方法
IList	IsFixedSize，IsReadOnly Item，Add()，Clear() Contains()，IndexOf() Insert()，Remove() RemoveAt	接口 IList 派生于接口 ICollection。IList 允许使用索引器访问集合，还可以在集合的任意位置插入或删除元素
IList ＜T＞	Item，IndexOf() Insert()，Remove	同 IList

2. ArrayList 集合

数组列表是 System. Collection 命名空间中定义的一个类。它是一个特殊的数组，比 Array 类功能更加强大，使用更加方便。ArrayList 集合的优点如下。

（1）ArrayList 集合的大小是随着它所包容的元素的多少而动态变化的。在一开始定义时，它可以什么也没有，如果向这个 ArrayList 中增加元素，那么它的大小就随着元素的增加而增加；如果从 ArrayList 中删除元素，它的大小就随着元素的减少而减少。当定义一个新的 ArrayList 时，系统会为它分配一个空间，这个空间的大小是系统指定的，而不是程序员说明的。如果元素增加到一定程度，导致空间不足，.NET 会相应地把当前的空间扩大一倍。

（2）在使用数组时，如果要在各个元素的中间插入一个元素，或者删除一个元素就需要编写一定量的程序，而在 ArrayList 中可以很方便地把一个元素插入到指定的位置，也可以很轻松地删除一个元素。

　　ArrayList 的缺点是：为了能够获得强大的功能和灵活性，ArrayList 的效率比数组要差一些。这是因为 ArrayList 的元素属于 Object 类型，所以在存储或检索值类型时通常发生装箱和取消装箱操作。不过，在不需要重新分配时（即最初的容量十分接近列表的最大容量），其性能与同类型的数组十分相近。另外，Array 数组可以是多维的，但 ArrayList 只能是一维的。

　　【任务 T06_7】　编写控制台应用程序，使用 ArrayList 集合保存元素。

　　任务关键点分析：使用 ArrayList 集合保存简单数据类型。

　　程序解析：

```
static void Main(string[] args)
{
    ArrayList al = new ArrayList(10);
    //添加一个元素到 al 的结尾
    al.Add(2);
    al.Add(5);
    al.Add(10);
    //在指定的位置添加元素
    al.Insert(1, 12);
    //移除指定位置的元素
    al.RemoveAt(2);
    //移除指定值的元素
    al.Remove(10);
    Console.WriteLine("al 中当前元素的状态为:");
    int i = 0;
    foreach (int param in al)
    {
        Console.WriteLine("第{0} 元素的值为:{1}",i++ , param);
    }
    Console.ReadKey();
}
```

　　任务总结：本任务演示了使用 ArrayList 集合保存简单数据类型的数据元素。

　　【任务 T06_8】　编写控制台应用程序，使用 ArrayList 集合保存引用对象元素。

　　任务关键点分析：使用 ArrayList 集合保存引用数据类型的数据对象。

　　程序解析：

　　(1) 创建一个 Person 类，代码如下：

```
class Person
{
    string name;
```

```csharp
    public string Name
    {
        get { return name; }
        set { name = value; }
    }
    int age;
    public int Age
    {
        get { return age; }
        set { age = value; }
    }
    public Person(string name,int age)
    {
        this.name = name;
        this.age = age;
    }
}
```

（2）在主程序中使用 ArrayList 集合，代码如下：

```csharp
class Program
{
    static void Main(string[] args)
    {
        ArrayList persons = new ArrayList();
        Person p1 = new Person("张珊", 32);
        Person p2 = new Person("王亮", 23);
        Person p3 = new Person("赵华", 16);
        persons.Add(p1);
        persons.Add(p2);
        persons.Add(p3);
        foreach (Person p in persons)
        {
            Console.WriteLine("姓名:{0},年龄:{1}", p.Name, p.Age);
        }
        Console.WriteLine("\r\n 姓名:{0},年龄:{1}", ((Person)persons
            [2]).Name, ((Person)persons[2]).Age);
        Console.ReadLine();
    }
}
```

在上面的程序中使用 ArrayList 集合类存储了 3 个 Person 对象，然后遍历 3 个对象，最后给出程序中如何以数组的形式访问 ArrayList 集合中元素。

程序运行结果

注意：如果在程序中倒数第二条语句修改为 Console. WriteLine ("\ r \ n 姓名：{0}，年龄：{1}", persons [2] . Name, persons [2] . Age); 则会提醒类似的语法错误："object" 并不包含 "Name" 的定义。这主要是因为 ArrayList 集合中存储的是 object 的对象（不管以前是什么类型的数据），如果存储的是值类型的数据对象，进行访问时可以使用数组下标的形式直接访问，但如果是引用型对象，则必须进行强制类型转换后再进行访问。

任务总结：本任务演示了使用 ArrayList 集合保存引用数据类型的数据对象，此外还强调了 ArrayList 集合中元素的访问方法。

除此之外，ArrayList 还有一些方法也比较常用，例如，清空方法 Clear()、排序方法 Sort() 等。读者可以下去自行测试。

Arraylist 的主要属性和方法如表 6-2 所示。

表 6-2　ArrayList 的主要属性和方法介绍

方法或属性	作　　用
Capacity	用于获取或设置集合可容纳元素的数量。当数量超过容量时，这个值会自动增长可以设置这个值以减少容量
Count	用于获取集合中当前元素的数量
Add()	在集合中添加一个对象的公有方法
AddRange()	公有方法，在集合尾部添加实现 ICollection 接口的多个元素
BinarySearch()	重载的公有方法，用于在排序的集合内使用二分查找来定位指定元素
Clear()	在集合内移除所有元素
Contains()	测试一个元素是否在集合内
CopyTo()	重载的公有方法，把一个集合复制到一维数组内
GetRange()	复制指定范围的元素到新的集合内
IndexOf()	重载的公有方法，查找并返回每一个匹配元素的索引
Insert()	在集合内插入一个元素
InsertRange()	在集合内插入一组元素
LastIndexOf()	重载的公有方法，查找并返回最后一个匹配元素的索引
Remove()	移除与指定元素匹配的第一个元素
RemoveAt()	移除指定索引的元素
RemoveRange()	移除指定范围的元素
Reverse()	反转集合内元素的顺序

续表

方法或属性	作　　用
Sort()	对集合内的元素进行排序
ToArray()	把集合内的元素复制到一个新的数组内
trimToSize()	将容量设置为集合中元素的实际数目

3. List 集合

List 集合是可通过索引访问的对象的强类型列表，它的使用几乎和 ArrayList 类似，不过在 ArrayList 的基础上主要增加了提供用于对列表进行搜索操作的方法。

【任务 T06_9】　编写控制台应用程序，将任务 T06_8 使用 List 集合来实现。

任务关键点分析：List 集合在项目中的应用。

程序解析：

```
static void Main(string[] args)
{
    List< Person> persons = new List< Person> ();
    Person p1 = new Person("张珊", 32);
    Person p2 = new Person("王亮", 23);
    Person p3 = new Person("赵华", 16);
    persons. Add(p1);
    persons. Add(p2);
    persons. Add(p3);
    foreach (Person p in persons)
    {
        Console. WriteLine("姓名:{0},年龄:{1}", p. Name, p. Age);
    }
    Console. WriteLine("\r\n 姓名:{0},年龄:{1}", persons[2].Name, persons[2]
.Age);
    Console. ReadKey();
}
```

该案例的分析和运行结果同 ArrayList 集合，不过针对本案例代码，需要注意：List 集合声明时需要在 List 后面直接限定集合中元素的类型，例如：

```
List< Person> persons = new List< Person> ();
```

任务总结：本任务主要引入了 List 集合的应用。

4. 字典（Dictionary）和散列表（Hashtable）

Hashtable 类和 Dictionary 泛型类实现 IDictionary 接口。Dictionary 泛型类还实现 IDictionary 泛型接口。因此，这些集合中的每个元素都是一个键值对。

字典表示一种非常复杂的数据结构，这种数据结构允许按某个键来访问元素，这个键可以是任意数据类型（但必须是特定数据类型，通常是字符串类型）。散列表的键和条目都是 object 类型的，它可以存储各种数据结构。有关字典 Hashtable 的使用和 Dictionary 几乎完全一样，下面以 Dictionary 的使用进行介绍。

【任务 T06_10】　编写控制台应用程序，演示字典的应用。

任务关键点分析：使用字典集合保存数据，字典的作用。

程序解析：

```
class Person
{
    string name;
    public string Name
    {
        get { return name; }
        set { name = value; }
    }
    int age;
    public int Age
    {
        get { return age; }
        set { age = value; }
    }
    public Person(string name,int age)
    {
        this. name = name;
        this. age = age;
    }
}
class Program
{
    static void Main(string[] args)
    {
        Dictionary< string, Person> pd = new Dictionary< string, Person> ();
        Person p1 = new Person("王梨花", 20);
        Person p2 = new Person("赵佳宇", 18);
        Person p3 = new Person("黄俊豪", 23);
        pd. Add("wlh", p1);
        pd. Add("zjy", p2);
        pd. Add("hjh", p3);
        foreach (string key in pd. Keys)
```

```
        {
            Console.WriteLine(pd[key].Name);
        }
        Console.ReadLine();
    }
}
```

该程序首先定义了一个＜string，Person＞泛型约束的字典，其次向字典中添加了 3 个键值对（每个对象的键是其中文拼音的第一个字母组合），然后遍历字典中的数据对象。

程序运行结果

任务总结：本任务引入了字典的概念，通过程序运行结果可以看出，使用字典根据设定的数据对象的 key 就可以得到具体的数据对象的引用。

使用字典需要有 3 个条件：

● 要查找的数据；

● 数据的键值（索引值）；

● 在字典中查找数据的算法。

5. 索引器

索引器允许按照与数组相同的方式对类、结构或接口进行索引访问。索引器类似于属性，不同之处在于它们的访问器采用参数。它可以像数组那样对对象使用下标；另外，它还提供了通过索引方式方便地访问类的数据信息的方法。

索引器具有以下特点。

● 索引器类型及其参数必须至少同索引器本身一样是可以访问的。

● 索引器的签名由其形参的数量和类型组成，它不包括索引器类型或形参名。如果在同一个类中声明一个以上的索引器，则它们必须具有不同的签名。

● 索引器值不归类为变量，因此不能将索引器值作为 ref 或 out 参数来传递。

要声明类或结构上的索引器，可以使用 this 关键字，具体格式如下：

```
public < 索引返回对象的类型> this[int index]
{
    //get and set 访问
}
```

【任务 T06_11】　编写控制台应用程序，模拟相册功能。

任务关键点分析：索引器在项目中的应用

程序解析：

(1) 创建照片类，具体代码如下：

```
class Photo
```

```
{
    public Photo(string title)
    {
        this.photoTile = title;
    }

    string photoTile;

    public string PhotoTile
    {
        get { return photoTile; }
        set { photoTile = value; }
    }
}
```

（2）创建相册类，具体代码如下：

```
//相册类
class Album
{
    //声明相片数组
    Photo[] photos;
    public Album(int capacity)
    {
        photos = new Photo[capacity];
    }
    public Photo this[int index]
    {
        get
        {
            if (index <0 || index > =  photos. Length)
            {
                Console. WriteLine("索引下标越界!!!");
                return null;
            }
            else
            {
                return photos[index];
            }
        }
```

```
        set
        {
            if (index <0 || index > = photos. Length)
            {
                Console. WriteLine("索引无效");
                return;
            }
            else
            {
                photos[index] = value;
            }
        }
    }
    //只读索引器
    public Photo this[string title]
    {
        get
        {
            foreach (Photo p in photos)
            {
                if (p. PhotoTile == title)//判断
                    return p;
            }
            Console. WriteLine("没有该照片");
            return null;
        }
    }
}
```

（3）在主程序中使用相册类管理相册数据，具体代码如下：

```
class Program
{
    static void Main(string[] args)
    {
        Album friends = new Album(3);//创建相册大小为 3
        //创建照片
        Photo first = new Photo("王梨花");
        Photo second = new Photo("赵佳宇");
        Photo third = new Photo("黄俊豪");
```

```
        friends[0] = first;
        friends[1] = second;
        friends[2] = third;
        //按照索引进行查询
        Photo objPhoto = friends[2];
        Console.WriteLine(objPhoto.PhotoTile);
        //按名称进行检查
        Photo obj2Photo = friends["赵佳宇"];
        Console.WriteLine(obj2Photo.PhotoTile);
        Console.ReadKey();
    }
}
```

该程序首先创建了一个照片类，然后创建了一个带索引器（一个按整型序号访问的索引器和一个按标题字符串查找的索引器）的相册，然后在主程序中使用该索引器。

程序运行结果

黄俊豪
赵佳宇

任务总结：通过上面的程序可以看出，C#并不将索引类型限定为整数。它可以通过搜索集合内的字符串并返回相应值实现此类索引器。

6.3 异常处理

异常指的是程序在运行过程中发生的错误或不正常的状况。在不支持异常处理的计算机语言中，这些状况需要由程序员进行检测和处理。C#中引入了异常处理机制，它可以为每种错误提供定制的处理，并把识别错误的代码与处理错误的代码进行分离。

本节主要讲解异常的概念和标准的异常类；然后讨论C#的异常处理机制，并结合具体实例讲解C#中如何使用 try-catch-finally 语句来实现这种异常处理机制，从而使得编写的C#程序具有更好的稳定性和可靠性；最后讨论如何创建自己的异常类。

6.3.1 错误和异常处理

错误的出现并不总是程序员的原因，有时应用程序会因为终端用户的操作或运行代码的环境而发生错误。无论如何，程序员都应该预测应用程序和代码中出现的错误。例如，在一些复杂的处理过程中，代码没有读取文件的许可，或者在发送网络请求时，网络可能会中断，或者进行数据库操作时，数据库服务器未启动等。C#语言提供了处理这种情形的工具，其机制称为异常处理。

6.3.2　异常类

在 C# 中，当出现某个异常错误时，就会创建一个异常对象。这个对象包含有助于跟踪错误的信息。虽然可以创建自己的异常类，但 . NET 平台也提供了许多预定义的异常类。Microsoft 在 . NET 平台中定义了大量的异常类，这里不可能提供详尽的列表。图 6-1 所示的类结构图显示了其中的一些常用类，给出了大致的模式。

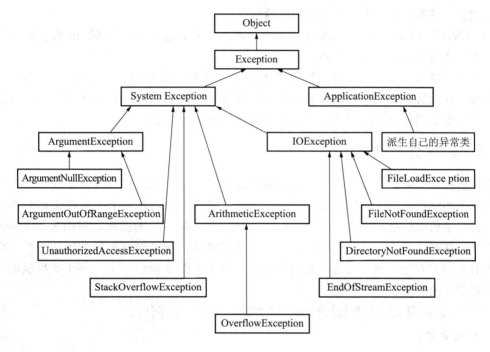

图 6-1　异常类的结构图

图 6-1 中的所有类都存在于 System 命名空间中，但 IOException 和派生于 IOException 的类除外，它们在 System. IO 命名空间中，这个命名空间主要负责处理文件数据的读写异常。一般情况下，异常没有特定的命名控件，异常类放在生成异常的类所在的命名空间中，因此与 IO 相关的异常就在 System. IO 命名空间中。许多基类命名空间中都有异常类。

对于 . NET 类来说，异常基类 System. Exception 派生于 System. Object，通常不在代码中抛出这个 System. Exception 对象，因为它无法确定错误情况的本质。

在异常类的层次结构中，有以下两个重要的类派生于 System. Exception。

（1）System. SystemException 类。这个类的对象通常由 . NET 运行库生成，可以由几乎所有的应用程序生成。例如，如果 . NET 运行库检测到堆栈已满，就会抛出 StackOverflowException 异常对象。如果检测到调用方法时参数不正确，可以在自己的代码中选择抛出 ArgumentException 或其子类的异常对象。System. SystemException 的子类的异常对象包括表示致命错误和非致命错误的异常对象。

（2）System. ApplicationException 类。这个类非常重要，因为它是第三方定义异常的基类。如果自己定义的异常覆盖了应用程序独有的错误情况，就应使它们直接或间接派生于 System. ApplicationException。

此外，可能用到的其他异常类。

（1）StatckOverflowException。如果分配给堆栈的内存区已满，就会抛出这个异常类的对象。如果一个方法连续地递归调用它自己，就可能发生堆栈溢出。这一般是一个致命的错误，因为它禁止应用程序执行除了中断以外的其他任务。在这种情况下，甚至也不可能执行finally语句块，通常用户自己不能处理此类错误。

（2）EndOfStreamException。这个异常通常是因为读到文件末尾而抛出的。如果需详细掌握此内容，请参照C♯中有关文件操作的部分。

（3）OverflowException。如果要在checked环境下把包含值－40的int类型数据转换为uint数据，就会抛出这个异常类的对象。

异常类的层次结构并不多见，因为其中的大多数类并没有给它们的基类添加任何功能。但是在异常处理时，添加继承类的目的是更准确地指定错误，所以不需要重写方法或添加新方法（但常常要添加额外的属性，以捕获错误情况的额外信息）。

6.3.3 异常处理机制

在使用传统的语言进行编程时，程序员只能通过函数的返回值来发出错误信息，但这可能导致更多的错误，因为在很多情况下必须知道错误产生的内部细节才能准确地判断并解决它。它们通常的做法是，用全局变量error_no来存储"异常"的类型，但因为一个error_no的值有可能在被处理之前被另外的错误覆盖，所以极易出现错误判断不准确的情况。即使比较高效的C语言程序，为了处理"异常"情况，也常求助于goto语句。而C♯提供的异常处理机制则很好地解决了这个问题。

C♯的异常处理机制主要包括抛出异常和捕获异常两个部分。

1. 抛出异常

当程序发生异常时，产生一个异常事件，生成一个异常对象，并把它提交给运行时系统，再由运行时系统寻找相应的代码来进行处理，这个过程称为抛出（throw）异常。一个异常对象可以由.NET Framework生成，也可以由运行的方法生成。异常对象中包含了异常事件的类型、程序运行状态等必要的信息。

2. 捕获异常

异常抛出后，运行时系统从生成对象的代码开始，沿方法的调用栈逐层回溯查找，直到找到包含相应处理的方法，并把异常对象交给该方法为止，这个过程称为捕获（catch）异常。

简单地说，发现异常的代码可以"抛出"一个异常，运行时系统"捕获"到该异常，交由程序员编写的相应代码进行异常处理。

（1）使用try-catch-finally语句捕获和处理异常。如果用户对可能发生的异常情况不进行处理，则由.NET平台提供默认异常处理程序进行处理，并且系统提供的异常处理程序对于调试非常有用，但多数情况下（尤其是发布的程序）用户仍然希望能够自己处理异常。这样做有两个好处：①用户能自行修正错误；②能有效防止程序的自动终止。

一般来说，系统捕获抛出的异常对象后会输出相应的信息，同时终止程序的运行，导致程序中其他语句或功能无法继续执行，这其实并不是人们所期望看到的。人们希望程序能够接收和处理异常对象而不会影响其他语句的执行，这才是捕获异常的意义所在。

【**任务 T06_12**】　编写控制台应用程序，程序完成功能：打开本地 SQL Server 2000 数据库服务器中的数据库 StuM，如果正常打开，则提示信息："数据库连接打开成功！"；否则打印错误信息，包括错误的类型及错误的具体信息。

任务关键点分析：异常处理机制在项目中的应用。

程序解析：

```
class Program
{
    static void Main(string[] args)
    {
        string connstring = "server= (local);Integrated Security = SS-
            PI;database = StuM";
        SqlConnection sqlconn = new SqlConnection(connstring);
        try
        {
            sqlconn.Open();
            Console.WriteLine("数据库连接成功!!!");
        }
        catch (Exception ex)
        {
            Console.WriteLine("数据库连接失败,原因:" +  ex.Message);
        }
        finally
        {
            sqlconn.Close();
        }
    }
}
```

任务总结：本任务给出了异常处理的基本流程，主要包括三个部分：try 语句块包含可能引发异常的代码；catch 语句用于捕获可能发生的异常；finally 语句块用于进行一些善后处理工作，尤其是发生异常后的善后处理（例如数据库操作成功时，需要关闭数据库连接对象，若数据库操作失败，同样也需要关闭数据库连接对象。并且在实际编程时，如果程序运行正常，一般有机会关闭数据库连接对象，而发生异常时，程序已经终止运行，此时如果没有异常处理机制的辅助，将无法关闭数据库连接对象）。

① 省略 finally 语句块。通常，用户希望自己来处理程序中的"异常"，确保程序继续运行。.NET 平台中为防止和处理一个运行时的错误，只需要把有可能引发异常的代码放进一个 try 语句块中，try 后面应包含 catch 语句来捕获可能发生的异常。

【**任务 T06_13**】　编写控制台应用程序，实现除数为 0 的错误处理。

任务关键点分析：异常处理机制中无 finally 语句块的应用。

程序解析：

```csharp
static void Main(string[] args)
{
    int d = 0;
    try
    {
        int a = 34 / d;
    }
    catch (ArithmeticException ex)
    {
        Console.WriteLine(ex.Message);
        Console.ReadKey();
    }
}
```

程序运行结果

```
试图除以零。
```

catch 子句的目标就是解决"异常"的情况，并像没有出错一样继续运行。此时主要的应用是异常后无须进行其他善后处理的情形。

一个 try-catch 语句块组成了一个单元，catch 子句的范围仅作用于和其关联的 try 语句所包含的语句，也就是说，一个 catch 语句不能捕获另一个 try 声明所引发的异常（除非是嵌套的 try 语句）。被 try 保护的语句声明必须在一个大括号之内，不能单独使用 try。

任务总结：本任务中的异常处理没有出现 finnaly 语句块。编程时，一般将程序出不出异常都需要进行处理的代码（例如：对象释放等）放在 finnaly 语句块。

② 多个 catch 语句块。某些情况下，由单个代码段可能引起多种异常。这时可以在一个 try 语句块后放置多个 catch 语句块，每个 catch 子句捕获一种类型的异常。当异常被引发时，catch 子句被依次检查，第一个匹配异常类型的 catch 子句被执行。这里的匹配指的是 catch 所处理的异常类型与生成的异常对象的类型完全一致或者是它的父类。当一个 catch 语句执行以后，其他的 catch 子句都被跳过，从 try-catch 语句块以后的代码继续执行。

【任务 T06_14】　编写控制台应用程序，演示多异常捕获。

任务关键点分析：多 catch 语句块在项目中的应用。

程序解析：

```csharp
static void Main(string[] args)
{
    try
    {
        int a = args.Length;
```

```
    Console.WriteLine("a 的值为:{0}",a);
    int b = 42 / a;
    int[] c = {1};
    c[3] = 99;
}
catch (ArithmeticException ex)
{
    Console.WriteLine("错误原因- 1:{0}",ex.Message);
}
catch (IndexOutOfRangeException ex)
{
    Console.WriteLine("错误原因- 2:{0}", ex.Message);
}
}
```

该程序在没有命令行参数的起始条件下运行将导致除数为 0 异常，因为 a 的值为 0。如果提供了命令行参数，将不会产生这个异常，但会引起一个索引超出数据边界的异常，因为定义时数据 c 的长度只有 1，而为数组元素赋值时访问的下标为 3（且数组下标访问从 0 开始）。

程序运行结果

注意：在使用多个 catch 语句时，为确保异常错误信息提示的精准性，catch 捕获异常的顺序应该是先特殊后一般，也就是子类在父类的前面。如果父类在子类的前面，则子类的异常将永远不会到达。

任务总结：本任务引入了多 catch 语句块在项目中的应用，通过多 catch 语句块可以更加精确地进行系统错误信息处理。

③ try 语句块的嵌套。try 语句块可以被嵌套。也就是说，一个 try-catch 语句块可以在另一个 try-catch 语句块内部。每次进入 try 语句，异常的前后关系都会被推入堆栈。如果一个内部的 try 语句不含特殊异常的 catch 处理程序，堆栈将弹出，下一个 try 语句的 catch 处

理程序将检查是否与之匹配。这个过程将继续直到一个 catch 语句匹配成功，或者是直到所有的嵌套 try 语句被检查耗尽。如果没有 catch 语句块匹配处理异常，则由 .NET 提供的默认异常处理程序进行处理。

【任务 T06_15】 编写控制台应用程序，运用嵌套 try 语句块。

任务关键点分析：嵌套 try…catch 语句块在项目中的使用。

程序解析：

```
static void Main(string[] args)
{
    try
    {
        int arglenth = args.Length;
        int b = 42 / arglenth;
        Console.WriteLine("args 的长度为:{0}",arglenth);
        try
        {
            if (arglenth == 1)
            {
                arglenth = arglenth / (arglenth-1);
            }
            if (arglenth == 2)
            {
                Console.WriteLine("args 中第个数据为:{0}", args[12]);
            }
        }
        catch (IndexOutOfRangeException ex)
        {
            Console.WriteLine("IndexOutOfRangeException of args-opera
                tion:{0}",ex.Message);
        }
    catch (ArithmeticException ex)
    {
        Console.WriteLine("ArithmeticException of args-operation:
{0}",
            ex.Message);
    }
    Console.Read();
}
```

该程序在一个 try 块中嵌套了另一个 try 块。程序工作流程如下：在没有命令行参数的情况下运行本程序，外面的 try 块将产生一个被零除的异常；在有一个命令行参数的条件下运行程序时，内部的 try 块将产生一个被 0 除的异常，因为内部的 catch 块不匹配这个异常，它将这个异常交给外部的 catch 块，对异常进行处理；如果在具有两个命令行参数的条件下执行该程序，内部 try 块将产生一个数组边界异常。

程序运行结果

```
D:\>cd D:\MyClassLib\NestTry\NestTry\bin\Debug

D:\MyClassLib\NestTry\NestTry\bin\Debug>NestTry
ArithmeticException of args-operation：试图除以零。

D:\MyClassLib\NestTry\NestTry\bin\Debug>NestTry one
args的长度为：1
ArithmeticException of args-operation：试图除以零。

D:\MyClassLib\NestTry\NestTry\bin\Debug>NestTry one two
args的长度为：2
IndexOutOfRangeException of args-operation：索引超出了数组界限。
```

任务总结：本任务引入嵌套 try…catch 语句块进行错误异常处理，通过嵌套 try…catch 语句块可对异常进行精细分层处理。

（2）抛出异常。到目前为止，都是在系统发生异常的情况下进行捕获，然后进行处理。有时候一个方法可能导致某个异常，但此时不准备处理这个异常，而需要指定某种行为以使方法的调用者可以保护它们。要做到这一点，系统必须在合适的时机抛出异常。即当 catch 捕获异常后，可以使用 throw 语句再次抛出，由方法的调用者去捕获该异常并采取相应的处理策略。

【任务 T06_16】　编写控制台应用程序，演示抛出异常。

任务关键点分析：throw 关键字在异常处理机制中的应用及其作用。

程序解析：

```
class Program
{
    static SqlConnection sqlconn = null;
    static void Main(string[] args)
    {
        try
        {
            Program.demoproc();
        }
        catch (Exception ex)
        {
            Console.WriteLine("Main 中的错误处理,错误类型:{0},错误信息:{1}",
                ex.GetType(), ex.Message);
```

```
        }
        Console.ReadKey();
    }

    public static void demoproc()
    {
        try
        {
            Console.WriteLine("数据库连接对象:{0}", sqlconn.ToString
());
        }
        catch
        {
            throw;
        }
    }
}
```

该程序在 Program 类中声明了一个 SqlConnection 类的对象，但没有对其进行实例化，后面在 demoproc 方法中访问该对象，此时会抛出空指针异常。不过上面的程序是在异常捕获后直接进行异常处理。

程序运行结果

Main中的错误处理，错误类型：System.NullReferenceException，错误信息：未将对象引用设置到对象的实例。

任务总结：通过程序的代码和运行结果进行比较可知，在 catch 语句块中捕获异常后，可以通过 throw 语句将异常处理转交给方法的调用者进行处理，这在多层软件程序设计时应用比较普遍。

6.4　综合应用

【任务 T06_17】　模拟文本编辑器进行文本的新建、打开、关闭、保存、打印等操作。

具体实现要求：系统中可同时存在多个文档，且可以多个文档处于打开状态，但是只有一个处于当前激活状态。当新建时，只要文件名不重复即允许创建该文本；当打开时，只要文件存在，该文件打开，并进行显示；当保存时，输入文本内容保存至当前打开的文本中；当打印文档时，激发打印事件委托彩色激光打印机进行打印；最后可以列示集合中所有文档的名称和状态（打开还是关闭）。

任务关键点分析：本任务综合应用接口、抽象类、继承、委托、事件、集合、异常处理等思想。

程序解析：

（1）按照 6.1.1 节案例 PrinterDEMO 编写打印机实现的代码。

（2）在 PrinterDEMO 中添加一个类，命名为：DelegateDefine，然后将该类文件中的类定义部分全部删除，只保留命名空间的部分，然后在命名空间中添加如下代码声明委托。

```
//声明一个打印委托
public delegate void DelegateHandler(string text);
```

（3）创建 IOffice 接口，其中代码如下：

```
interface IOffice
{
    //基于委托声明打印事件
     event Interface_Abstract_Demo.DelegateHandler.PrintEventHandler Print-
Event;
    /// <summary>
    ///1 新建文档
    /// </summary>
    void NewDoc();
    /// <summary>
    ///2 打开指定名称的文档
    /// </summary>
    void OpenDoc();
    /// <summary>
    ///3 保存打开的当前文档
    /// </summary>
    void SaveDoc();
    /// <summary>
    ///4 打印打开的当前文档
    /// </summary>
    void PrintDoc();
    /// <summary>
    ///5 关闭打开的当前文档
    /// </summary>
    void CloseDoc();
    /// <summary>
    ///6 显示所有文档
    /// </summary>
    void DispAllDoc();
}
```

（4）创建 Document 实体类，在其中添加如下代码：

```csharp
class Document
{
    string docName;
    /// <summary>
    /// 属性:文档名称,既可读,也可编辑
    /// </summary>
    public string DocName
    {
        get { return docName; }
        set { docName = value; }
    }
    string docContent;
    /// <summary>
    /// 属性:文档内容,既可读,也可编辑
    /// </summary>
    public string DocContent
    {
        get { return docContent; }
        set { docContent = value; }
    }
    bool state;
    /// <summary>
    /// 当前的状态:True 打开,False 关闭
    /// </summary>
    public bool State
    {
        get { return state; }
        set { state = value; }
    }
    /// <summary>
    /// 构造函数:必须输入文档名称
    /// </summary>
    /// <param name= "docname"> </param>
    public Document(string docname)
    {
        this.docName = docname;
        this.docContent = "空白文档";
    }
```

```
}
```

（5）创建 WordOffice 类，在其中添加如下代码：

```
class WordOffice:IOffice
{
    //文件刚开始时没有打开任何文件,取值为- 1
    int curpos = - 1;
    //创建一个 List 集合用于保存多个文档
    List< Document>doclist = new List<Document> ();
    //打印事件
    public event Interface_Abstract_Demo.DelegateHandler.PrintEventHandler
        PrintEvent;
    /// <summary>
    /// 新建文档
    /// </summary>
    public void NewDoc()
     {
        bool flag = True;
        string docname = null;
        Console.Write ("\r\n请输入新建文档的名称:");
        while (flag)
         {
            docname = Console.ReadLine();
            int pos = 0;
            for (pos = 0; pos <doclist.Count; pos++ )
             {
                if (doclist[pos].DocName ==docname)
                 {
                    break;
                 }
             }
            if (docname.Trim().Length ! = 0)
             {
                if (pos<doclist.Count)
                 {
                    Console.Write ("\r\n您输入的文档名称在系统中已经存在,
                        请重新输入:");
                 }
                else
```

```
            {
                flag = False;
            }
        }
        else
        {
            Console.Write ("\r\n文档名称不能为空字符串，请重新输入:");
        }
    }
    Document doc = new Document (docname);
    doc.State = True;
    doclist.Add (doc);
    curpos = doclist.Count -1;
    Console.WriteLine ("\r\n");
}


/// <summary>
///2 打开指定名称的文档
/// </summary>
public void OpenDoc()
{
    string docname;
    Console.Write ("\r\n请输入您要打开文档的名称:");
    docname = Console.ReadLine();
    int pos;
    for ( pos = 0; pos < doclist.Count; pos++ )
    {
        if (doclist [pos] .DocName ==docname)
        {
            break;
        }
    }
    if (pos ==doclist.Count)
    {
        Console.Write ("\r\n您输入的文档名称在系统中不存在，请重新输入:");
    }
    else
    {
        curpos = pos;
```

```
            doclist [curpos] .State = True;
            Console.WriteLine ("文档名称:" + doclist [curpos] .DocName +
                "的文档打开成功。");
            Console.WriteLine ("其具体内容显示如下:" + doclist [curpos].
                DocContent);
        }
        Console.WriteLine ("\r\n");
    }
    /// <summary>
    ///3 保存打开的当前文档
    /// </summary>
    public void SaveDoc()
     {
        string doc = "";
        if (curpos > = 0 && curpos < = doclist.Count)
         {
            Console.WriteLine ("当前文档名称:" + doclist [curpos] .DocName);
                Console.WriteLine ( "当前文档内容:" + doclist [curpos]
.DocContent);
            Console.WriteLine ("请输入当前打开文档的新内容:");
            doclist[curpos].DocContent = Console.ReadLine();
            Console.WriteLine ("当前打开文档编辑并保存完毕。");
         }
        else
         {
            Console.WriteLine ("\r\n 当前没有可保存的文档。");
         }
    }
    /// <summary>
    ///4 打印打开的当前文档
    /// </summary>
    public void PrintDoc()
     {
        if (curpos > = 0 && curpos < doclist.Count)
         {
            Console.WriteLine ("文档名称:" + doclist[curpos].DocName);
            Console.WriteLine ("文档内容如下:");
            PrintEvent (doclist[curpos].DocContent);
         }
```

```
        else
         {
            Console. WriteLine ("\r\n 当前没有可打印的文档。");
         }
    }
/// <summary>
///5 关闭打开的当前文档
/// </summary>
public void CloseDoc()
 {
    if (curpos > = 0 && curpos < doclist. Count)
     {
        doclist [curpos] . State = False;
         Console. WriteLine ("文档名称:" + doclist [curpos]. DocName +
            " 的文档关闭成功。");
        int pos;
        for (pos = 0; pos < doclist. Count; pos++ )
         {
            if (doclist[pos]. State)
             {
                curpos = pos;
                break;
             }
         }
        if (pos == doclist. Count)
         {
            curpos = - 1;
         }
     }
    else
     {
        Console. WriteLine ("\r\n 当前没有可关闭的文档。");
     }
 }
/// <summary>
///6 显示所有文档
/// </summary>
public void DispAllDoc()
 {
```

```
     if (doclist. Count ! = 0)
      {
         Console. WriteLine ("当前集合中的文档如下:");
         Console. WriteLine ("文档名称\t" + "文档状态");
         foreach (Document doc in doclist)
          {
            Console. Write (doc. DocName +"\t\t");
            if (doc. State)
             {
                Console. WriteLine ("open");
             }
            else
             {
                Console. WriteLine ("close");
             }
          }
      }
     else
      {
         Console. WriteLine ("当前集合中不存在文档。");
      }
   }
}
```

(6) 在主程序中实现系统功能调用，具体代码如下：

```
class Program
{
    static void Main(string[] args)
    {
        IOffice office = new WordOffice();
        IPrinter printer = new ColorLaserPrinter("P1007", "HP LaserJet");
        office. PrintEvent + = new DelegateHandler. PrintEventHandler(printer.
        Print);

        bool flag = True;
        int choise;
        while (flag)
        {
```

```
Program. Menu();
try
{
    choise = Convert. ToInt32 (Console. ReadKey (False). KeyChar. ToString
());
    if (choise > = 1&& choise < = 7)
    {
        switch (choise)
        {
            case 1:
                office. NewDoc ();
                break;
            case 2:
                office. OpenDoc ();
                break;
            case 3:
                office. SaveDoc ();
                break;
            case 4:
                office. PrintDoc ();
                break;
            case 5:
                office. CloseDoc ();
                break;
            case 6:
                office. DispAllDoc ();
                break;
            case 7:
                flag = False;
                break;
        }
    }
    else
    {
        Console. WriteLine ("\r\n 您的选择有误,请重新选择。\r\n");
    }
}
catch (Exception ex)
{
```

```
            Console.WriteLine("系统发生错误:" + ex.Message);
            Console.WriteLine("您的选择有误,请参照菜单重新选择。\r\n");
        }
    }
}
private static void Menu()
{
    Console.WriteLine("------------------------------- ");
    Console.WriteLine("---------- 文档操作菜单--------- ");
    Console.WriteLine("1 新建文档");
    Console.WriteLine("2 打开文档");
    Console.WriteLine("3 保存打开的当前文档");
    Console.WriteLine("4 打印打开的当前文档");
    Console.WriteLine("5 关闭打开的当前文档");
    Console.WriteLine("6 显示所有文档的名称");
    Console.WriteLine("7 退出");
    Console.WriteLine("-------------------------------- \r\n\r\n");
}
}
```

（7）运行程序以后，按照菜单提示进行功能演示。

程序运行结果

本章小结

本章主要讲述了面向对象高级编程中的继承和多态、抽象类、接口、委托和事件、集合的应用、异常处理等概念及其编程应用。

上机练习 6

1. 上机执行本章 T06_1～T06_17 等任务，分析代码并体会面向对象编程的思想和方法。

2. 编写控制台程序，模拟计算机的数据处理和显示功能，具体要求如下：编写一个作业（Task）类，该类主要负责管理计算任务（在屏幕上输入一个计算表达式）；其次编写一个数据处理（DataProcess）类，该类主要完成数值计算处理任务；然后编写一个显示器（Monitor）类，该类主要完成数据显示。

（1）作业管理要求。系统中可以同时存在多个计算任务；当需要计算某个计算任务时，委托数据处理类完成数据计算工作。

（2）数据处理要求。首先根据需要进行表达式分析，计算表达式的结果；然后委托显示器类进行数据显示。

（3）显示器数据显示。主要负责数据显示任务；但是可根据需要选择显示设备，如液晶显示器或者 CRT 显示器，它们显示数据的原理不一样。

（4）计算任务说明。主要是数值计算，包括加、减、乘、除和小括号符号，数据可以是整数、精确数值型数据。

3. 编写控制台应用程序，完成简单四则运算的计算器功能，需要利用异常处理机制处理以下异常：①除数为 0；②算法溢出；③用户输入错误，提供非数字字符作为操作数，如 3a；④用户输入＋，－，＊，/以外的其他运算符。

第7章 常用对象

本章通过"英文字母打字练习"和"计算三角形面积"任务，引入 String 类、Random 类、DateTime 结构、Math 类及其属性和方法等知识点，以使学生具备利用常见类解决实际问题的能力。

本章要点：
- ➤ 掌握 String 类的常用属性和方法；
- ➤ 了解 Random 类的使用；
- ➤ 掌握 DateTime 结构的常用属性和方法；
- ➤ 了解 Math 类的常用属性和方法。

7.1 英文字母打字练习

7.1.1 任务解析

【任务 T07_1】 编写控制台应用程序，程序功能：系统随机产生 50 个英文字母，用户进行打字练习，最终得出当前测试用户名、用户的测试日期、测试用时及正确率。

任务关键点分析：如何随机产生英文字母，获取用户的测试日期、测试用时及正确率。

程序解析：

1. 创建一个控制台应用程序，项目名称为：T07_1。

2. 在项目中输入以下代码：

```
/* 英文字母打字练习* /
static void Main(string[] args)
{
    int sum = 50;
    int count = 0;
    int asc = 0; char ch = '\0'; string parse = "";
    string user = "", userName = "";
```

```
        double correct = 0;
        double zql= 0;
        DateTime dtStart, dtEnd;            //定义测试开始和测试结束的时间
         TimeSpan dtDiff;                    //定义 TimeSpan 对象 dtDiff,存放时间
间隔
        Random rnd= new Random();           //实例化 rnd 对象
        Console.WriteLine("\t 英文打字练习(不区分大小写)\t");
        Console.Write("请输入用户名");
        userName = Console.ReadLine();
        for (int i = 0; i< sum; i ++ )      //随机产生 50 个英文字母
        {
            asc= rnd.Next(65,90);
            ch = (char) asc;
            parse = parse +  ch.ToString();
        }
        Console.WriteLine(parse);
        dtStart = DateTime.Now;             //获取开始时间
        user = Console.ReadLine();
        dtEnd = DateTime.Now;               //获取结束时间
        dtDiff = dtEnd -  dtStart;          //获取间隔时间
        count = sum >  user.Length ? user.Length : sum;
        for (int i = 0; i < count; i++ )    //计算正确率
        {
            if (parse.Substring(i, 1) == user.Substring(i, 1).ToUpper())
            {
                correct++ ;
            }
        }
    zql = correct/sum;
    Console.WriteLine();
    Console.WriteLine("*** 英文打字练习成绩*** ");
    Console.WriteLine("当前用户:{0}测试日期{1}", userName.Trim(),
                DateTime.Now.ToShortDateString ());    //以短日期型输出测试
日期
    Console.WriteLine("测试用时{0}秒", dtDiff.Seconds);    //获取 dtDiff 的秒数
    Console.WriteLine("正确率{0}",zql.ToString("0.00% ")); //正确率保留两位小数
    Console.ReadLine();
    }
```

程序运行结果

任务总结：在该任务中用到了 String 类、Random 类和 DateTime 结构，本节将对它们的用法进行介绍。

7.1.2　String 类

String 类用于对字符串进行各种处理，比如字符串的连接、替换、比较等。String 对字符串进行处理以后，会生成一个新的字符串，该字符串包含修改后的内容，而原有的字符串并没有被改变。

需要注意的是，C# 中字符串的连接使用运算符"＋"，它和算术运算符"＋"不同，比如" Hello"＋" World!"的结果为" HelloWorld!"。

下面介绍 String 类的常用属性和方法，表 7-1 中给出了 String 类的常用属性，表 7-2 中给出了 String 类的常用方法。

表 7-1　String 类常用的属性

属性	含　义	示例	结果
Length	获取当前 String 对象中的字符数，即字符串的长度	string s ＝"Visual C# 2005";	14

表 7-2　String 类常用的方法

方　法	含　义	示　例	结　果
Compare（str1，str2）	比较 str1 和 str2 的大小，若 str1＞str2，则返回正数；若 str1＝str2，则返回零；若 str1＜str2，则返回负数	Compare("aa"，"ab")	－1
Equals（str1，str2）	比较 str1 和 str2 是否相等，若相等，则返回 True，否则返回 False	Equals("aa"，"ab")	False
Replace（str1，str2）	str2 替换 str1 字符串	string s ＝"C# 语言"; s. Replace("C#"，"C")	C 语言
Substring（int1，int2）	取从 int1 开始且具有 int2 长度的子字符串	string s ＝"world"; s. Substring(1，2)	or
ToLower()	将字符串中的字母更换为小写形式	string s ＝"Hello"; s. ToLower()	hello

续表

方　法	含　义	示　例	结　果
ToUpper()	将字符串中的字母更换为大写形式	string s ="Hello"; s. ToUpper()	HELLO
Trim()	移除字符串的前导空白字符和尾部空白字符	string s =" Hello "; s. Trim()	Hello
PadLeft (int1, char1)	返回一个字符串，其中左侧填充了 char1 字符，字符串的总长度为 int1	string s="1"; s. PadLeft(3,'0');	001
PadRight (int1, char1)	返回一个字符串，其中右侧填充了 char1 字符，字符串的总长度为 int1	string s="1"; s. PadRight(3,'0');	100

【任务 T07_2】　读下列程序，给出运行结果。

任务关键点分析：如何计算字符串的长度，如何进行字符串的替换，如何进行大小写字母的转换。

程序解析：

```
static void Main(string[] args)
{
    string strname = "清华大学";
    Console. WriteLine("**** 演示 String***** ");
    Console. WriteLine("{0}", strname. Length);
                                        //输出 strname 字符串的长度
    Console. WriteLine("{0}", strname. Replace("清华", "北京"));
                                //将 strname 字符串中的"清华"替换为"北京"
    Console. Write("请输入任意的英文单词,进行大小写转换");
    strname = Console. ReadLine();
    Console. WriteLine("{0}", strname. ToLower());   //输出 strname 字符串的小写
    Console. WriteLine("{0}", strname. ToUpper());   //输出 strname 字符串的大写
    Console. ReadLine();
}
```

程序运行结果

```
****演示String*****
4
北京大学
请输入任意的英文单词，进行大小写转换Nokia
nokia
NOKIA
```

任务总结：从该任务中，发现使用 String 类的一些方法可以快速简捷地解决字符串的很多常用问题。

【任务 T07_3】   编写控制台应用程序，程序功能：生成"201008040001"到"201008040050"的序列学号。

任务关键点分析：如何自动生成连续的字符序列。

程序解析：

1. 创建一个控制台应用程序，项目名称为：T07_3。

2. 在项目中输入以下代码：

```
static void Main(string[] args)
{
    string a = "20100804";
    for (int i = 1; i < = 10; i++ )
    {
        a = a + i.ToString().PadLeft(4, '0');
        Console.WriteLine(a);
        a = "20100804";
    }
    Console.ReadLine();
}
```

程序运行结果

```
201008040001
201008040002
201008040003
201008040004
201008040005
201008040006
201008040007
201008040008
201008040009
201008040010
```

任务总结：该任务自动生成了连续的字符序列。在实际应用中，灵活运用 String 类的一些方法可以简化很多操作。

7.1.3 Random 类

在实际的项目开发过程中，经常需要产生一些随机数值，例如，网站登录中的校验数字，或者需要以一定的概率实现某种效果，游戏程序中的物品掉落等。这就需要用到随机数。

Random 类表示伪随机数生成器，即一种能够产生满足某些随机性统计要求的数字序列。使用 Random 类，一般是生成指定区间的随机数字，且随机数字都是均匀分布的，也就是说区间内的数字生成的概率是均等的。下面介绍生成对应区间的随机数字。

（1）生成 Random 类的对象。

```
Random n = new Random();
```

（2）利用 Random. Next 方法实现指定区间的随机数字。

● n. Next（int）：返回一个小于所指定最大值的正随机数。

● n. Next（int minvalue，int maxvalue）：返回一个大于等于 minvalue 小于 maxvalue 的随机数。（取值包括 minvalue 不包括 maxvalue）。

例如，生成最大值为 8 的随机数。

```
int m;
Random n = new Random();
m = n.Next(8);
```

例如，生成 [0，7) 区间的随机数。

```
int a;
Random rnd = new Random();
a = rnd.Next(0, 7);
```

【任务 T07_4】 编写控制台应用程序，程序功能：随机给定一个 1 到 100 之间的数字，让用户进行猜测，猜不中给出"高了""低了"的提示。

任务关键点分析：如何随机产生指定范围内的数字。

程序解析：

1. 创建一个控制台应用程序，项目名称为：T07_4。

2. 在项目中输入以下代码：

```
/* 猜数字*/
static void Main(string[] args)
{
    int n, m;
    Random rdm = new Random();
    n = rdm.Next(0, 100);
    Console.WriteLine("请猜猜我想到的一个 1 到 100 之间的数字：");
    do
    {
        m = Convert.ToInt32(Console.ReadLine());
        if (m > n)
        {
            Console.WriteLine("太大");
        }
        else if (m < n)
        {
            Console.WriteLine("太小");
```

```
        }
    } while (m ! = n);
    Console.WriteLine("恭喜你猜对了,这个数字是{0}", m);
    Console.ReadLine();
}
```

程序运行结果

任务总结：该任务利用 do…while 循环结合 Random. Next 方法，实现了猜数字的趣味小程序。

7.1.4　DateTime 结构

DateTime 结构用于表示日期和时间。它可以表示公元 0001 年 1 月 1 日午夜 12：00：00 到公元 9999 年 12 月 31 日晚上 11：59：59 之间的日期和时间。表 7-3 给出了 DateTime 结构的常用属性。

表 7-3　DateTime 结构常用的属性

属性	含义	示例	结果
Now	获取此计算机上的当前日期和时间	DateTime. Now	2012－02－02 16：31：11
Today	获取当前日期	DateTime. Today	2012－02－02 0：00：00
Year	获取 DateTime 的年份	DateTime. Now. Year	2012
Month	获取 DateTime 的月份	DateTime. Now. Month	2
Day	获取 DateTime 的日	DateTime. Now. Day	2
DayOfWeek	获取 DateTime 的星期	DateTime. Now. DayOfWeek	Thursday
Hour	获取 DateTime 的小时数	DateTime. Now. Hour	16
Minute	获取 DateTime 的分钟数	DateTime. Now. Minute	50
Second	获取 DateTime 的秒数	DateTime. Now. Second	27
Date	获取 DateTime 的日期部分	DateTime. Now. Date	2012－02－02 0：00：00

另外，DateTime 结构也有一些常用的方法，具体如下。

（1）AddYears、AddMonths、AddDays、AddHours、AddMinutes、AddSeconds 方法：用于将指定年、月、日、时、分、秒加到 DateTime 上。

（2）Substract 方法：日期相减。

（3）IsLeapYear 方法：判断是否闰年。

（4）ToLongDateString 和 ToLongTimeString 方法：把 DateTime 转成字符串，且以长格式表示日期或时间。

（5）ToShortDateString 和 ToShortTimeString 方法：把 DateTime 转成字符串，且以短格式表示日期或时间。

7.2　计算三角形面积

7.2.1　任务解析

【任务 T07_5】　编写控制台应用程序，程序功能：给出三角形的三条边，求三角形的面积。计算公式：（$s = \sqrt{p \times (p-a) \times (p-b) \times (p-c)}$，p 为三角形周长的一半）

任务关键点分析：如何计算平方根。

程序解析：

1. 创建一个控制台应用程序，项目名称为：T07_5。

2. 在项目中输入以下代码：

```
/* 计算三角形的面积* /
static void Main(string[] args)
{
    double a, b, c, s, p;
    Console.Write("请输入三角形的三条边:");
    a = Convert.ToDouble(Console.ReadLine());
    b = Convert.ToDouble(Console.ReadLine());
    c = Convert.ToDouble(Console.ReadLine());
    if (a > 0 && b > 0 && c > 0 && a + b > c && a + c > b && b + c > a)
    {
        p = (a + b + c) / 2;
        s = Math.Sqrt(p * (p - a) * (p - b) * (p - c));
        Console.WriteLine("三角形的面积为:{0}", s);
    }
    else
    {
        Console.WriteLine("构不成三角形");
```

```
    }
    Console.ReadLine();
}
```

程序运行结果

任务总结：任务中使用了一个新的类——Math 类，下面对于 Math 类的一些常用方法进行介绍。

7.2.2 Math 类

C#命名空间中的类提供的一些标准方法，起到了其他高级语言中内部函数的作用。比如求平方根，在 C#中可以使用 System 命名空间中的 Math 类的 Sqrt() 方法。由于在解决实际问题时经常需要一些数学运算，因此本节介绍 Math 类的一些常用方法，如表 7-4 所示。

调用 Math 类方法的一般格式如下：

System.Math.方法名([参数])

表 7-4 Math 类的常用方法

方　法	含　义	示　例
Abs（x）	求 x 的绝对值	Abs（−2.3）＝2.3
Ceiling（x）	求不小于 x 的最小整数	Ceiling（7.3）＝8.0
Cos（x）	求 x 的余弦值（x 为弧度）	Cos（0.0）＝1.0
Exp（x）	求指数 e^x	Exp（1.0）＝2.718281828
Floor（x）	求不大于 x 的最小整数	Floor（7.9）＝7.0
Log（x）	求以 e 为底的自然对数	Log（2.718281828）＝1.0
Max（x，y）	求 x 和 y 的最大值	Max（3，6）＝6
Min（x，y）	求 x 和 y 的最小值	Min（3.2，5.6）＝3.2
Pow（x，y）	求 x 的 y 次幂	Pow（3，3）＝27
Sin（x）	求 x 的正弦值（x 为弧度）	Sin（0.0）＝0.0
Sqrt（x）	求 x 的算术平方根	Sqrt（9.0）＝3.0
Tan（x）	求 x 的正切值（x 为弧度）	Tan（3.1415926）＝1.0

另外，在 Math 类中还定义了两个重要的常数：Math.PI（圆周率 3.1415926）和 Math.E（自然对数底 2.718281828）。

本章小结

本章介绍了.NET Framework 提供的类库中的四个常见对象：用于进行字符串操作的 String 类、用于产生随机数的 Random 类、用来表示日期和时间的 DateTime 结构和用于数学函数的 Math 类。这些对象在应用程序设计中经常用到，利用它们可以轻松地创建强大的应用程序。

上机练习 7

1. 上机执行本章 T07_1～ T07_5 等任务，并分析其结果。

2. 编写控制台应用程序，程序功能：求任意两个 10 以内的随机数的和。

3. 编写控制台应用程序，程序功能：由用户输入一个英文单词，程序显示出用户输入的单词、全部转化为小写后的单词和全部转换为大写后的单词。程序运行效果如下：

4. 编写控制台应用程序，程序功能：由用户输入一个字符串，程序显示出该字符串的长度。

5. 编写控制台应用程序，程序功能：由用户输入直角三角形的两个直角边，显示出三角形斜边的长度。

第8章 Windows 窗体应用程序设计

本章通过"用户登录"、"计算长方形面积"和"电脑订购单"等实例，引入了 Windows 应用程序基本概念和常用 Windows 窗体控件等知识点，使学生具备利用 Windows 窗体控件及其相关属性、方法和事件，设计窗体界面，进行 Windows 窗体应用程序编程能力。

本章要点：

➤ 了解 Windows 程序的基本概念；

➤ 掌握 Windows 窗体基本控件的常用属性、事件和方法；

➤ 掌握用 Windows 窗体基本控件创建完整的 WinFrom 应用程序。

8.1 用户登录功能实现

8.1.1 任务解析

【任务 T08_1】 设计实现用户登录功能窗体程序，要求：利用 C♯ 制作一个简单的用户登录界面，能够实现验证 Windows 程序开发的用户是否合法的基本功能，并通过这个程序了解 Windows 应用程序的一般开发步骤。

任务关键点分析：Windows 应用程序结构、Windows 应用程序的运行机制。

界面设计及实现效果如图 8-1 所示。

图 8-1 用户登录功能实现运行效果图

8.1.2 Windows 应用程序结构

1. 创建用户登录窗体

Windows 窗体是一种创建 WinForm 应用程序的基本对象。在 Visual Studio 2008 中创建 Windows 应用程序的第一步就是建立 Windows 窗体应用程序解决方案。具体操作步骤如下。

（1）运行 Visual Studio 2008，在"起始页"上单击"新建项目"按钮，打开"新建项目"对话框，如图 8-2 所示。在"项目类型"列表框中指定项目的类型为"Visual C#"，在"模板"列表框中选择"Windows 窗体应用程序"模板，在"名称"文本框中输入"Login"，在"位置"下拉列表中选定保存项目的位置。

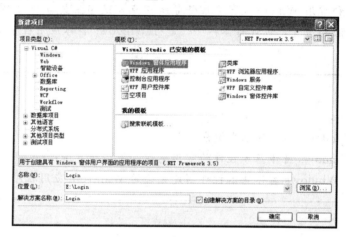

图 8-2 "新建项目"对话框

注意：在 Visual Studio 2008 主界面中选择"文件"→"新建"→"项目"命令，也可以打开"新建项目"对话框。

（2）单击"确定"按钮，进入 Visual Studio 2008 的主界面，如图 8-3 所示。

图 8-3 Visual Studio 2008 主界面

可以看到，当选择"Windows 应用程序"作为应用程序的模板后，系统会自动为用户生成 WinForm 应用程序的解决方案，并在项目中添加一个空白窗体，窗体名称一般为 Form1。该窗体就是应用程序运行时显示给用户的主操作界面。

2. 在用户登录窗体中添加控件

本任务中需要用到如下控件。

（1）两个按钮。分别用于表示实施登录操作的"登录"按钮，清除界面输入数据的"重置"按钮。

（2）三个标签。用于显示界面中的相关文字。

（3）两个文本框。用于输入用户名和密码。

首先向窗体中添加按钮。具体操作为：在工具箱中单击 Button，然后移动鼠标指针到窗体中的预定位置，按下左键拖动鼠标，画出一个方框，释放鼠标左键后，一个按钮就被添加到刚才方框所在的位置了。调整好大小和位置后单击选中该按钮，在"属性"窗口中可以看到该控件名为 button1。将该按钮的 Name 属性设置为"btnLogin"，Text 属性设置为"登录"。继续在窗体中添加"重置"按钮，将其 Name 属性设置为"btnReset"，并分别设置好其他属性。

按照同样的方法在窗体中添加三个标签（Label）控件，设置其 Text 属性分别为"用户登录界面"、"用户名："、"密码："。再添加两个文本框（TextBox）控件，并设置其 Text 属性为空，分别设置好它们的其他属性。一个简单的用户登录界面如图 8-4 所示。

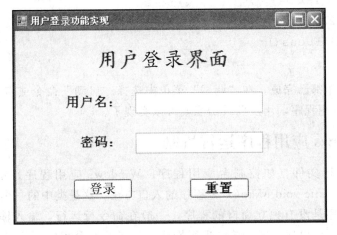

图 8-4　用户登录界面

界面设计好后，就可以为相关控件添加相应的事件代码实现所需要的功能。

3. 用户登录事件

首先可以利用以下几种方法切换到代码编辑器。

（1）双击窗体或者某控件。

（2）在"解决方案资源管理器"面板中右击 Form1.cs，从弹出的快捷菜单中选择"查看代码"命令。如果选择"视图设计器"，则可以回到"窗体设计器"中。

（3）当第一次切换到代码编辑器后，在窗体标题"Form1.cs［设计］"的右边会自动出现一个新的标签页：Form1.cs，单击该标签页就可以切换到代码编辑器。反之，如果单击

"Form1〔设计〕"，则会切换到"窗体设计器"。

下面为实现登录和重置功能添加相关代码。要求：单击"登录"按钮后，将跳转到成功登录界面；单击"重置"按钮后，将用于输入用户名和密码的文本框清空。因此可以双击"登录"按钮，切换到代码编辑器，此时光标就停留在该按钮所对应的代码处，输入下列代码：

```csharp
private void btnLogin_Click (object sender, EventArgs e)
{
    string username = textBox1.Text.Trim();
    string password = textBox2.Text.Trim();
    if (username == "admin" && password == "12345")
     {
        MessageBox.Show ("用户登录成功!!!");             //弹出登录成功消息框
     }
}
```

然后给"重置"按钮添加下列代码：

```csharp
private void btnReset_Click (object sender, EventArgs e)
{
    textBox1.Text = "";
    textBox2.Text = "";
    textBox1.Focus ();
}
```

现在，所有工作都已完成，在"调试"菜单中选择"启动"命令或者"开始执行（不调试）"命令运行该应用程序，用户登录功能就可以实现了。

8.1.3 Windows 应用程序运行机制

每个 C# 可执行文件（如控制台应用程序、Windows 应用程序）都必须有一个入口点——Main方法，static void Main() 是程序的入口方法，这是类中的一个静态方法。

控制台应用程序是没有独立窗口的程序，一般在命令行运行，输入输出通过标准 IO 进行，而不像界面程序可以通过鼠标单击进行操作。对于控制台程序，可以通过程序主函数入口，很容易看清它的整个执行流程。

Windows 应用程序是运行在 Windows 操作系统上的应用程序，依然会从 static void Main() 方法开始执行程序。Visual Studio 2008 会在 Program.cs 中自动生成 Main 方法，源文件 Program.cs 的代码结构如图 8-5 所示，并根据程序员的操作自动更新 Main 方法中的语句。因此，不需要在 Main 方法中添加任何代码。

Windows 应用程序采用事件驱动编程思想，只有当事件发生时系统才调用相应的事件方法，窗体能够保持在运行状态或由事件驱动向前运行。

当创建好一个 Visual Studio 项目，IDE 会自动创建一个窗体，这个窗体对应的文件就是 Form1.Designer.cs，其代码结构如图 8-6 所示。

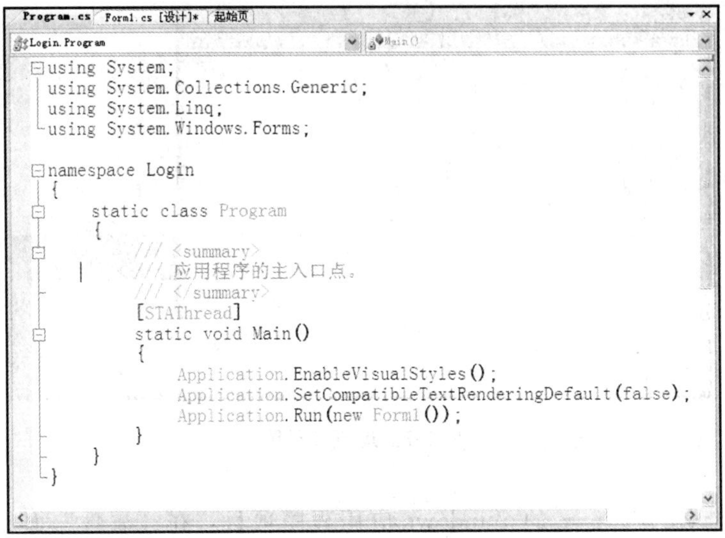

```
using System;
using System.Collections.Generic;
using System.Linq;
using System.Windows.Forms;

namespace Login
{
    static class Program
    {
        /// <summary>
        /// 应用程序的主入口点。
        /// </summary>
        [STAThread]
        static void Main()
        {
            Application.EnableVisualStyles();
            Application.SetCompatibleTextRenderingDefault(false);
            Application.Run(new Form1());
        }
    }
}
```

图 8-5　Program 类源文件代码结构

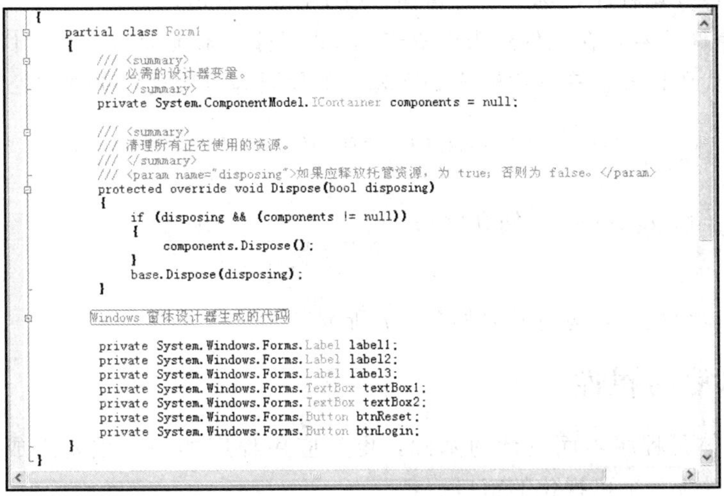

```
{
    partial class Form1
    {
        /// <summary>
        /// 必需的设计器变量。
        /// </summary>
        private System.ComponentModel.IContainer components = null;

        /// <summary>
        /// 清理所有正在使用的资源。
        /// </summary>
        /// <param name="disposing">如果应释放托管资源，为 true；否则为 false。</param>
        protected override void Dispose(bool disposing)
        {
            if (disposing && (components != null))
            {
                components.Dispose();
            }
            base.Dispose(disposing);
        }

        Windows 窗体设计器生成的代码

        private System.Windows.Forms.Label label1;
        private System.Windows.Forms.Label label2;
        private System.Windows.Forms.Label label3;
        private System.Windows.Forms.TextBox textBox1;
        private System.Windows.Forms.TextBox textBox2;
        private System.Windows.Forms.Button btnReset;
        private System.Windows.Forms.Button btnLogin;
    }
}
```

图 8-6　用户登录代码结构图

8.2　窗体（Form 类）

8.2.1　任务解析

【任务 T08_2】　设计 Windows 应用程序，要求：窗体的标题为“用户登录窗体”，当加载窗体时，弹出对话框“您好!”。通过该应用程序的实现，了解 Windows 窗体应用程序设计常用属性、方法和事件。

任务关键点分析：窗体常用属性、方法和事件。

界面设计及运行效果如图 8-7 所示。

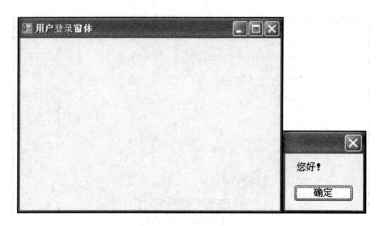

图 8-7　运行效果图

程序解析：

（1）新建一个名为 T08_2 的 Windows 应用程序项目，在"属性"面板中更改 Text 属性，设置其名称为"用户登录窗体"。

（2）编写事件处理程序，选中新建窗体，按 F4 键或右击，打开"属性"面板，然后单击"属性"面板的事件符号，在事件列表中双击 Load 事件，系统会自动转入代码编辑界面，并创建相应的事件代码框架，在其中输入如下相应的代码即可实现对事件的处理。

```
private void Form1_Load (object sender, EventArgs e)
{
    MessageBox.Show ("您好!");
}
```

（3）编译并运行程序，运行效果如图 8-7 所示。

8.2.2　窗体常用属性

Windows 窗体是程序界面设计的基础，也是应用程序的一个重要组成部分。程序运行时，每一个窗体对应一个可视化的窗口。

Windows 窗体提供了定义窗体外观的属性、定义行为的方法和定义与用户交互的事件。通过设置窗体属性和编写代码来响应窗体事件，可以开发满足应用程序需求的窗体。Windows 窗体是从 Form 类派生而来的，而 Form 类是从 Control 类派生而来的，这种框架决定了其可以继承现有的窗体，来添加功能或修改现有行为。当为应用程序添加一个 Windows 窗体时，可以选择从 .NET Framework 提供的 Form 类继承，也可以选择从先前创建的 Windows 窗体继承。

表 8-1 列出了 Windows 窗体的常用属性。

表 8-1　Windows 窗体的常用属性

属　性	说　　明
Name	窗体对象的名字，类似于变量的名字
Text	窗体标题栏中显示的文本

属　性	说　明
Backcolor	窗体的背景颜色
BackgroundImage	窗体的背景图片
ControlBox	是否显示窗体的控制菜单图标与状态控制按钮
Icon	窗体的图标
Height Width	窗体的大小
Font	显示空间中文本的字体
FormBorderStyle	控制窗体的边框样式，是否显示标题栏、是否可以调整大小等
MaximizeButton MinimizeButton	窗体的最大化或最小化按钮是否有效
TopMost	窗体是否为最顶端的窗体

8.2.3　窗体常用方法

下面介绍一些窗体的最常用方法。

1. Show 方法

该方法的作用是让窗体显示出来。

其调用格式为：窗体对象名.Show()。

2. Hide 方法

该方法的作用是把窗体隐藏起来。

其调用格式为：窗体名.Hide()。

3. Refresh 方法

该方法的作用是刷新并重画窗体。

其调用格式为：窗体对象名.Refresh()。

4. Activate 方法

该方法的作用是激活窗体并给予它焦点。

其调用格式为：窗体对象名.Activate()。

5. Close 方法

该方法的作用是关闭窗体。

其调用格式为：窗体对象名.Close()。

6. ShowDialog 方法

该方法的作用是将窗体显示为模式对话框。

其调用格式为：窗体对象名.ShowDialog()。

其中窗体对象名是要操作的窗体进行实例后的对象名称，而不是窗体类的名称。

8.2.4　窗体常用事件

事件处理程序是代码中的过程，它确定当事件（如用户单击按钮或消息队列收到消息）发生时要执行的操作。事件引发时，收到事件的一个或多个事件处理程序即被执行。下面介绍一些窗体的常用事件。

1. Load 事件

该事件在窗体加载到内存时发生，即在第一次显示窗体前发生，可以在其事件处理函数中做一些初始化的工作。

2. Click 事件

该事件在用户单击窗体时发生。

3. DoubleClick 事件

该事件在用户双击窗体时发生。

4. Resize 事件

该事件在改变窗体大小时发生。

5. Paint 事件

该事件在重绘窗体时发生。

6. Activated 事件

该事件在窗体激活时发生。

7. Deactivate 事件

该事件在窗体失去焦点成为不活动窗体时发生。

8. FormClosed 事件

该事件在关闭窗体时发生。

8.3　计算长方形面积

8.3.1　任务解析

【任务 T08_3】　计算长方形面积，要求：设计 Windows 应用程序，在文本框中输入长和宽，单击"计算"按钮，求长方形的面积，并将结果显示在面积文本框中。当把鼠标移动到输入长度和显示面积的文本框上时，提示控件会显示相关提示信息。

任务关键点分析：标签控件、文本框控件、按钮控件和提示控件。

界面设计效果如图 8-8 所示。

程序解析：

（1）新建一个名为 T08_3 的 Windows 应用程序项目，将 Form1 窗体的标题改为"计算长方形面积"。向窗体添加三个 Label 控件、三个 Textbox 控件和两个 Button 控件，控件布局如图 8-8 所示。

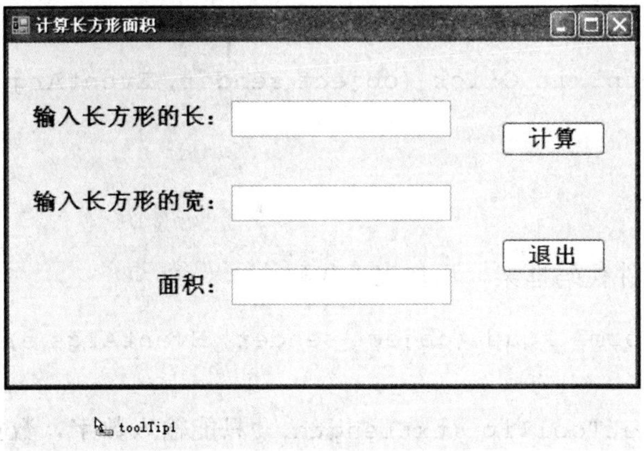

图 8-8　计算长方形面积界面设计图

（2）修改各控件的主要属性，设置可参照表 8-2 的内容。

表 8-2　需要修改的属性值

控　件	Name	Text
label1	系统默认	输入长方形的长：
label2	系统默认	输入长方形的宽：
label3	系统默认	面积：
textBox1	txtLength	null
textBox2	txtWidth	null
textBox3	txtArea	null
button1	btnCount	计算
button2	btnExi	退出

（3）向窗体拖放一个 ToolTip 组件，使用默认的组件名，修改 ForeColor 属性为 "Red"，InitialDelay 属性为 "0"，ReshowDelay 属性为 "0"。

（4）编写事件代码，选中 "计算" 按钮，单击其 "属性" 面板中的 "事件" 按钮，在事件列表中双击 Click 事件（或者直接双击 "计算" 按钮），进入 Click 事件的代码框架，添加以下代码：

```
private void btnCount_Click (object sender, EventArgs e)
{
    int m, n, area;
    m = Convert.ToInt32 (txtLength.Text.Trim());
    n = Convert.ToInt32 (txtWidth.Text.Trim());
    area = m * n;
    txtArea.Text = Convert.ToString (area);   //将计算结果显示在面积文本
框中
```

```
}
```

双击"退出"按钮，添加以下代码：

```
private void btnExit_Click (object sender, EventArgs e)
{
    Close();
}
```

进入窗体 Load 事件代码框架，添加以下代码：

```
private void Form1_Load (object sender, EventArgs e)
{
    toolTip1.SetToolTip (txtLength, "只能输入数字，数据类型为 int");
    toolTip1.SetToolTip (txtArea, "显示计算结果");
}
```

当 txtLength 文本框获得焦点时，显示提示信息"只能输入数字，数据类型为 int"；当 txtArea 文本框获得焦点时，显示提示信息"显示计算结果"，运行效果如图 8-9 所示。

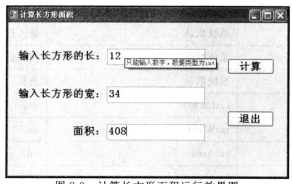

图 8-9　计算长方形面积运行效果图

任务总结：在本任务中，利用标签控件、文本框控件、按钮控件和提示控件实现"计算长方形面积"实例，下面将分别对这些控件进行详细介绍。

8.3.2　按钮控件

按钮（Button）控件是 Windows 标准按钮，是最常用的控件之一。如本节"计算长方形面积"示例中用到计算按钮、退出按钮，完成最重要的面积计算和退出窗体的功能。

如果按钮具有焦点，就可以使用鼠标左键、Enter 键或空格键触发该按钮的 Click 事件。在设计时，通常在窗体上添加控件，然后双击，为 Click 事件编写相应的代码即可；在执行程序时，用户通过单击来执行操作。如表 8-3 所示为 Button 控件的常用属性和事件。

表 8-3　Button 控件的常用属性和事件

属性或事件	说　　明
Name 属性	设置对象的名称
Text 属性	设置按钮上显示的文本

续表

属性或事件	说　明
TextAlign 属性	设置文本的对齐方式
Enable 属性	确定按钮是否有效。当值为 True 时，按钮可用，当值为 False 时，按钮不可用，且以浅灰色显示
Visible 属性	确定按钮是否可见。当值为 True 时，按钮可见，当值为 False 时，按钮不可见
Image 属性	设置按钮上要显示的图片
ImageAlign 属性	设置图片的对齐方式
FlatStyle 属性	设置按钮的外观。该属性的可取值由 FlatStyle 枚举定义
Click 事件	鼠标单击按钮时发生，通常执行按钮的主要功能
MouseEnter 事件	鼠标进入按钮区域时发生，此时通常会改变鼠标的指针或改变按钮的外观
MouseLeave 事件	鼠标离开按钮区域时发生

表中，Name、Text、Visible 和 Enabled 属性是大多数控件所共有的，在以下的控件中不再对这些属性进行介绍。

8.3.3　标签控件

标签（Label）控件是一种最简单的控件，用于提供控件或窗体的描述性文字。本节"计算长方形面积"示例中的"长"、"宽"和"面积"标签说明了文本框控件要显示的数据信息。Label 控件还可用于显示有关应用程序状态的运行时信息，以便为用户提供相应信息。

Label 参与窗体的 Tab 键顺序，但不能接收焦点，主要用于标记窗体上的对象。Label 控件的大多数属性派生于 Control，但也有一些独有的属性。其常用属性如表 8-4 所示。

表 8-4　Label 控件的常用属性

属　性	说　明
BorderStyle	设置控件的边框样式，默认为无边框
FlatStyle	设置标签控件的样式外观
Image	设置显示在 Lable 控件上的图像
ImageAlign	设置控件中显示的图像的对齐方式
TextAlign	设置标签中文本的对齐方式

8.3.4　文本框控件

文本框（TextBox）控件用于获取用户输入数据或显示数据处理结果。任务 T08_3 中的 txtLength、txtWidth 和 txtArea 文本框用于显示用户输入的长、宽和计算结果。

文本框通常用于可编辑文本，不过也可使其成为只读控件。文本框能够显示多行数据，并对文本换行使其符合控件的大小，并添加基本的格式设置。但是文本框中显示或输入的文本只能采用一种格式。默认情况下，最多可在一个文本框中输入 2048 个字符。如果将 Multi-Line 属性设置为 True，则最多可输入 32KB 的文本。Text 属性可以在设计窗体时使用属性窗口设置，也可以在运行时用代码设置或者通过用户输入来设置。可以在运行时通过读取 Text 属性来获得文本框的当前内容。表 8-5 所示为 TextBox 控件的常用属性。

表 8-5　TextBox 控件的常用属性

属　　性	说　　明
MaxLength	设定文本框内可容纳的最多字符的数目。若设定为 "0"，表示长度不限制
MultiLine	是否采用多行显示
PasswordChar	获取或设置要取代用户输入而显示的字符
ReadOnly	决定文本框内的文字是否可以编辑
ScrollBars	设定文本框中是否出现水平或垂直滚动条
Text	当数据输入到文本框时，会以字符串类型的形式放入 Text 属性内，若此属性内容在程序设计或执行阶段有所变动，则窗体上对应的文本框内的数据也跟着变动

　　TextBox 控件派生于 TextBoxBase，而 TextBoxBase 又派生于 Control 类。TextBoxBase 提供了在文本框中处理文本的基本功能，例如选择文本、剪切、粘贴和相关事件。表 8-6 所示为 TextBox 控件的常用方法。

表 8-6　TextBox 控件的常用方法

方　　法	说　　明
Copy()	复制所选取范围的文字
Cut()	剪切所选取范围的文字
Paste()	粘贴剪切薄中的文字内容
SelectAll()	将 "文本框" 内的文字全部选取
Undo()	还原上一步动作

8.3.5　提示控件

　　提示（ToolTip）控件的作用是当指针移动至工具栏的某一图标并停留一下时，会出现提示文字。本节 "计算长方形面积" 示例中的 toolTip1 控件用于显示相关提示信息。

　　表 8-7 所示为 ToolTip 控件的常用属性。

表 8-7　ToolTip 控件的常用属性

属　　性	说　　明
Active	设置提示工具项是否起作用，默认值为 True
AutoMaticDelay	设定提示工具项延迟时间，以毫秒为单位，默认值为 500
AutoPopDelay	设定提示工具项保持出现时间，以毫秒为单位，默认值为 5000

练一练：

（1）设计 Windows 应用程序，用 TextBox 进行求最大公约数的计算，界面设计和运行效果如图 8-10 所示。

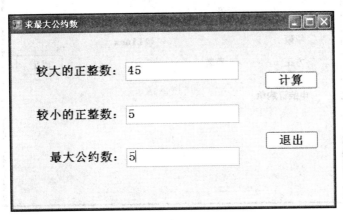

图 8-10　求最大公约数界面效果图

（2）编写 Windows 应用程序，程序功能：在第一个文本框中输入字符串，当单击"计算"按钮时，将在下面的文本框中显示数字个数、字母个数和其他字符的个数。程序运行效果如图 8-11所示。

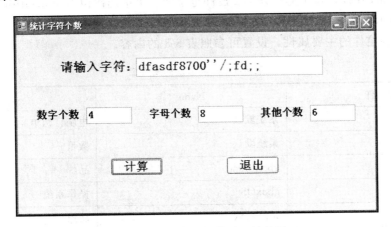

图 8-11　统计字符个数界面效果图

8.4　电脑订购单

8.4.1　任务解析

【任务 T08_4】　电脑订购单要求：设计 Windows 应用程序，实现电脑订购单程序。程序根据用户选择电脑的品牌，输入电脑数量和选择的预装操作系统，自动在文本框中生成订购单。其中"预装"复选框可以控制"操作系统"分组是否可用。

任务关键点分析：分组控件、单选按钮控件、复选按钮控件和复选框列表控件。

界面设计如图 8-12 所示。

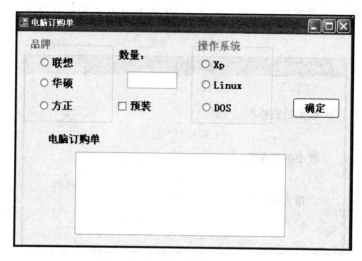

图 8-12 电脑订购单界面设计图

程序解析：

（1）新建一个名为 T08_4 的 Windows 应用程序项目，将 Form1 窗体的标题改为"电脑订购单"。向窗体添加两个分组 GroupBox 控件、一个复选框 CheckBox 控件、两个 Textbox 控件和两个 Label 控件，每个 GroupBox 控件里添加三个单选按钮 RadioButton 控件，控件布局如图 8-12 所示。

（2）修改各控件的主要属性，设置可参照表 8-8 的内容。

表 8-8 需要修改的属性值

控 件	Name	Text
label1	系统默认	电脑订购单
label2	系统默认	数量
groupBox1	gboxBrand	品牌
groupBox 2	gboxOS	操作系统
radioButton 1	系统默认	联想
radioButton 2	系统默认	华硕
radioButton 3	系统默认	方正
radioButton 4	系统默认	XP
radioButton 5	系统默认	Linux
radioButton 6	系统默认	DOS
checkBox1	chkYuZhuang	预装
textBox1	txtNumber	Null
textBox2	txtOrder	Null
button1	系统默认	确定

（3）编写事件代码，进入窗体 Load 事件代码框架，添加以下代码：

```
private void Form1_Load (object sender, EventArgs e)
{
    gboxOS. Enabled = False;
}
```

（4）双击复选框 chkYuZhuang 按钮，进入 CheckedChanged 事件的代码框架，添加以下代码：

```
private void chkYuZhuang_CheckedChanged (object sender, EventArgs e)
{
    gboxOS. Enabled = chkYuZhuang. Checked;
}
```

（5）双击"确定"按钮，进入 Click 事件的代码框架，添加以下代码：

```
private void button1_Click (object sender, EventArgs e)
{
    txtOrder. Text = "";
    if (radioButton1. Checked)
        txtOrderText = radioButton1. Text;
    if (radioButton2. Checked)
        txtOrder. Text = radioButton2. Text;
    if (radioButton3. Checked)
        txtOrder. Text = radioButton3. Text;
    txtOrder. Text = txtOrder. Text + " \ r \ n" + " 数量:" + txtNum
                                    ber. Text + " \ r \ n" + " 操作系统:";
    if (chkYuZhuang. Checked)
    {
        if (radioButton4. Checked)
            txtOrder. Text + = " \ r \ n" + radioButton4. Text;
        if (radioButton5. Checked)
            txtOrder. Text + = " \ r \ n" + radioButton5. Text;
        if (radioButton6. Checked)
            txtOrder. Text + = " \ r \ n" + radioButton6. Text;
    }
}
```

（6）编译并运行程序，选择电脑品牌和预装的操作系统，输入电脑数量，单击"确定"按钮后的运行效果如图 8-13 所示。

任务总结：在本任务中，利用分组控件、单选按钮控件、复选按钮控件实现了"电脑订购单"实例，下面将分别对这些控件进行详细介绍。

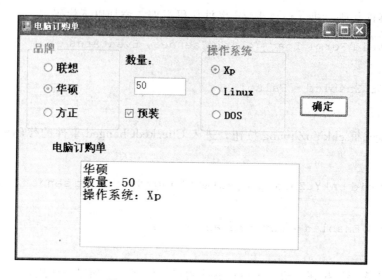

图 8-13　电脑订购单运行效果图

8.4.2　分组控件

分组（GroupBox）控件是一个容器类控件，在其内部可放其他控件，有利于用户识别，使界面变得更加友好。使用分组控件可以将一个窗体中的各种功能进一步进行分类，例如，将各种选项按钮控件分隔开。当移动单个 GroupBox 控件时，它所包含的所有控件也将一起移动。与 Panel 控件相比该控件可以显示标题，但是却不能显示滚动条。

在窗体上要在分组控件中加入内部控件成员时，必须先创建一个分组控件，再在它的内部创建其成员，如果要将窗体上已经创建好的控件进行分组，则应选中控件，然后剪切并粘贴到 GroupBox 控件中，或者直接拖到 GroupBox 控件中。

GroupBox 控件常用属性有 Text 分组框的标题，Visible 是否显示，一般不使用事件和方法。

8.4.3　单选按钮控件

单选按钮（RadioButton）是单选按钮控件，多个 RadioButton 控件可以为一组，这一组内的 RadioButton 控件只能有一个被选中；单选按钮使用时经常将多个单选按钮放在一个分组框中构成一个选项组。表 8-9 所示为 RadioButton 控件的常用属性和事件。

表 8-9　RadioButton 控件的常用属性和事件

属性或事件	说　　明
Appearance 属性	获取或设置一个值，该值用于确定 RadioButton 的外观。可选值：Normal 和 Button
AutoCheck 属性	如果这个属性为 True，用户单击单选按钮时，会显示一个选中标记。若为 False，则在 Click 事件处理程序的代码中手工检查单选按钮
Checked 属性	布尔变量，为 True 时表示被选中，为 flase 时表示不被选中

续表

属性或事件	说　明
CheckAlign 属性	改变单选按钮的复选框的水平垂直对齐方式
Text 属性	单选按钮控件显示的文本内容
Click 事件	单击单选按钮控件时产生的事件
CheckedChanged 事件	单选按钮选中或不被选中状态改变时产生的事件

8.4.4　复选框控件

复选框（CheckBox）控件提供用户一些选项供用户进行多种选择。当某一选项被选中后，其左边的小方框内会打一个钩。CheckBox 控件的属性和事件与 RadioButton 控件非常类似，但有两个新属性，表 8-10 所示为 CheckBox 控件的常用属性和事件。

表 8-10　CheckBox 控件的常用属性和事件

属性或事件	说　明
CheckState 属性	获取或设置 CheckBox 的状态。可选值：Checked、UnChecked 和 Inde-terminate。复选框的状态是 Indeterminate 时，控件旁边的复选框通常是灰色的，表示复选框的当前值无效
ThreeState 属性	确定该控件支持两种状态还是三种状态。使用 Checked 属性可以获取或设置具有两种状态的 CheckBox 控件的值，而使用 CheckState 属性可以获取或设置具有三种状态的 CheckBox 控件的值
CheckedChanged 事件	当复选框的 Checked 属性改变时，就引发该事件。注意在复选框中，当 ThreeState 属性为 True 时，单击复选框不会改变 Checked 属性。当复选框从 Checked 变为 Indeterminate 状态时，就会出现这种情况
CheckStateChanged 事件	当 CheckState 属性改变时产生的事件

8.4.5　复选框列表控件

复选框列表（CheckedListBox）控件提供一个选项列表，该控件列表中的每一项都是一个复选框。当窗体中所需的复选框选项较多时，或者需要在运行时动态地决定有哪些选项时，使用此控件比较方便。表 8-11 所示为 CheckListBox 控件的常用属性、方法和事件。

表 8-11　CheckListBox 控件的常用属性、方法和事件

属性、方法或事件	说　明
Items 属性	获取控件中所有项的集合
CheckedItems 属性	获取控件中选中项的集合
MutiColumn 属性	获取或设置是否以多列的形式显示各项

属性、方法或事件	说　　明
ColumnWidth 属性	获取或设置多列中每列的宽度
CheckOnClick 属性	获取或设置是否在第一次单击某复选框时即改变其状态
SelectedIndex 属性	当前选定的条目在列表中的索引
SelectedItem 属性	当前选定的条目在列表中的项
SelectedItems 属性	获取包含所有当前选定条目项的集合
Items. Add() 方法	向列表中添加项
Items. AddRange() 方法	向列表中添加一组项
Items. Clear() 方法	从集合中移除所有项
Items. Remove() 方法	从集合中移除指定的项
SetItemChecked() 方法	设置某项是否选中
ClearSelected() 方法	取消选定所有项
SetSelected() 方法	设置选择的多项（设置单项请使用 SelectedIndex 属性）
SelectedIndexChanged 事件	当 SelectedIndex 属性值更改时触发的事件

练一练：

（1）编写 Windows 应用程序，程序功能：在左侧复选框内选择需要购买的物品，单击"统计"按钮将在总价后的文本框内显示总价钱。（冰箱：3000 元，洗衣机：1980 元，电脑：3650 元，电视机：5600 元，自行车：1200 元），程序运行效果如图 8-14 所示。

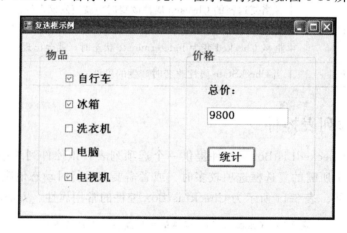

图 8-14　复选框示例运行效果图

（2）设计 Windows 应用程序，当选择 GroupBox 容器里的 RadioButton 时，则上方显示相应内容，程序运行效果如图 8-15 所示。

（3）编写 Windows 应用程序，程序功能：当单击"确定"按钮时，右边显示所选中的内容，程序运行效果如图 8-16 所示。

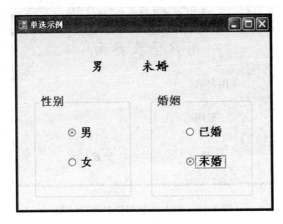

图 8-15　单选示例运行效果图

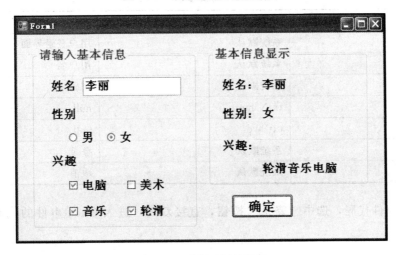

图 8-16　示例运行效果图

8.5　用户登录判断

8.5.1　任务解析

【任务 T08_5】　用户登录判断要求：在任务 T08_1 用户登录 Windows 应用程序的基础上，完善登录功能。单击"登录"按钮，判断是否登录成功。登录成功，提示欢迎；密码错误，将提示是否重试。单击"取消"按钮，关闭应用程序。

任务关键点分析：消息框的使用。

界面设计如图 8-17 所示。

程序解析：

（1）新建一个名为 T08_5 的 Windows 应用程序项目，向窗体添加三个 Label 控件、两个 Textbox 控件和两个 Button 控件，控件布局如图 8-17 所示。

（2）修改各控件的主要属性，设置可参照表 8-12 的内容。

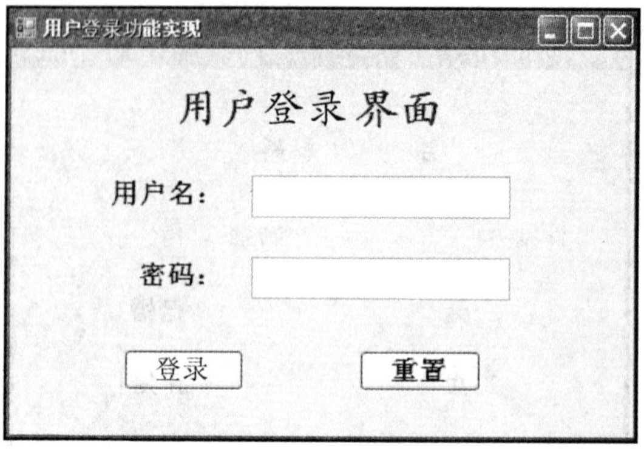

图 8-17　用户登录判断界面设计图

表 8-12　需要修改的属性值

控　件	Name	Text
label1	系统默认	用户登录界面
label2	系统默认	用户名
label3	系统默认	密码
textBox1	txtName	null
textBox2	txtPwd	null
button1	系统默认	登录
button2	系统默认	取消

（3）编写事件代码，选中"登录"按钮，直接双击，进入 Click 事件的代码框架，添加以下代码：

```csharp
private void button1_Click (object sender, EventArgs e)
{
    DialogResult res;
    if (txtName. Text == "Jack" && txtPwd. Text == "12345")
        MessageBox. Show (txtName. Text + "欢迎登录!", "登录成功");
    else
    {
        res = MessageBox. Show ("密码错误，重新输入吗?","登录失败",
            MessageBoxButtons. RetryCancel, MessageBoxIcon. Question);
        if (res == DialogResult. Retry)
        {
            txtPwd. Text = "";
            txtPwd. Focus ();
        }
        else
            Application. Exit ();
```

```
    }
}
```

以上代码的功能是，当在 txtName（"用户名"文本框）中输入 Jack 并在 txtName（"密码"文本框）中输入 "12345" 之后，单击"登录"按钮，系统将弹出消息对话框以显示输入正确；否则，对话框显示密码错误的提示信息（假设用户名是正确的），并清除 txtPwd 文本框的输入信息，并将光标定位在 txtPwd 上。

（4）双击"取消"按钮，为其添加单击事件处理程序，代码如下：

```
private void button2_Click (object sender, EventArgs e)
{
    Application.Exit();
}
```

以上代码功能是退出应用程序。

（5）双击窗体标题栏，进入 Load 加载事件的代码框架，添加以下代码，设置密码文本框允许输入的长度及显示的字符：

```
private void Form1_Load (object sender, EventArgs e)
{
    txtPwd.MaxLength = 6;
    txtPwd.PasswordChar = '*';
}
```

（6）编译并运行程序，输入用户名和密码，单击"登录"按钮后的运行效果如图 8-18 和图 8-19 所示。

图 8-18　用户登录成功运行效果图

图 8-19　用户登录失败运行效果图

任务总结：在本任务中，利用消息框进一步完善了"用户登录"实例，下面将对消息框进行详细介绍。

8.5.2 消息框

图 8-20 单按钮消息框

消息框（MessageBox）是常用的一种人机交互对话框，使用消息框作为人机交互对话框的情况一般有两种：第一种是仅用来给用户显示信息，这种情况下的消息框一般只具有一个按钮，如图 8-20 所示，该消息框只有一个"确定"按钮，用户得到该消息后单击"确定"按钮，即可关闭消息框。

第二种情况是用来询问用户，也是用得最多的一种情况，消息框一般有"是"、"否"、"确定"、"取消"等多个按钮，系统根据用户的选择采取不同的处理方式，如图 8-21 所示。

图 8-21 多按钮消息框

消息框的作用是输出信息和询问用户，在 Visual C♯ 中，可以使用 MessageBox 来创建消息框。其语法格式为：

```
MessageBox.Show(text[,caption][,buttons][,icon][,defaultbutton])
```

（1）Show() 为 MessageBox 的方法，其作用是在屏幕上显示消息框。

（2）text 字符串表示消息框输出的信息。如："是否查看下一个？"。

（3）caption 字符串为可选参数，表示消息框的标题，如："询问"。若省略该参数，则表示消息框的标题为空。

（4）buttons 为可选参数，表示在消息框上显示的按钮类型，使用符号常量来表示。用于设置 buttons 各符号常量及含义如表 8-13 所示。

表 8-13 buttons 参数可选值

符号常量	含 义
AbortRetryIgnore	显示"终止"、"重试"和"忽略"按钮
Ok	只显示"确定"按钮
OkCancel	显示"确定"、"取消"按钮
RetryCancel	显示"重试"、"取消"按钮
YesNo	显示"是"、"否"按钮
YesNoCancel	显示"是"、"否"和"取消"按钮

（5）icon 为可选参数，表示消息框上面显示的图标，如信息图标、错误图标、警告图标等。用于设置 icon 各符号常量及图标如表 8-14 所示。

表 8-14　icon 参数可选值

符号常量	图　　标
Asterisk	🛈
Error	✖
Exclamation	⚠
Hand	✖
Information	🛈
None	无（默认情况）
Question	❓
Stop	✖
Warning	⚠

（6）defaultbutton 为可选参数，表示消息框上的按钮哪个为默认的，有 Button1、Button2 和 Button3 三个值。用于设置 defaultbutton 各符号常量及含义如表 8-15 所示。

表 8-15　defaultbutton 参数可选值

符号常量	含　　义
Button1	第一个按钮为默认按钮
Button2	第二个按钮为默认按钮
Button3	第三个按钮为默认按钮

单击消息框上的按钮后，MessageBox 会返回相应的值，所以 MessageBox 可以通过返回值来判断单击了哪个按钮，常用于选择结构中。对应情况如表 8-16 所示。

表 8-16　MessageBox 的返回值

符号常量	含　　义	符号常量	含　　义
Ok	选择"确定"按钮	Ignore	选择"忽略"按钮
Cancel	选择"取消"按钮	Yes	选择"是"按钮
Abort	选择"终止"按钮	No	选择"否"按钮
Retry	选择"重试"按钮	None	null

练一练：

（1）分析如下代码，并给出运行结果：

```
MessageBox.Show("是否查看下一个?", "询问", MessageBoxButtons.YesNoCancel,
MessageBoxIcon.Question, MessageBoxDefaultButton.Button2);
```

（2）设计 Windows 应用程序，编写一个有"是"和"否"两个按钮的询问天气情况的消息框，当选择"是"或者"否"时，返回不同的消息框，程序运行效果如图 8-22 所示。

图 8-22　消息框示例运行效果图

8.6　查询诗人对应代表作

8.6.1　任务解析

【**任务 T08_6**】　查询诗人对应代表作，任务要求：用户从组合框中选择诗人，同时在文本框中显示选中的诗人，单击"代表作"按钮后在列表框中显示该诗人的代表作。

任务关键点分析：列表框控件、组合框控件。

界面设计如图 8-23 所示。

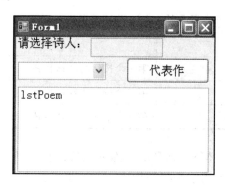

图 8-23　查询诗人对应代表作界面设计图

程序解析：

（1）新建一个名为 T08_6 的 Windows 应用程序项目。向窗体添加一个控件 Lable、两个 TextBox 控件、一个 ListBox 控件，一个 ComboBox 控件和一个 Button 控件，控件布局如图 8-23所示。

（2）修改各控件的主要属性，设置可参照表 8-17 的内容。

表 8-17　需要修改的属性值

控　件	属　性	设置结果
textBox1	Name	txtPoet
	ReadOnly	True
label1	Text	请选择诗人：

续表

控　件	属　性	设置结果
comboBox1	Name	cmbPoet
	Items	添加李白、杜甫、白居易、李商隐
listBox1	Name	lstPoem
button1	Name	btnPoem
	Text	代表作

（3）编写事件代码，用户在组合框中选择不同的诗人列表项时，应该将诗人显示在文本框中，双击 cmbPoet 组合框，进入 SelectedIndexChanged 事件的代码框架，添加以下代码：

```
private void cmbPoet _SelectedIndexChanged (object sender, EventArgs e)
{
    txtPoet.Text = cmbPoet.SelectedItem.ToString();
}
```

（4）双击"代表作"按钮，为其添加单击事件处理程序，代码如下：

```
private void btnPoem_Click (object sender, EventArgs e)
{
    lstPoem.Items.Clear();
    switch (cmbPoet.SelectedIndex)
    {
        case 0:
            lstPoem.Items.Add ("望庐山瀑布");
            lstPoem.Items.Add ("早发白帝城 ");
            lstPoem.Items.Add ("赠汪伦");
            lstPoem.Items.Add ("送孟浩然之广陵");
            lstPoem.Items.Add ("夜宿山寺");
            lstPoem.Items.Add ("蜀道难");
            break;
        case 1:
            lstPoem.Items.Add ("三吏");
            lstPoem.Items.Add ("三别");
            lstPoem.Items.Add ("茅屋为秋风所破歌");
            lstPoem.Items.Add ("江南逢李龟年");
            lstPoem.Items.Add ("春夜喜雨");
            lstPoem.Items.Add ("兵车行");
            break;
```

```
case 2:
    lstPoem.Items.Add ("长恨歌");
    lstPoem.Items.Add ("卖炭翁");
    lstPoem.Items.Add ("赋得古原草送别");
    lstPoem.Items.Add ("忆江南");
    lstPoem.Items.Add ("暮江吟");
    break;
case 3:
    lstPoem.Items.Add ("锦瑟");
    lstPoem.Items.Add ("夜雨寄北");
    lstPoem.Items.Add ("花下醉");
    lstPoem.Items.Add ("夕阳楼");
    lstPoem.Items.Add ("瑶池");
    lstPoem.Items.Add ("流莺");
    break;
    }
}
```

以上代码的功能是，单击"代表作"按钮时，在列表框中显示对应诗人的代表作。

（5）编译并运行程序，若选择组合框中的"杜甫"，运行效果如图 8-24 所示。

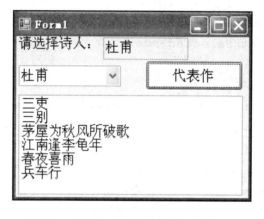

图 8-24　查询诗人对应代表作运行效果图

任务总结：在本任务中，利用列表框控件、组合框控件实现了"查询诗人对应代表作"实例，下面将分别对这些控件进行详细介绍。

8.6.2　列表框控件和组合框控件

如果需要向用户提供包含一些选项和信息的列表，由用户从中进行选择，可以使用列表框（ListBox）控件和组合框（ComboBox）控件，两者在使用中是有区别的。

（1）列表框。任何时候都能看到多个选项。

（2）组合框。平时只能看到一个选项，单击组合框右端的下拉箭头　可以打开多个选项的列表。

列表框控件通过显示多个选项，供用户选择其中一项，达到与用户对话的目的。如果选项较多，超出控件显示范围，则会自动加上垂直滚动条。

ListBox 和 ComboBox 控件常用的属性、方法和事件如表 8-18 所示。

表 8-18　ListBox 和 ComboBox 控件的常用属性、方法和事件

属性、方法或事件	说　明
Items 属性	表示列表框的列表项的集合
SelectedIndex 属性	返回选中的列表项的索引号
SelectedItem 属性	返回选中的列表项的文本内容
Count 属性	返回列表框中列表项的个数
Sorted 属性	控制列表项是否按字母实现排序。默认为 False，按列表项的添加顺序排序；若为 True，则按字母顺序排序
Add() 方法	把一个项目加入到列表框中
Insert() 方法	把一个项目加入到列表框中的指定索引处
Clear() 方法	移除列表框中所有的列表项
Remove() 方法	移除列表框中指定内容的列表项
SelectedIndexChanged 事件	当选择的列表项发生改变时（即索引号发生改变）触发该事件

组合框（ComboBox）控件是综合了文本框和列表框特征的一种控件。它兼有文本框和列表框的功能，可以像文本框一样，用输入的方式选择项目，但输入的内容不能自动添加到列表中；也可以在单击　后，选择所需的项目。若选中了某列表项，则该项的内容会自动显示在文本框中。组合框比列表框占用的屏幕空间要小，如图 8-25 所示。列表框的属性基本上都可用于组合框。

图 8-25　组合框控件

值得注意的是，ComboBox 控件提供了一个名为"DropDownStyle"的属性，指定组合框的外观和功能，它有"Simple"、"DropDown"和"DropDownList"三个属性值，默认值为"DropDown"。若要使得组合框不能用输入的方式选择项目（即组合框中的文本内容不可编辑），则应当将"DropDownStyle"属性设为"DropDownList"。

练一练：

设计 Windows 应用程序，功能要求如下。

（1）在 Form 的 Load 事件中，为组合框添加一些手机品牌。依据选择的手机品牌，在列表框中显示该品牌的相关手机型号。

（2）"添加"按钮，将文本框中输入的手机型号添加到列表框最后。

（3）"删除"按钮，将列表框中选定的项目删除。

（4）"清除"按钮，清除列表框中所有列表项。

运行界面如图 8-26 所示。

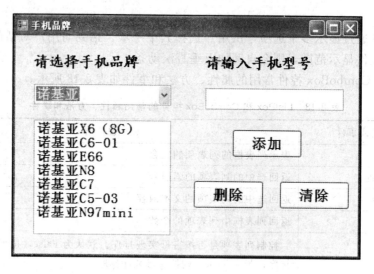

图 8-26　应用示例运行效果图

8.7　世界著名 IT 企业汇总

8.7.1　任务解析

【**任务** T08_7】　世界著名 IT 企业汇总要求：设计 Windows 应用程序，编写一个汇总世界著名 IT 企业视图和一个汇总说明视图。要求：添加子节点，不允许添加空项和重复项，删除子节点时，系统应有确认操作。

任务关键点分析：TabControl 控件、树视图控件、图片框控件。

界面设计如图 8-27 和图 8-28 所示。

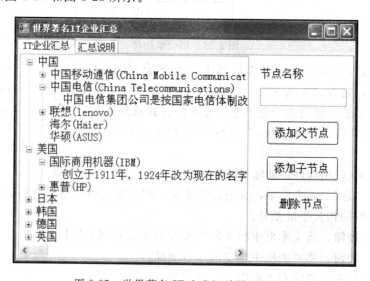

图 8-27　世界著名 IT 企业汇总界面设计图

图 8-28　世界著名 IT 企业汇总界面设计图

程序解析：

（1）新建一个名为 T08_7 的 Windows 应用程序项目，将 Form1 窗体的标题改为"世界著名 IT 企业汇总"。向窗体添加一个 TabControl 控件，在 TabControl 控件中添加两个选择卡（IT 企业汇总、汇总说明）。在"IT 企业汇总"选择卡页面中添加一个 TreeView 控件、一个 Lable 控件、一个 TextBox 控件和三个 Button 控件。在"汇总说明"选择卡页面中添加一个 Lable 控件、一个 TextBox 控件和一个 PictureBox 控件，窗体布局如图 8-27 和图 8-28所示。

（2）修改各控件的主要属性，设置可参照表 8-19 的内容。

表 8-19　需要修改的属性值

控　件	属　性	设置结果
tabControl1	Name	系统默认
	Dock	Fill
	TabPages	IT 企业汇总、汇总说明
treeView1	Name	系统默认
	Nodes	如图 8-27
lable1	Name	系统默认
	Text	节点名称
textBox1	Name	系统默认
	Text	Null
button1	Name	btnAddRoot
	Text	添加父节点
button2	Name	btnAddChild
	Text	添加子节点

控 件	属 性	设置结果
button3	Name	btnDelete
	Text	删除节点
lable2	Name	系统默认
	Text	世界著名 IT 企业汇总
textBox2	Name	系统默认
	Text	企业汇总说明的内容
pictureBox1	Name	系统默认
	Image	企业汇总说明的图片

（3）选择"IT 企业汇总"选项卡，首先实现在树视图中添加父节点功能。编写事件代码，选中"添加父节点"按钮，直接双击，进入 Click 事件的代码框架，添加以下代码：

```
private void btnAddRoot_Click (object sender, EventArgs e)
{
    if (textBox1. Text == "")
     {
        MessageBox. Show ("请输入节点名称");
    }
    else
     {
        treeView1. Nodes. Add (textBox1. Text);
        textBox1. Text = "";
    }
}
```

以上代码功能是，在节点名称对应的文本框中输入要添加的父节点，单击"添加父节点"按钮，在树视图中添加该父节点。

（4）为了避免添加子节点重复项，创建 Exist() 方法判断是否有重复节点，代码如下：

```
private bool Exist(TreeNode node)
{
    bool Exist = False;
    foreach (TreeNode n in treeView1. SelectedNode. Nodes)
    {
        if (n. Text == node. Text)
        {
            Exist = True;
            break;
```

```
        }
    }
    return Exist;
}
```

（5）双击"添加子节点"按钮，为其添加单击事件处理程序，代码如下：

```
private void btnAddChild_Click (object sender, EventArgs e)
{
    if (textBox1. Text == "" || treeView1. SelectedNode == null)
    {
        return;
    }
    else
    {
        TreeNode tn = new TreeNode (textBox1. Text);
        if (Exist (tn) == False)
        {
            treeView1. SelectedNode. Nodes. Add (tn);
            textBox1. Text = "";
        }
    }
}
```

以上代码功能是，在节点名称对应的文本框中输入要添加的子节点，在树视图中选择需要添加子节点的节点，单击"添加子节点"按钮，即在树视图中添加该子节点。

（6）双击"删除节点"按钮，为其添加单击事件处理程序，代码如下：

```
private void btnDelete_Click (object sender, EventArgs e)
{
    if (treeView1. SelectedNode == null)
    {
        return;
    }
    else
    {
        DialogResult res = MessageBox. Show ("您确定删除节点" +
            treeView1. SelectedNode. Text + "吗?","确认", MessageBoxButtons. YesNo,
                MessageBoxIcon. Question);
        if (res == DialogResult. Yes)
        {
            treeView1. SelectedNode. Remove ();
```

```
        }
    }
}
```

以上代码功能是，在树视图中选择需要删除的节点，单击"删除节点"按钮，执行删除操作。

（7）编译并运行程序，在"IT 企业汇总"选择卡页面对著名 IT 企业执行添加父节点、添加子节点和删除节点操作；在"汇总说明"选择卡页面中通过文本框的滚动条浏览著名 IT 企业汇总意图说明，运行效果如图 8-29 和图 8-30 所示。

图 8-29　添加节点运行效果图

图 8-30　删除节点运行效果图

任务总结：在本任务中，利用 TabControl 控件、树视图控件和图片框控件实现了"世界著名 IT 企业汇总"实例，下面将分别对这些控件进行详细介绍。

8.7.2　TabControl 控件

当需要在一个窗体内放置几组相对独立而数量又较多的控件时，可以使用 TabControl 控件，该控件有若干个选项卡，每个选项卡关联着一个页面，如图 8-31 所示的 Windows 操作系统的网络连接属性对话框，就是采用了这种设计方式，可以看出它共有"常规"、"验证"

和"高级"三个选项卡，关联着三个不同的页面。

图 8-31　带选项卡的窗口

TabControl 控件常用的属性如表 8-20 所示。

表 8-20　TabControl 控件的常用属性

属　　性	说　　明
TabPages	表示标签页面
ImageList	表示 TabControl 控件对象使用的图标
MultiLine	是否可以显示一行以上的选项卡

TabPages 属性是 TabControl 控件最重要的属性，使用该属性可以设定该控件包含的页面。设定页面的方法是：在窗体上添加一个 TabControl 控件，然后找到 TabControl 控件的 `TabPages` (Collection) ...属性，再单击右边的...按钮，将弹出如图 8-32 所示的"Tab-Page 集合编辑器"窗口。

图 8-32　"TabPage 集合编辑器"窗口

然后可以根据需要 TabPage 的数量单击"添加"（或"移除"）按钮来添加（或移除）TabPage。并且可以在该窗口右边的 TabPage 属性对话框中设置 TabPage 的属性，其中的 Text 属性决定了选项卡中显示的文本内容。

8.7.3 树视图控件

树视图（TreeView）控件以树的方式显示集合内容，如图 8-33 所示的 Windows 资源管理器的左边视图就是一个树视图。

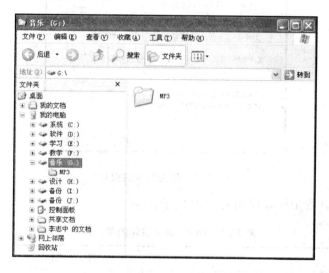

图 8-33   Windows 资源管理器

TreeView 控件的每个数据项都与一个树节点（TreeNode）对象相关联。树节点可以包括其他的节点，这些节点称为子节点，这样就可以在 TreeView 控件中体现对象之间的层次关系。TreeView 控件常用的属性、方法和事件如表 8-21 所示。

表 8-21   TreeView 控件的常用属性、方法和事件

属性、方法或事件	说　　明
Nodes 属性	是一个集合属性，包含 TreeView 控件中的顶级节点和所有子节点集
ImageList 属性	设置从中获取图像的 ImageList 控件
Scrollable 属性	指示当 TreeView 控件包含多个节点，无法在其可见区域内显示所有节点时，TreeView 控件是否显示滚动条，它有 True 和 False 两个值，其默认值为 True
ShowPlusMinus 属性	指示是否在父节点旁边显示"＋/－"按钮。它有 True 和 False 两个值，其默认值为 True
SelectedNode 属性	获取或设置 TreeView 控件所有节点中被选中的节点

属性、方法或事件	说　　明
treeView. Nodes. Add（n）方法	添加根节点 n
treeView. Nodes［0］. Nodes. Add（n）方法	为第一个节点添加子节点 n
treeView. SelectedNode. Nodes. Add（n）方法	为所选项添加子节点 n
treeView. Nodes. Remove（treeView. SelectedNode）方法	删除选中的节点
treeView. Nodes. Clear()方法	清除所有节点
AfterCollapse 事件	折叠节点后发生的事件
AfterExpand 事件	展开节点后发生的事件

其中，Nodes 属性是 TreeView 控件的比较复杂的属性，用于设计 TreeView 控件的节点。设计 TreeView 控件节点的方法为：找到并单击 <u>Nodes</u> **(Collection)** <u>…</u>右边的<u>…</u>按钮，将弹出如图 8-34 所示的"TreeNode 编辑器"窗口。

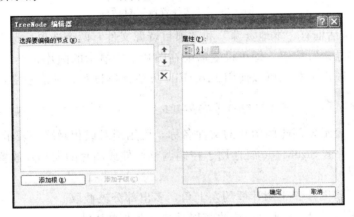

图 8-34　"TreeNode 编辑器"窗口

然后单击"添加根"按钮可以为 TreeView 控件添加根节点，添加根节点后，"添加子级"按钮变为可用，单击它可以为根节点添加节点。如图 8-35 所示。

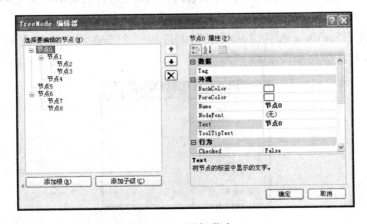

图 8-35　添加节点

201

8.7.4 图片框控件

图片框（PictureBox）控件主要用来显示图形或图片，包括位图（bmp）、图标（ico）、Gif 等格式的图形文件。

PictureBox 控件的 Image 属性用于设置显示在图片框中的图片，选中 Image 属性后，可以单击右边的□按钮，通过弹出的"选择资源"对话框进行设置，如图 8-36 所示。

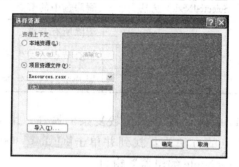

图 8-36　"选择资源"对话框

"选择资源"对话框有"本地资源"和"项目资源文件"两个选项，选中相应的选项和需要的图片后单击"导入"按钮，即可设置需要在图片框中显示的图片。

当然，图片框图像加载也可以使用 FromFile 方法代码设置，其语法格式为：

```
PictureBox1.Image = System.Drawing.Bitmap.FromFile(string filename);
```

其中 filename 表示要创建的图片的文件名称，可用绝对或相对路径表示。

PictureBox 控件的 SizeMode 属性用于控制调整控件或图片的大小及放置位置，主要参数如下。

（1）Normal：将图片置于图片框的左上角，多出部分被截取。

（2）StretchImage：图像被拉伸或收缩以适应图片框的大小。

（3）AutoSize：调整图片框的大小，使其等于图片的原始尺寸。

（4）CenterImage：将图片居中显示，多出部分被截取。

（5）Zoom：控件中的图片按照比例拉伸或收缩，以适合控件的大小，占满控件的长度或高度。

练一练：

（1）练习使用 TreeView 控件（从树视图中选择一个节点，将该节点的文本信息显示在一个文本框中），程序界面如图 8-37 所示。

图 8-37　树视图示例运行效果图

（2）利用 PictureBox 控件设计一个图片查看器，观看图片及图片放大、缩小的效果，程序界面如图 8-38 所示。

图 8-38　图片框示例运行效果图

8.8　字体外观设置

8.8.1　任务解析

【任务 T08_8】　字体外观设置要求：设计一个 Windows 应用程序，在窗体上建立下拉式菜单和工具栏，实现通过菜单或工具栏来设置标签的字体和字形类型功能，并在状态栏显示当前时间。

任务关键点分析：下拉菜单控件、工具栏控件、状态栏控件和计时器控件。

字体外观设置界面设计如图 8-39。

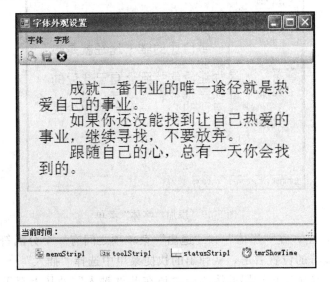

图 8-39　字体外观设置界面设计图

程序解析：

（1）新建一个名为 T08_8 的 Windows 应用程序项目，将 Form1 窗体的标题改为"字体外观设置"。向窗体添加一个 MenuStrip 控件、一个 ToolStrip 控件、一个 StatusStrip 控件和一个 Timer 控件。在 MenuStrip 控件中添加一个 GroupBox 控件和一个 Lable 控件，窗体布局如图 8-39 所示。

（2）修改各控件的主要属性，设置可参照表 8-22 的内容。

表 8-22   需要修改的属性值

控 件	属 性	设置结果
menuStrip1	Name	系统默认
toolStrip1	Name	系统默认
statusStrip1	Name	系统默认
timer1	Name	tmrShowTime
	Interval	1000
groupBox1	Name	系统默认
	Text	改变字体和字形
lable1	Name	lblShow
	Text	如图 8-39 所示
	AutoSize	False

（3）在菜单设计器的"请在此处键入"处从上至下依次输入"字体"、"隶书"、"楷体"、"黑体"、"退出"菜单项，如图 8-40 所示。

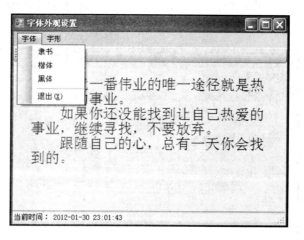

图 8-40   添加"字体"菜单

从图 8-40 可以看出，在"黑体"和"退出"菜单项之间有一个分隔符，分隔符的插入方法是：在要插入分隔符的位置右击，从弹出的快捷菜单中选择"插入"→"Separator"命令。

重复以上步骤，在菜单设计器的第二列"请在此处键入"处从上至下依次输入"字形"、"加粗"、"斜体"、"下画线"菜单项。

MenuStrip 控件的属性设置如表 8-23 所示。

表 8-23　MenuStrip 控件的属性设置

控　件	Name	Text
ToolStripMenuItem1	字体 ToolStripMenuItem	字体
ToolStripMenuItem2	隶书 ToolStripMenuItem	隶书
ToolStripMenuItem3	楷体 ToolStripMenuItem	楷体
ToolStripMenuItem4	黑体 ToolStripMenuItem	黑体
ToolStripMenuItem5	退出 ToolStripMenuItem	退出
ToolStripMenuItem6	字形 ToolStripMenuItem	字形
ToolStripMenuItem7	加粗 ToolStripMenuItem	加粗
ToolStripMenuItem8	斜体 ToolStripMenuItem	斜体
ToolStripMenuItem9	下画线 ToolStripMenuItem	下画线

（4）选中 ToolStrip 工具栏控件，直接单击设计界面中的下拉按钮添加三个 toolStripButton 子项，再通过各子项的 Image 属性进行工具图标设置，如图 8-41 所示。

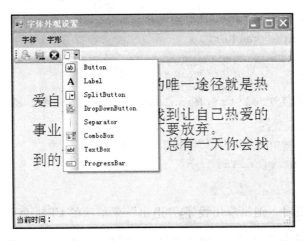

图 8-41　设计 ToolStrip 子项

（5）选中 StatusStrip 状态栏控件，直接单击设计界面中的下拉按钮添加两个 toolStrip StatusLabel 子项，再通过各子项的 Image 属性进行工具图标设置，如图 8-42 所示。

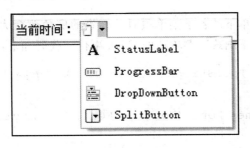

图 8-42　设计 StatusStrip 子项

StatusStrip 控件的属性设置如表 8-24 所示。

表 8-24　StatusStrip 控件的属性设置

控　件	Name	Text
toolStripStatusLabel1	系统默认	当前时间：
toolStripStatusLabel2	时间 toolStripStatus	Null

（6）单击"字体"菜单下的各子菜单项时，标签上显示的文本信息即改变为相应的字体，为此需要编写"隶书"、"楷体"和"黑体"菜单项的 Click 事件，代码如下：

```
private void 隶书 ToolStripMenuItem_Click (object sender, EventArgs e)
{
    Font liSu = new Font ("隶书", 20);
    lblShow. Font = liSu;
}


private void 楷体 ToolStripMenuItem_Click (object sender, EventArgs e)
{
    Font kaiTi = new Font ("楷体_GB2312", 20);
    lblShow. Font = kaiTi;
}

private void 黑体 ToolStripMenuItem_Click (object sender, EventArgs e)
{
    Font heiTi = new Font ("黑体", 20);
    lblShow. Font = heiTi;
}
```

单击"退出"按钮时，退出应用程序，"退出"菜单项的 Click 事件代码如下：

```
private void 退出 ToolStripMenuItem_Click (object sender, EventArgs e)
{
    Application. Exit ();
}
```

（7）单击"字形"菜单下的各子菜单项时，标签的底色改变为相应的颜色，为此需要编写"加粗"、"斜体"和"下画线"菜单项的 Click 事件，代码如下：

```
private void 加粗 ToolStripMenuItem_Click (object sender, EventArgs e)
{
    Font jiaCu = new Font (lblShow. Font, FontStyle. Bold);
    lblShow. Font = jiaCu;
}
```

```
private void 斜体ToolStripMenuItem_Click (object sender, EventArgs e)
{
    Font xieTi = new Font (lblShow.Font, FontStyle.Italic);
    lblShow.Font = xieTi;
}

private void 下画线ToolStripMenuItem_Click (object sender, EventArgs e)
{
    Font xiahuaXian = new Font (lblShow.Font, FontStyle.Underline);
    lblShow.Font = xiahuaXian;
}
```

（8）为了方便用户操作，单击工具栏的对应图标时，标签上显示的文本信息也可改变为相应的字体，需要编写工具栏控件的三个 toolStripButton 子项的 Click 事件，并与对应的子菜单命令代码相同。

（9）为了在状态栏中同步显示当前时间，首先在窗体的 Load 加载事件中添加代码如下：

```
private void Form1_Load (object sender, EventArgs e)
{
    tmrShowTime.Enabled = True;
}
```

然后双击 tmrShowTime 计时器控件，为其添加 Tick 事件处理程序，代码如下：

```
private void tmrShowTime_Tick (object sender, EventArgs e)
{
    时间toolStripStatus.Text = System.DateTime.Now.ToString();
}
```

（10）编译并运行程序，选择"字体"或"字形"菜单命令或者单击工具栏的对应图标，标签上显示的文本信息即改变为相应的字体，同时状态栏上实时显示当前日期和时间，运行效果如图 8-43 所示。

任务总结：在本任务中，利用下拉菜单控件、工具栏控件、状态栏控件和计时器控件实现了"字体外观设置"实例，下面将分别对这些控件进行详细介绍。

8.8.2　下拉式菜单控件

下拉式菜单（MenuStrip）控件是程序菜单的常用控件。通常用来显示程序的各项功能，以方便用户选择执行。通过菜单，用户可以快速地进入需要的界面，因此，在开发 Windows 应用程序时，菜单仍然是组织大量选项最常用的方法。

下拉式菜单是一种典型的窗口式菜单，一般通过单击菜单栏的菜单标题的方式打开，如

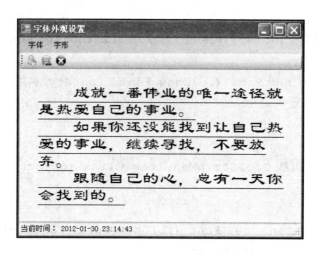

图 8-43　字体外观设置运行效果图

"我的电脑"窗口上方的"文件"、"编辑"和"查看"等菜单就是下拉式菜单。

在下拉式菜单中，一般有一个主菜单（即菜单栏），位于窗口标题栏的下方，可以包括一个或多个选择项，称为菜单标题或主菜单项。当单击一个菜单标题时，一个包含多个菜单项的列表（即菜单）被打开，这些菜单项称为菜单命令或子菜单项。根据功能的不同，可以使用分隔线将这些子菜单项分开。一个菜单具有若干个菜单项（ToolStripMenuItem，即菜单命令），菜单项是菜单通向各功能子系统的入口。

MenuStrip 控件的菜单项常用的属性和事件如表 8-25 所示。

表 8-25　ToolStripMenuItem 菜单项的常用属性和事件

属性或事件	说　　明
Name 属性	MenuStrip 的 Name 属性表示菜单的名称 ToolStripMenuItem 的 Name 属性用于设置菜单项的名称
Text 属性	设置菜单项的文本内容
Enabled 属性	设置菜单项是否可用。有 True 和 False 两个值，True 表示可用；False 表示不可用，此时该菜单项变成灰色
Visible 属性	设置菜单项是否可见
ShortCutKeys 属性	设置激活菜单项的快捷键。不需使用鼠标单击菜单项而直接使用键盘就可以实现菜单项中的命令
ShowShortcutKeys 属性	设置是否显示菜单项的快捷键。若为 True，菜单项的快捷键可见；设为 False，则不可见
Checked 属性	设置或返回菜单项是否被选中。有 True 和 False 两个值，默认为 False，表示未被选中；True 表示被选中，此时菜单项左边有一个　符号
Click 事件	当用户单击菜单项时触发该事件

设置菜单的 Name 属性时，首先应当区分 MenuStrip 和 ToolStripMenuItem。MenuStrip 是菜单，而 ToolStripMenuItem 是指菜单中的菜单项。MenuStrip 的 Name 属性表示菜单的

名称，默认的菜单名称如"MenuStrip1"、"MenuStrip2"、"MenuStrip3"等，一般应将其修改成前缀为"mnus"的名称，如："mnusMain"等。

ToolStripMenuItem 的 Name 属性用于设置菜单项的名称，其默认名称为菜单项的文本内容加上"ToolStripMenuItem"，如果某菜单项的文本内容为"字体"，则其默认的 Name 属性值为"字体 ToolStripMenuItem"。

一般来说，在应用程序需要使用菜单的情况下，其菜单项的数量不会很少，所以不要使用其默认的名称，一定要修改菜单项的 Name 属性，如"tsmiSave"等。

编辑各菜单项内容时，当使用 Text 属性为菜单项指定标题时，可以用符号"&"指定该菜单项的组合键，让其后的字母带下画线显示。例如编辑菜单项"文件（&F）"，则会显示为"文件（F）"，意思是可以直接按 Alt＋F 组合键实现与单击该菜单相同的功能。

8.8.3　工具栏控件

工具栏（ToolStrip）控件用来设计一个 Windows 标准的工具栏，它的功能非常强大，可以将一些常用的控件单元作为工具栏的子项放在其中，通过各个子项与应用程序发生联系。常用的子项有：Button、Label、SplitButton、DropDownButon、Separator、ComboBox、TextBox 和 ProgressBar 等，可以显示文字、图片或文字加图片。

ToolStrip 控件常用的属性和事件如表 8-26 所示。

表 8-26　ToolStrip 控件的常用属性和事件

属性或事件	说　　明
Name 属性	表示工具栏的名称
Items 属性	设置 ToolStrip 上显示的项的集合
Dock 属性	获取或设置 ToolStrip 停靠父容器的位置
ShowItemToolTip 属性	设置是否显示工具栏上某项的工具提示
ItemClicked 事件	用户单击工具栏按钮时触发该事件

ToolStrip 控件可以拥有很多的不同类型的子项，而 ToolStripButton 是其中最常用的一种，下面就以 ToolStripButton 为例，ToolStrip 控件的子项 ToolStripButton 常用的属性如表 8-27 所示。

表 8-27　ToolStripMenuItem 子项的常用属性

属　　性	说　　明
Name	设置工具栏中的按钮的名称
Text	显示在工具按钮上的文本内容
BackgroundImage	设置子项背景图片，以增强子项的显示效果
Image	设置按钮上的图片
ToolTipText	设置显示在子项上的提示文本内容
DisplayStyle	获取或设置工具按钮是否显示文本和图像

8.8.4 状态栏控件

状态栏（StatusStrip）控件用于创建 Windows 标准的状态栏，通常放在窗体的底部，显示一些基本信息。在状态栏控件中可以包含标签、下拉按钮等，通常和工具条、菜单栏等配合使用。

跟工具栏类似，状态栏控件用来设计一个 Windows 状态栏，同样也可以将一些常用的控件单元作为子项放在工具栏中，通过各个子项与应用程序发生联系。状态栏常用的子项有：StatusLabel、SplitButton、DropDownButon 和 ProgressBar 等。

添加状态栏子项的方法及状态栏常用的属性和事件与工具栏类似，这里就不再赘述。

8.8.5 计时器控件

计时器（Timer）控件，也称为定时器控件，该控件的主要作用是按一定的时间间隔周期性地触发一个名为 Tick 的事件，因此在该事件的代码中可以放置一些需要每隔一段时间重复执行的程序段。在程序运行时，Timer 控件是不可见的。

Timer 控件常用的属性、方法和事件如表 8-28 所示。

表 8-28　Timer 控件的常用属性、方法和事件

属性、方法或事件	说　明
Enabled 属性	设置 Timer 控件是否工作。有 True 和 False 两个值，True 为工作状态；False 为暂停状态，默认值为 False
Interval 属性	设置 Timer 控件两次 Tick 事件发生的时间间隔，以毫秒为单位
Start()方法	启动 Timer 控件
Stop()方法	停止 Timer 控件
Tick 事件	每隔 Interval 时间后将触发一次该事件

Interval 属性是 Timer 控件的一个非常重要的属性，表示两个计时器事件（即 Tick 事件）之间的事件间隔。其值是一个介于 0～64767 之间的整数，以毫秒为单位，所以最大的时间间隔约为 1.5 分钟，设置时可以使用属性窗口，也可以使用代码，使用代码设置的示例如下。

（1）如果需要屏蔽计时器，则将 Timer 控件的 Interval 属性设为 0（或者将计时器的 Enabled 属性设置为 False），代码如下：

```
timer1.Interval = 0;
```

（2）如果需要每隔 0.5 秒触发一个计时器事件，应将 Timer 控件的 Interval 属性设为 500，代码如下：

```
timer1.Interval = 500;
```

本章小结

本章在 Visual Studio 2008 提供的可视化界面和丰富的窗口布局编程环境下，介绍了基于

Windows 的应用程序的基本概念，详细描述了一些常用的 Windows 窗体控件及其基本属性和事件。并通过 Form 类学习了各控件的使用方法和相关特性，可以利用这些控件创建多彩的应用程序。

上机练习 8

1. 上机执行本章 T08_1～ T08_8 等任务，并分析其结果。

2. 编写 Windows 应用程序，程序功能：实现某航空公司如下规定。

（1）在旅游的旺季 7～9 月份，如果订票数超过 20 张，票价优惠 15%；20 张以下，优惠 5%。

（2）在旅游的淡季 1～5 月份、10 月份、11 月份，如果订票数超过 20 张，票价优惠 30%，20 张以下，优惠 20%。

（3）其他情况一律优惠 10%。

程序运行效果如图 8-44 所示。在前两个文本框中输入"月份"和"订票数"，当单击"计算优惠率"按钮时在下方显示优惠的比率。

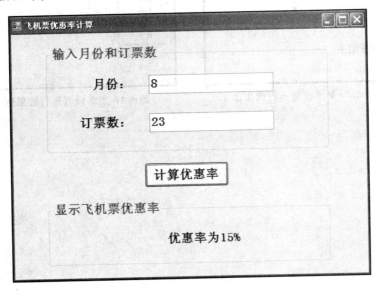

图 8-44　飞机票优惠率计算运行效果图

3. 设计两个 ListBox 控件，左边一个 ListBox 控件中的条目双击即可加入右边控件，右边双击任何一个条目则从中删除。

4. 编写 Windows 应用程序，程序功能：当单击"单列"时，列表框中的文本将单列显示；当单击"多列"时，列表框中的文本将多列显示。在"查找"后的文本框中输入将要找的文本，当单击"精确查找"时，如果列表项中有与输入的字符串精确匹配的项目，则找到并选中该项，如果没有则给出提示信息。单击"删除"按钮将删除选中的选项。在添加文本项中输入一个字符串，然后单击"添加"按钮将把该字符串作为列表项添加到列表框中。单击"清除"按钮将清除列表框中的所有列表项。程序运行效果如图 8-45 所示。

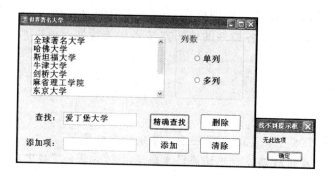

图 8-45　字体外观设置运行效果图

5. 编写 Windows 应用程序，程序功能：设计一个"操作运算"菜单实现两个数的加、减、乘、除运算，菜单包括加法、减法、乘法、分隔条和除法子菜单，菜单和程序设计效果如图 8-46 和图 8-47 所示。

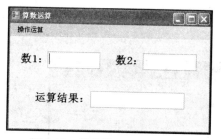

图 8-46　菜单设置运行效果图 1

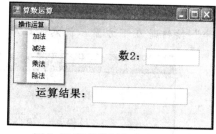

图 8-47 菜单设置运行效果图 2

第9章 使用 GDI＋

本章通过"简单画图板"、"绘制文本"和"图片查看器"等任务，引入 GDI＋技术、Graphics 类、Pen 类、Brush 类和利用 GDI＋技术实现文本及图形图像绘制等知识点，使学生具备利用 GDI＋技术在屏幕上完成定制绘图，能把合适的指令发送到图形设备的驱动程序上，确保在一些具有图形化功能的设备（如显示器、打印机等）上显示正确输出的能力。

本章要点：
➢ 理解 GDI＋的概念，掌握创建 Graphics 对象的两种方法；
➢ 掌握笔、画刷的种类和创建方法；
➢ 掌握各类图形和文本的绘制方法；
➢ 掌握使用 GDI＋呈现图像的方法。

9.1 简单画图板 V1.0

9.1.1 任务解析

【任务 T09_1】 设计完成简单画图板 V1.0，界面设计如图 9-1 所示。具体功能如下。

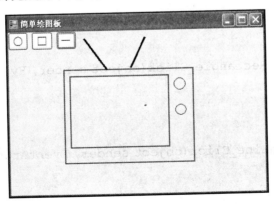

图 9-1 简单绘图板（T09_1）运行效果

（1）单击"○"按钮，应用程序在窗体上绘制椭圆，单击"□"按钮，应用程序在窗体上绘制矩形，单击"—"按钮，应用程序在窗体上绘制直线。

（2）通过 MouseDown 事件确定准备绘图的起点操作，而不是只要移动鼠标就开始绘图，并且以第一次按下鼠标的点，作为一次绘图的起点。

（3）通过 MouseUp 事件完成一次绘图操作，并以 MouseUp 事件中鼠标所处的位置作为本次绘图的终点。

任务关键点分析：如何在窗体中绘制各种图形，本任务中主要涉及椭圆、矩形和直线。

程序解析：

（1）新建一个名为 T09_1 的 Windows 应用程序项目，在 Form1 窗体上添加三个按钮控件，控件布局如图 9-1 所示。

（2）修改各控件的主要属性，设置可参照表 9-1 的内容。

表 9-1　简单绘图板（T09_1）所使用的控件属性及说明

控件名	相关属性设置	作　　用
button1	Name＝"btnEllipse"；Text＝"○"	在窗体上绘制椭圆
button2	Name＝"btnRectangle"；Text＝"□"	在窗体上绘制矩形
button3	Name＝"btnLine"；Text＝"—"	在窗体上绘制直线

（3）引用命名空间。

```
using System. Drawing;
```

（4）为 Form1 类添加三个私有变量。

```
// type 用于存储绘图状态,其中,0:绘制圆形,1:矩形,2:线
int type= 0;
int startX= 0, startY= 0;
```

（5）利用三个按钮的 Click 事件，编写相应的事件过程，切换绘图图形形状。

```
private void btnEllipse_Click(object sender, EventArgs e)
{
    type= 0;
}
private void btnRectangle_Click(object sender, EventArgs e)
{
    type= 1;
}
private void btnLine_Click(object sender, EventArgs e)
{
    type= 2;
}
```

（6）利用鼠标的 MouseDown 事件，编写事件过程记录一次绘图操作的起点。

```
private void Form1_MouseDown(object sender, MouseEventArgs e)
{
    if (e.Button== MouseButtons.Left)
    {
        //记录一次绘图起点
        startX= e.X;
        startY= e.Y;
    }
}
```

（7）利用鼠标的 MouseUp 事件，编写相应的事件过程，调用 Draw()方法完成一次绘图操作。

```
private void Form1_MouseUp(object sender, MouseEventArgs e)
{
    Graphics g= this.CreateGraphics();   //创建绘图对象实例
    Pen pen;                             //定义画笔对象
    int w,h;                             //记录一次绘图起点到终点的位置
    w= e.X-startX;
    h= e.Y-startY;
    //根据 type 的值,绘制不同图形
    switch (type)
    {
        case 0:
            pen= new Pen(Color.Blue, 1);   //实例化一个 1 像素的蓝色画笔对象
            g.DrawEllipse(pen, startX, startY, w, h);      //绘制椭圆
            break;
        case 1:
            pen= new Pen(Color.Red, 2);    //实例化一个 2 像素的红色画笔对象
            g.DrawRectangle(pen, startX, startY, w, h);   //绘制矩形
            break;
        case 2:
            pen= new Pen(Color.Black, 3);  //实例化一个 3 像素的黑色画笔对象
            g.DrawLine(pen, startX, startY, e.X, e.Y);      //绘制直线
            break;
    }
}
```

　　任务总结：在本任务中，利用 GDI+技术完成了基本的绘图操作，程序中使用到了 Graphics 类和 Pen 类等，下面将分别对这些新知识点进行详细介绍。

9.1.2 GDI+概述

GDI（Graphics Device Interface，即图形设备接口）是 Windows API（Application Programming Interface）的一个重要组成部分。而 GDI+（Graphics Device Interface Plus，即增强图形设备接口）则是 GDI 的升级版本，是微软公司在 Windows 2000 以后的操作系统中提供的新的图形设备接口，在 GDI 的基础上做了大量优化、改进。一方面，GDI+提供了一些新的功能（如渐变画刷及混合等），使得 GDI 的功能得到进一步的扩展；另一方面，GDI+修订了编程模式，使得图形硬件和应用程序互相隔离，也使开发人员编写与设备无关的应用程序变得更加容易。表 9-2 列出了 GDI+基类的主要命名空间。本章所用类、结构都包含在 System. Drawing 命名空间中。

表 9-2 GDI+基类的主要命名空间

命名空间	说　明
System. Drawing	包含与基本绘图功能有关的大多数类、结构、枚举和委托
System. Drawing. Drawing2D	为大多数高级 2D 和矢量绘图操作提供了支持，包括消除锯齿、几何转换和图形路径
System. Drawing. Imaging	包含帮助处理图像（位图、GIF 文件等）的各种类
System. Drawing. Printing	包含将打印机或打印预览窗口作为输出设备时使用的类
System. Drawing. Design	包含一些预定义的对话框、属性表和其他用户界面要素，与在设计期间扩展用户界面相关
System. Drawing. Text	包含对字体和字体系列执行更高操作的类

GDI+主要提供了以下几方面的功能。

（1）二维矢量图形。GDI+提供了存储图形基于自身信息的类（或结构）、存储图形基于绘制方式信息的类及实际进行绘制的类。

（2）文本显示。在 GDI+中，文本信息也是"绘制"的，并且可以使用各种字体、字号及样式。

（3）图像处理。多数图像都难以或不可能使用矢量图形技术表示，所以，GDI+提供了 Bitmap 和 Image 等类，可用于显示、操作和保存 BMP、JPEG、GIF 或 PNG 等格式的图像。

利用 GDI+技术进行绘图的基本步骤如图 9-2 所示。

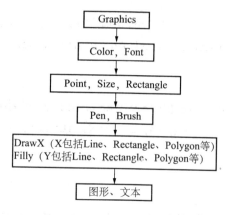

图 9-2　GDI+绘图的基本步骤

9.1.3　Graphics 类

Graphics 类是使用 GDI＋的基础，代表了所有输出显示的绘图环境，用户可以通过编辑操作 Graphics 对象，在屏幕上绘制图形、呈现文本或操作图像。因此，理解如何处理 Graphics 类是使用 GDI＋在显示设备上绘图的关键。可以采用以下三种方式创建一个 Graphics 对象。

1. 在窗体或控件的 Paint 事件中直接引用 Graphics 对象

每个窗体或控件都有一个 Paint 事件，该事件参数中包含当前窗体或控件的 Graphics 对象，在为窗体或控件编写绘图代码时，一般使用此方法来获取图形对象的引用。例如：

```
private void Form1_Paint(object sender, PaintEventArgs e)
{
        //声明图形对象并把它设置为 PaintEventArgs 事件提供的图形对象
        Graphics g= e.Graphics;
        //在这里写其他图形图像处理代码
}
```

2. 调用窗体或控件的 CreateGraphics 方法

调用当前窗体或控件的 CreateGraphics 方法以获得对 Graphics 对象的引用，该对象表示这个控件或窗体的绘图表面。例如：

```
//声明并实例化图形对象 g 来表示窗体的绘图表面
Graphics g= this.CreateGraphics();
```

3. 从 Image 类派生的任何对象创建图形对象

调用 Graphics.FromImage()方法即可。该方法通常用于更改已存在的图像。例如：

```
Bitmap myBitmap= new Bitmap(@"c:\mypic.bmp");
Graphics g= Graphics.FromImage (myBitmap);
```

或：

```
Image myImg= Image.FromFile(@"c:\mypic.bmp");
Graphics g= Graphics.FromImage(myImg);
```

注意： 由于图形对象占用较多的系统资源，所以当不再使用这些对象时，应该使用 Dispose 方法及时将其占用的资源释放掉，以免影响系统的性能。

【任务 T09_2】　演示 Graphics 类要求：设计如下 Windows 应用程序，查看并思考程序运行效果，程序运行效果如图 9-3 和图 9-4 所示。

图 9-3　窗体启动后程序运行效果图　　　　图 9-4　单击窗体后程序运行效果图

任务关键点分析：Graphics 类对象的创建方法及使用。

程序解析：

1. 利用窗体的 Paint 事件，编写相应的事件过程，以特定的笔刷填充特定的矩形区域。

```
//在窗体的 Paint 事件中直接引用 Graphics 对象
private void Form1_Paint(object sender, PaintEventArgs e)
{
    Graphics g= e.Graphics; //创建绘图对象实例
    //实例化 LinearGradientBrush 画刷对象
    LinearGradientBrush myBrush= new LinearGradientBrush(ClientRectan
        gle,Color.Black, Color.White, LinearGradientMode.Vertical);
    //利用指定画刷填充窗体对象的矩形区域
    g.FillRectangle(myBrush, this.ClientRectangle);
}
```

2. 利用窗体的 Click 事件，编写相应的事件过程，以特定的笔刷填充特定矩形区域。

```
//调用窗体的 CreateGraphics 方法获得对 Graphics 对象的引用
private void Form1_Click(object sender, EventArgs e)
{
    Graphics g= this.CreateGraphics();
    LinearGradientBrush myBrush = new LinearGradientBrush (ClientRectan
        gle,Color.White, Color.Black, LinearGradientMode.Horizontal);
    g.FillRectangle(myBrush, this.ClientRectangle);
}
```

任务总结：通过本任务体会利用 Paint 事件引用 Graphics 对象和利用 CreateGraphics 方法引用 Graphics 对象的不同，这里用到了 LinearGradientBrush 类和 Graphics 类的 FillRectangle 方法，这些知识在后续章节里会讲到，在此不再进行说明。

9.1.4　画刷和笔

本节介绍 Pen 类和 Brush 类，在任务[T09_1]中，已经用到了 Pen 类，用于告诉 Graphics 实例如何绘制线条。相关的类是 Brush 类，告诉 Graphics 实例如何填充区域。例如，Pen 类用于绘制任务[T09_1]中矩形和椭圆的边框。如果需要把这些图形绘制为实心的，就要使用画刷指定如何填充。

1. 画刷

画刷（Brush）是从 Brush 类派生的任何类的实例，可与 Graphics 对象一起使用来创建实心图形或呈现文本对象。还可以用于填充各种图形，如矩形、椭圆或多边形等。有多种不同类型的画刷，如表 9-3 所示。

表 9-3　画刷类型列表

Brush 类	说　　明
SolidBrush	画刷的最简单形式，它用纯色矩形绘制
HatchBrush	类似于 SolidBrush，但是使用该类可以从大量预设图案中选择绘制时要使用的图案，而不是纯色
TextureBrush	使用纹理（如图案）进行绘制
LinearGradientBrush	使用渐变混合的两种颜色进行绘制
PathGradientBrush	使用复杂的混合色渐变进行绘制

这里仅对 SolidBrush、HatchBrush 和 LinearGradientBrush 进行介绍。

（1）创建纯色画刷可使用如下形式：

```
SolidBrush(Color color)
```

如：SolidBrush brush= new SolidBrush(Color.Red); //创建红色 SolidBrush 画刷

（2）HatchBrush 使用户可以从大量预设的图案中选择绘制时要使用的样式，而不是纯色。创建 HatchBrush 可以使用如下形式：

```
HatchBrush(HatchStyle hatchstyle, Color foreColor, Color backColor)
```

其中各参数含义如下。

① hatchstyle 是一个 HatchStyle 枚举，表示此 HatchStyle 所绘制的样式，其枚举值成员较多，具体可查看 MSDN。

② foreColor：Color 结构，表示此 HatchBrush 所绘制线条的颜色。

③ backColor：Color 结构，表示此 HatchBrush 所绘制线条间的颜色。

如：HatchBrush brush＝new HatchBrush（HatchStyle. Cross, Color. Blue, Color. Red）；

（3）创建 LinearGradientBrush 画刷可以采用的方法有 8 种，这里只介绍其中的一种，有关其余 7 种方法的介绍可以在 MSDN 查到。创建 LinerGradientBrush 可以使用如下形式：

```
LinearGradientBrush (Rectangle rect, Color color1,Color color2, Lin
    earGradientMode linearGradientMode)
```

其中各参数含义如下。

① rect：指定一个矩形作为线性渐变所作用的区域。

② color1：表示渐变起始色。

③ color2：表示渐变结束色。

④ linearGradientMode：指定渐变的方向。

Rectangle 是一个结构体，存储一组整数，共 4 个，表示一个矩形的位置和大小。可以使用以下形式来创建一个 Rectangle：

Rectangle（int x，int y，int width，int height）

其中各参数含义如下。

① x：矩形左上角坐标点的 X 轴坐标值。

② y：矩形左上角坐标点的 Y 轴坐标值。

③ width：矩形宽度。

④ height：矩形高度。

```
//创建一个从左上到右下由红到黄渐变的 LinearGradientBrush 画刷
Rectangle rect= new Rectangle(0,0,200,200);          //创建矩形
LinearGradientBrush  brush =  new  LinearGradientBrush ( rect, Color. Red,
    Color. Yellow, LinearGradientMode. ForwardDiagonal);
```

【任务 T09_3】　演示 Brush 类要求：设计以下 Windows 应用程序，查看并思考程序运行效果，程序运行效果如图 9-5 所示。

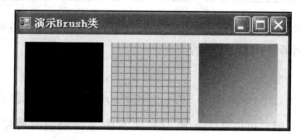

图 9-5　单击窗体后程序运行效果图

任务关键点分析：各种 Brush 对象的应用。

程序解析：

引用相应的命名空间。

```
using System. Drawing;
using System. Drawing. Drawing2D;
```

利用窗体的 Click 事件，写出相应的事件过程，实现利用不同画刷填充特定矩形区域。

```
private void Form1_Click(object sender, EventArgs e)
{
        Graphics g= this. CreateGraphics();
        //纯色画刷
        Brush myBrush= new SolidBrush(Color. Black);
```

```
    g.FillRectangle(myBrush, 10, 10, 100, 100);
    //样式画刷
    myBrush= new HatchBrush(HatchStyle.Cross,Color.Green,Color.Gold);
    g.FillRectangle(myBrush, 120, 10, 100, 100);
    //渐变画刷
    Rectangle rect= new Rectangle(230,10,100,100);
    myBrush= new LinearGradientBrush(rect, Color.Red, Color.Yellow, Lin
        earGradientMode.ForwardDiagonal);
    g.FillRectangle(myBrush, rect);
}
```

任务总结：该任务引用 System.Drawing.Drawing2D 命名空间，在创建 Brush 对象时，赋予 Brush 对象更多变化。

2. 笔（Pen）

笔是 Pen 的实例，用于绘制线条或空心图形。下面是实例化 Pen 对象的 4 种方法。

（1）指定颜色参数。

```
Pen p1= new Pen(Color.Black);            //创建 1 个像素宽的红色笔
```

（2）指定颜色和宽度参数。

```
Pen p2= new Pen(Color.Blue, 5);          //创建 5 个像素宽的蓝色笔
```

（3）利用 Brush 实例创建。

```
SolidBrush mybrush= new SolidBrush(Color.Red);
Pen p3= new Pen(mybrush);                //创建 1 个像素宽的红色笔
```

（4）利用 Brush 实例和宽度参数创建。

```
Brush mybrush1= new HatchBrush(HatchStyle.Cross, Color.Blue, Color.Brown);
Pen p4= new Pen(mybrush1,20)             //创建宽度为 20 采用样式画刷的笔
```

笔创建后，可以设置笔的线条样式的各个属性。Pen 类的常用部分属性如表 9-4 所示，其余属性及各个属性取值的详细说明可以查看 MSDN。

表 9-4　Pen 类部分常用属性（Pen p=new Pen（Color.Blue）;）

名　称	作　用	示　例
Width	设置或获取笔的宽度	p.Width=5;
Color	设置或获取笔的颜色	p.Color=Color.Blue;
StartCap	设置或获取笔绘制的线起点样式	p.StartCap=LineCap.ArrowAnchor;
EndCap	设置或获取笔绘制的线终点样式	p.EndCap=LineCap.ArrowAnchor;
DashStyle	设置或获取笔绘制的线的样式（实线、虚线、点划线等）	p.DashStyle=DashStyle.Dot;

【任务 T09_4】 演示 Pen 类要求：设计以下 Windows 程序，查看并思考程序运行效果。程序运行效果如图 9-6 所示。

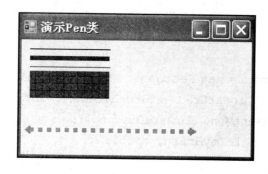

图 9-6 程序运行效果图

任务关键点分析：Pen 类部分常用属性的应用。

程序解析：

利用窗体对象的 Paint 事件，编写相应的事件过程，绘制不同类型的直线。

```csharp
private void Form1_Paint(object sender, PaintEventArgs e)
{
        Graphics g= e.Graphics;
        Pen p= new Pen(Color.Black);
        g.DrawLine(p, 10, 10, 100, 10);
        p= new Pen(Color.Blue, 5);
        g.DrawLine(p, 10, 20, 100, 20);
        Brush mybrush= new SolidBrush(Color.Red);
        p= new Pen(mybrush);
        g.DrawLine(p, 10, 30, 100, 30);
        mybrush= new HatchBrush(HatchStyle.Cross, Color.Blue, Color.Brown);
        p= new Pen(mybrush, 30);
        g.DrawLine(p, 10, 50, 100, 50);
        p.Width= 5;
        p.Color= Color.Green;
        p.StartCap= LineCap.DiamondAnchor;
        p.EndCap= LineCap.ArrowAnchor;
        p.DashStyle= DashStyle.Dot;
        g.DrawLine(p, 10, 100, 200, 100);
}
```

任务总结：该任务演示了 Pen 对象各种属性在绘制直线时的应用。

【任务 T09_5】 绘制正弦曲线要求：设计 Windows 程序，实现单击"绘制正弦曲线"按钮时，在窗体上绘制正弦曲线。程序运行效果如图 9-7 所示。

任务关键点分析：如何绘制曲线。

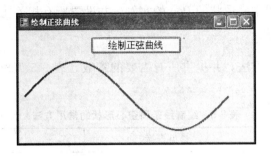

图 9-7　程序运行效果图

程序解析：

利用“绘制正弦曲线”按钮的 Click 事件，编写相应的事件过程在窗体上绘制正弦曲线。

```
private void button1_Click(object sender, EventArgs e)
{
    int frmHeight= this.Height / 2;
    Graphics g= this.CreateGraphics();
    Pen p= new Pen(Color.Red, 3);
    Point myPoint= new Point(10, frmHeight);
    float sinValue= 0.0F;
    for (int i= 0; i < 360; i++ )
    {
        sinValue= Convert.ToSingle(Math.Sin(Convert.ToSingle((i *
            Math.PI) / 180)))* 60;
        Point thisPoint = new Point (10+ i, Convert.ToInt32 (frm
            Height-sinValue));
        g.DrawLine (p, thisPoint, myPoint);
        myPoint= thisPoint;
    }
}
```

任务总结：在本任务中，利用 Pen 对象和循环结构，采用逐点绘制短线方式，在窗体上绘制出相应曲线。在程序中，可以利用这种方式绘制各种形状的曲线。

9.1.5　绘制线条和空心形状

Graphics 对象提供了绘制各种线条和形状的方法。可以用纯色、透明色或使用用户定义的渐变、图像纹理来呈现简单或复杂的形状。可使用 Pen 对象创建线条、非闭合的曲线和轮廓形状。若要填充矩形或闭合曲线等区域，则需要使用 Brush 对象。

绘制线条或空心形状的步骤如下。

（1）获取用于绘图的图像对象的引用。例如：

```
Graphics g= this.CreateGraphics();
```

（2）创建绘制线条或空心形状的 Pen 的实例，并设置所有相关属性。例如：

p= new Pen(Color.Blue,5);

（3）调用绘制形状的方法，并提供所有需要的参数。表 9-5 列出了几种绘制线条和空心形状的常用方法。

表 9-5　绘制线条和空心形状的常用方法

方　　法	常见参数	绘制的图形
DrawLine()	笔、起点和终点	一段直线
DrawRectangle()	笔、位置和大小	空心矩形
DrawEllipse()	笔、位置和大小	空心椭圆
DrawLines()	笔、点数组	绘制一连串连接在一起的线段
DrawPolygon()	笔、点数组	绘制封闭的多边形轮廓

Point 结构（点）表示一个二维平面中定义点的 x 和 y 坐标的有序对。可以使用 Point (int x，int y) 的形式来创建一个 Point 结构体。例如：

Point point1＝new Point （10，200）;

【任务 T09_6】　绘制各种线条和空心形状，要求：设计如下 Windows 应用程序，使用绘图方法绘制各种形状。程序运行效果如图 9-8 所示。

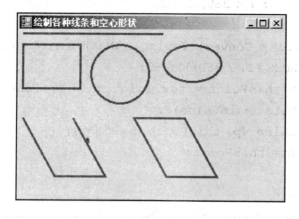

图 9-8　绘制各种线条和空心形状程序运行效果图

任务关键点分析：绘制线条和各种空心形状。

程序解析：

利用窗体对象的 Paint 事件，编写相应的事件过程，绘制各种空心形状。

```
private void Form1_Paint(object sender, PaintEventArgs e)
{
        Graphics g= e.Graphics;
        Pen p= new Pen(Color.Red, 3);
        //绘制由点 1(5,5)和点 2(200,5)连接而成的直线
```

```
    g.DrawLine(p, 5, 5, 200, 5);
    //绘制以(5,20)为坐标,宽度和高度分别为80和60的矩形
    g.DrawRectangle(p, 5, 20, 80, 60);
    //绘制以(100,20)为坐标,宽度和高度均为80的边框所定义的圆
    g.DrawEllipse(p, 100, 20, 80, 80);
    //绘制以(200,20)为坐标,宽度为80和高度为50的边框所定义的椭圆
    g.DrawEllipse(p, 200, 20, 80, 50);
    //定义点数组ps
    Point[] ps= new Point[4]
    {
        new Point(5, 120),
        new Point(50, 200),
        new Point(120, 200),
        new Point(75, 120)
    };
    //依据点数组ps的各个坐标,绘制折线
    g.DrawLines(p,ps);
    //定义点数组ps1
    Point[] ps1= new Point[4]
    {
        new Point(160, 120),
        new Point(205, 200),
        new Point(275, 200),
        new Point(230, 120)
    };
    //依据点数组ps1的各个坐标,绘制封闭折线
    g.DrawPolygon(p,ps1);
}
```

　　任务总结：在本任务中，利用绘制图形的不同方法绘制出直线、矩形、圆形、椭圆形等各种空心图形。在实际应用中，可以利用这些方法绘制出用户所需要的各种空心图形。

9.1.6　绘制实心形状

绘制实心形状步骤如下。

（1）获取绘图的图形对象的引用。例如：

```
Graphics g= this.CreateGraphics();
```

（2）创建绘制形状的 Brush 实例。例如：

```
SolidBrush myBrush= new SolidBrush(Color.Red);
```

（3）调用绘制实心形状的方法，并提供所有相应的参数。表 9-6 列出了几种绘制实心形状的常用方法。

表 9-6　绘制实心形状的常用方法

方　　法	常见参数	绘制的图形
FillEllipse()	画刷、位置和大小	实心椭圆
FillRectangle()	画刷、位置和大小	实心矩形
FillPolygon()	画刷、点数组	实心多边形

【任务 T09_7】　绘制各种实心形状，要求：设计如下 Windows 应用程序，使用绘图方法绘制各种实心形状。程序运行效果如图 9-9 所示。

图 9-9　绘制实心形状程序运行效果图

任务关键点分析：绘制各种实心形状。

程序解析：

利用窗体的 Paint 事件，编写相应的事件过程，绘制各种实心形状。

```
private void Form1_Paint(object sender, PaintEventArgs e)
{
    //1. 获取绘图的图形对象的引用
    Graphics g= e.Graphics;
    //2. 创建绘制形状的 Brush 实例
    SolidBrush myBrush= new SolidBrush(Color.Blue);
    //3. 调用绘制实心形状的方法
    g.FillRectangle(myBrush, 5, 10, 55, 40); //绘制实心矩形
    //定义点数组 ps,用于为绘制实心多边形提供点数组参数值
    Point[] ps= new Point[4]
    {
        new Point(70, 10),
        new Point(120, 60),
        new Point(170, 60),
        new Point(120, 10)
```

```
    };
    g.FillPolygon(myBrush, ps);              //绘制实心多边形
    g.FillEllipse(myBrush, 5, 70, 50, 50);   //绘制实心圆
    g.FillEllipse(myBrush, 80, 70, 30, 50);  //绘制实心椭圆
}
```

任务总结：在本任务中，利用绘制实心形状的不同方法绘制出直线、矩形、圆形、椭圆形等各种实心区域。在实际应用中，可以利用这些方法绘制出用户所需的各种实心图形。

9.2 绘制文本

9.2.1 任务解析

【任务 T09_8】 绘制文本，要求设计 Windows 应用程序，实现绘制字符串功能。程序运行时，在窗体显示输出相应文本。

任务关键点分析：用 GDI＋显示字符串。

程序运行效果如图 9-10 所示。

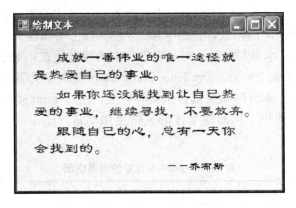

图 9-10 绘制文本（T09_8）程序运行效果

程序解析：

编写窗体的 Paint 事件过程。在该过程中，完成利用 GDI＋技术显示字符串的功能。

```
private void Form1_Paint(object sender, PaintEventArgs e)
{
    //1. 获得一个图形对象的引用
    Graphics g= e.Graphics;
    //2. 创建绘制文本所需的画刷工具
    SolidBrush brush= new SolidBrush(Color.Blue);
    //3. 创建绘制文本要使用的字体
    Font font= new Font("隶书", 15);
```

```
//4. 调用 Graphics 对象的 DrawString()来呈现文本
g.DrawString ("成就一番伟业的唯一途径就 \n 是热爱自己的事业。", font,
    brush, 20, 20);
g.DrawString ("如果你还没能找到让自己热 \n 爱的事业，继续寻找，不要放
    弃。", font, brush, 20, 70);
g.DrawString ("跟随自己的心，总有一天你 \n 会找到的。", font, brush, 20,
    120);
brush= new SolidBrush (Color.Black);
font= new Font ("隶书", 12);
g.DrawString ("——乔布斯", font, brush, 200, 170);
}
```

任务总结：在本任务中，利用 Font 类定义文本的样式和字号，利用 Graphics 类的 DrawString()方法进行文本的绘制，从而实现利用 GDI＋技术在某特定对象上绘制文本的功能，下面将对这些新知识点进行详细介绍。

9.2.2 Font 类与字体

字体是文本显示和打印的外观形式，包括文本的字样、风格和大小等多方面的属性。通过选用不同的字体可以丰富文本的外在表现力。例如，将字体设置为粗体可以体现强调的意图。Font 类定义了特定文本的格式，包括字样、字体和字号等属性。

（1）字样。字样是文本书写和显示时所表现出来的特定模式，如汉字的宋体、楷体和隶书等多种字样。GDI＋通过 System.Drawing.FontFamily 类来定义字样。

（2）字体。表现为字体的粗细及是否倾斜等特点，通过 FontStyle 枚举值进行指定，并且这些枚举值可以组合使用，从而使字体的风格更加丰富。FontStyle 枚举的成员如表 9-7 所示。

表 9-7 FontStyle 枚举的成员说明

成员名称	说　　明	值
Bold	加粗文本	1
Italic	倾斜文本	2
Regular	普通文本	0
Strikeout	中间有直线通过的文本	8
Underline	带下画线的文本	4

（3）字号。用来指定字符所占区域的大小，通常用字符高度来描述。

为了定义一种字体，需要创建一个 Font 对象。Font 类有多种构造函数，这里仅通过实例化几个常用的构造函数来创建 Font 对象。

```
//通过提供字体名和字体大小两个参数来实例化 Font 对象
Font font1= new Font("黑体", 12);
```

//通过一个 Font 对象为原型并提供新的字体风格来实例化 Font 对象

```
Font font2= new Font(font1, FontStyle.Bold);
```

//通过指定字体名、字体大小和字体风格来实例化 Font 对象

```
Font font3= new Font("宋体", 12, FontStyle.Bold);
```

//通过指定字体名、字体大小和字体风格组合来实例化 Font 对象

```
Font font4= new Font("宋体", 30, FontStyle.Bold | FontStyle.Italic);
```

9.2.3　绘制字符串的一般步骤

在创建了一个 Font 对象后，就可以使用 Graphics.DrawString()方法在窗体中绘制文本了，可以使用任何图形对象作为呈现文本的表面。呈现文本需要一个 Brush 对象（由它指定使用什么图案填充文本）和一个 Font 对象。

绘制字符串的步骤如下。

（1）获取用于绘图的图像对象的引用。例如：

```
Graphics g= this.CreateGraphics();
```

（2）创建绘制文本要使用的"画刷"实例。例如：

```
SolidBrush brush= new SolidBrush(Color.Blue);
```

（3）创建显示文本要使用的字体。例如：

```
Font font= new Font("隶书", 30);
```

（4）调用 Graphics 对象的 DrawString()来呈现文本。例如：

```
g.DrawString("绘制文本", font, brush, 50, 10);
```

【任务 T09_9】　利用多种字体和画刷样式在窗体上呈现绘制文本。程序运行效果如图 9-11所示。

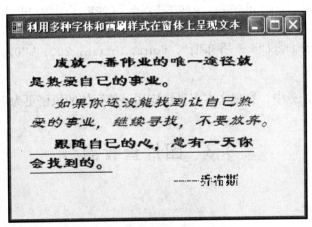

图 9-11　绘制文本程序运行效果图

任务关键点分析：多种字体和画刷样式。

程序解析：

利用窗体的 Paint 事件，编写相应事件过程，完成利用多种字体和画刷样式显示文本的功能。

```
private void Form1_Paint(object sender, PaintEventArgs e)
{
        Graphics g= e.Graphics;
        Brush brush= new SolidBrush(Color.Blue);
        //创建绘制文本所需的字体:隶书,15号,加粗
        Font font= new Font("隶书", 15, FontStyle.Bold);
        //绘制文本 1
        g.DrawString("成就一番伟业的唯一途径就\n 是热爱自己的事业。", font,
            brush, 20, 20);
        //字体:隶书,15号,倾斜
        font= new Font("隶书", 15,FontStyle.Italic);
        //绘制文本 2
        g.DrawString("如果你还没能找到让自己热\n 爱的事业,继续寻找,不要放
            弃。", font, brush, 20, 70);
        //字体:隶书,15号,加粗,有下画线
        font= new Font(font, FontStyle.Bold | FontStyle.Underline);
        //绘制文本 3
        g.DrawString("跟随自己的心,总有一天你\n 会找到的。", font, brush, 20,
            120);
        //实例化 HatchBrush 画刷
        font= new Font("黑体", 12);
        //创建具有一定填充图案的画刷工具
        brush= new HatchBrush(HatchStyle.Cross, Color.White, Color.Blue);
        //绘制文本 4
        g.DrawString("——乔布斯", font, brush, 200, 170);
}
```

任务总结：在本任务中，实现文本多风格应用，使字体的风格更为丰富。

9.3　图片查看器

9.3.1　任务解析

【任务 T09_10】　图片查看器要求：设计 Windows 应用程序，实现简单的看图和图像缩放功能。

（1）单击"显示图片"按钮，弹出打开文件对话框，用户利用该对话框选定欲打开的图

像文件，程序即在"图片框"上显示用户选定的图像文件。

（2）单击"图片缩放"按钮，图片可以进行缩放操作。

任务关键点分析：

（1）如何利用 GDI＋技术在对象上显示用户选定的图像文件。

（2）如何利用 GDI＋技术实现图片的缩放。

程序运行效果如图 9-12 和图 9-13 所示。

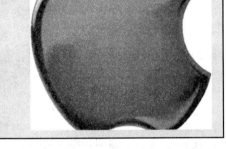
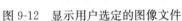

图 9-12　显示用户选定的图像文件

图 9-13　图像的缩放效果

程序解析：

（1）新建一个名为 T09_10 的 Windows 应用程序项目，在 Form1 窗体上添加两个按钮控件。

（2）修改各控件的主要属性，设置可参照表 9-8 的内容。

表 9-8　图片查看器（T09_10）所使用的控件属性及说明

控件名	相关属性设置	作　用
button1	Name＝"btnOpen"Text＝"显示图片"	弹出打开文件对话框
button2	Name＝"btnZoom"Text＝"图片缩放"	缩放图片
openFileDialog1	—	提供文件打开对话框，并利用该对象的 FileOk 事件过程完成图片显示
pictureBox1	—	显示图片的容器

（3）为 Form1 类添加两个私有变量：

```
Image image;
Graphics g;
```

（4）编写"显示图片"按钮的 Click 事件过程。在该过程中，弹出"打开文件"对话框供用户选取欲打开的图像文件。

```
private void btnOpen_Click(object sender, EventArgs e)
{
    openFileDialog1.FileName= "";
    openFileDialog1.Filter= "图片文件(*.bmp;*.jpg;*.gif)|*.bmp;*.jpg;
        *.gif";
    openFileDialog1.ShowDialog();
}
```

（5）编写"打开文件对话框"的 FileOk 事件过程，在该过程中，实现在 pictureBox1 对象上显示用户选定的图片。

```
private void openFileDialog1_FileOk(object sender, CancelEventArgs e)
{
    //利用 Image 对象的 FromFile 方法从用户选定的文件中创建图像对象
    image= Image.FromFile(openFileDialog1.FileName);
    g= pictureBox1.CreateGraphics();
    //在指定位置绘制指定的 Image 对象
    g.DrawImage(image, 0, 0);
}
```

（6）编写"图片缩放"按钮的 Click 事件过程，在该过程中实现图片缩放功能。

```
private void btnZoom_Click(object sender, EventArgs e)
{
    //在指定位置按指定大小绘制指定的 Image 对象
    g.DrawImage(image, 0, 0, 200, 300);
}
```

任务总结：在本任务中，利用 Image 对象和 Graphics 对象的 DrawImage()方法来完成图像的呈现和图像的缩放，下面将对这些知识点进行介绍。

9.3.2 用 GDI＋呈现图像

GDI＋支持多种格式的图像，包括 BMP、GIF、JPEG、PNG、TIFF 等，几乎涵盖了所有常见的图像格式。使用 GDI＋呈现图像的步骤如下。

（1）创建一个对象，该对象表示要显示的图像，必须是从 Image 继承的类的成员。

①利用 Image 对象的 FromFile 方法从指定的文件创建图像对象。例如：

```
Image myImage= Image.FromFile(@"c:\tupian.jpg");
```

②从指定的文件初始化 Bitmap 类创建图像对象。例如：

```
Bitmap myBitmap= new Bitmap(@"c:\tupian.jpg");
```

③用指定的大小初始化 Bitmap 类创建图像对象。例如：

```
Bitmap myBitmap1= new Bitmap(300, 400);
```

（2）创建一个 Graphics 对象，该对象表示要使用的绘图表面。例如：

```
Graphics g= pictureBox1.CreateGraphics();
```

（3）调用图形对象的 Graphics. DrawImage()方法来呈现图像。

①在指定位置并按原始大小绘制指定的 Image 对象。例如：

```
g.DrawImage(image, 0, 0);
```

②在指定位置并按指定大小绘制指定的 Image 对象，利用这种方式可以实现图片的缩放效果。例如：

```
g.DrawImage(image, 0, 0, 300, 300);
```

本章小结

本章介绍了如何在显示设备上进行绘图操作，其中绘图操作是通过代码来实现的，而不是通过一些预定义的控件或对话框来实现的，这就是 GDI＋的实质。GDI＋是一个功能强大的工具，其绘图过程实质上是非常简单的，在大多数情况下，只使用几个 C♯ 语句，就可以绘制文本和专业化的图形和图像。

本章介绍了 Graphics、Pen、Brush 和 Font 等对象的信息，并且阐释了如何执行绘制形状、绘制文本或显示图像等任务。

上机练习 9

1. 上机执行本章 T09_1～T9_10 等任务，并分析其结果。

2. 编写 Windows 应用程序，程序功能：

"利用 GDI＋技术输出文本"，利用窗体的 Paint 事件，在窗体上输出如图 9-14 所示的文本。使用字体为黑体，25 号，加粗，字体颜色为蓝色。

图 9-14 利用 GDI＋技术输出文本程序运行效果图

3. 编写 Windows 应用程序，程序功能：

"绘制矩形框"，实现单击窗体，在窗体上输出如图 9-15 所示的图形，要求各个矩形框的中心点在同一位置，各个矩形框的线条颜色不一。程序运行结果如图 9-15 所示。

4. 编写 Windows 应用程序，程序功能：

"绘制实心形状"，在窗体上绘制实心形状。程序运行效果如图 9-16 所示。

5. 编写 Windows 应用程序，程序功能：

在简单画图板 V1.0 的基础上，设计完成简单画图板 V2.0，为简单绘图板添加以下新功能：

（1）增加两个按钮"●"、"■"分别实现绘制实心形状椭圆和矩形的功能。

（2）增加一个组合框对象，并为其添加 Windows 自带系统颜色，实现绘制图形时颜色选取功能。

程序运行效果如图 9-17 所示。

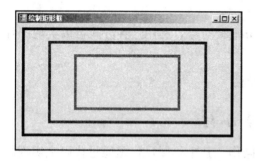

图 9-15　绘制矩形框程序运行效果图

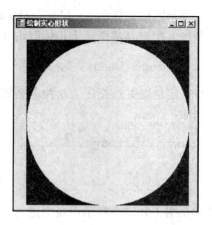

图 9-16　绘制实心形状效果图

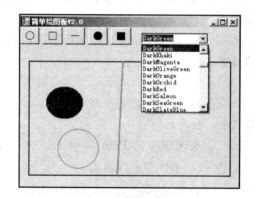

图 9-17　简单绘图板 v2.0

第10章 文　　件

本章通过"简单文件浏览器"、"简单记事本"和"二进制文件读写"等任务，引入IO命名空间、文件存储管理、文本文件的读写和二进制文件读写等知识点，以使学生具备利用IO存取技术访问文件系统、读取或写入文件、移动或复制文件和浏览文件夹来查找其中的相应文件等的能力。

本章要点：
➢ 理解 System. IO 命名空间；
➢ 掌握目录的基本操作；
➢ 掌握文件的基本操作；
➢ 掌握磁盘的基本操作；
➢ 理解文件与流的概念；
➢ 掌握文本文件的读取和写入；
➢ 掌握二进制文件的读取和写入。

10.1　简单文件浏览器 V1.0

10.1.1　任务解析

【任务 T10_1】　简单文件浏览器 V1.0，要求：设计 Windows 应用程序，实现简单的文件浏览器功能。

（1）在"请输入文件夹名"文本框中输入一个文件夹路径，单击"显示"按钮，应用程序将把文件夹的相关内容显示在"文件夹内容"的对应位置。包括在"文件列表"中显示该路径下的所有文件，在"子文件夹列表"中显示该路径下的所有子文件夹。同时在"当前文件夹"文本框中显示当前路径。

（2）在浏览文件系统时，单击"子文件夹列表"中任意一个文件夹，可查看它所包含的文件夹和文件内容。同时更新"当前文件夹"文本框内容为选定的新子文件夹路径。

任务关键点分析：

（1）用户输入文件夹名单击"显示"按钮时，首先应判断该文件夹是否存在。

（2）如何获取一个文件夹下所包含的所有文件和文件夹。

界面设计如图 10-1 所示，所用控件及其属性设置如表 10-1 所示。

图 10-1　简单文件浏览器（T10_1）运行效果

程序解析：

（1）新建一个名为 T10_1 的 Windows 应用程序项目，在 Form1 窗体上添加四个标签控件、两个文本框控件、一个按钮控件、一个分组控件和两个列表框控件。

（2）修改各控件的主要属性，设置可参照表 10-1 的内容。

表 10-1　简单文件浏览器（T10_1）所使用的控件属性及说明

控件名	相关属性设置	作　用
label1	Text="请输入文件夹名"	提示
label2	Text="当前文件夹"	提示
label3	Text="文件列表"	提示
label4	Text="子文件夹列表"	提示
textBox1	Name="txtFolder"	输入文件夹地址
textBox2	Name="txtCurrentFolder"	显示当前文件夹地址
button1	Name=" btnShowAll "；Text="显示"	显示文件夹下的文件和子文件夹
groupBox1	Text="文件夹内容"	分组
listBox1	Name=" lstFiles "	显示文件列表
listBox2	Name=" lstFolders "	显示子文件夹列表

（3）引用 System.IO 命名空间。

Using System.IO;

（4）在写出事件处理过程的代码之前，首先写出实际完成所有任务所需要的方法的代码，包括 ClearAllFields() 和 DisplayList()。

①定义方法 ClearAllFields()。

```
private void ClearAllFields()
{
    lstFiles.Items.Clear();
    lstFolders.Items.Clear();
    txtCurrentFolder.Text= "";
}
```

②定义方法 DisplayList()，根据传递参数 folderName 所指定的目录，显示该目录下的子目录和文件。

```
private void DisplayList(string folderName)
{
    ClearAllFields();                                    //清除控件内容
    txtCurrentFolder.Text= folderName;                   //显示当前文件夹路径
    //在文件夹列表中显示指定文件夹下的所有子目录
    DirectoryInfo currentFolder= new DirectoryInfo(folderName);
    DirectoryInfo[] AllDirs= currentFolder.GetDirectories();
    foreach (DirectoryInfo aDir in AllDirs)
    {
        lstFolders.Items.Add(aDir.Name);
    }
    //在文件列表中显示指定文件夹下的所有文件
    FileInfo[] allFiles= currentFolder.GetFiles();
    foreach (FileInfo aFile in allFiles)
    {
        lstFiles.Items.Add(aFile.Name);
    }
}
```

（5）编写"显示"按钮的 Click 事件过程。在该过程中，首先判断用户输入的文件夹是否存在，存在则调用已定义好的 DisplayList() 方法，完成该目录下子目录和文件的显示；不存在则给出相应提示。

```
private void btnShowAll_Click(object sender, EventArgs e)
{
    if (Directory.Exists(txtFolder.Text))         //判断目录是否存在
```

```
        {
            DisplayList(txtFolder.Text);        //加载该目录下的子目录和文件
        }
        else
        {
            MessageBox.Show("目录不存在!", "提示");
        }
    }
```

（6）编写"文件夹列表"列表框的 SelectedIndexChanged 事件过程。在该过程中，实现用户选择文件夹列表中的某个目录后，调用 DisplayList()方法加载其下的文件和子目录信息。

```
private void lstFolders_SelectedIndexChanged(object sender, Even
    tArgs e)
{
    //合并文件夹路径
    string fullPathName= Path.Combine(txtCurrentFolder.Text, lstFolde
        rs.Text);
    //加载该文件夹下的所有子文件夹和文件
    DisplayList(fullPathName);
}
```

任务总结：在本任务中，引用了 System. IO 命名空间，使用了 DirectoryInfo 类、FileInfo 类、Directory 类和 Path 类，下面将分别对这些新知识点进行详细介绍。

10.1.2 System. IO 命名空间

. NET Framework 在 System. IO 命名空间中提供许多类来访问服务器端的文件夹和文件，该命名空间包含允许读写文件和数据流的类型及提供基本文件和目录支持的类型，System. IO 命名空间中包含的类主要有如下几种。

（1）字节流。FileStream、Stream、BufferedStream、UnmanagedMemoryStream、MemoryStream。

（2）二进制 IO 流。BinaryReader、BinaryWriter。

（3）字符 IO 流。TextReader、TextWriter、StreamReader、StreamWriter、StringReader、StringWriter。

（4）文件系统操作。File、Path、Directory、FileSystemInfo、FileInfo、DirectoryInfo、DriveInfo。

（5）IO 枚举。FileAccess、FileAttributes、FileShare、FileMode、SearchOption、SeekOrigin、DriveType。

（6）IO 异常。IOException、FileLoadException 、DriveNotFoundException、FileNotFound Exception、DirectoryNotFoundException、PathTooLongException 、EndOfStreamException。

对文件操作常用的类结构如图 10-2 所示。

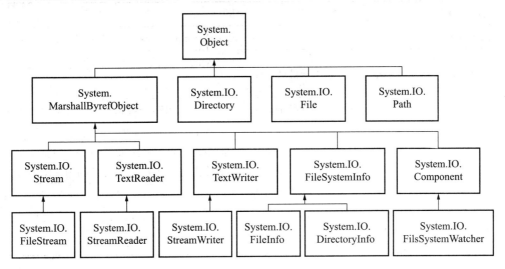

图 10-2　对文件操作常用的类结构图

在应用程序中，通过 Using System. IO；语句实现对 System. IO 命名空间的引用。

10.1.3　文件存储管理

1. 管理文件系统

System. IO 命名空间中，提供了许多类用于浏览文件系统和执行操作，例如移动、复制、删除文件或文件夹，这些类的作用是：

- DirectoryInfo 和 Directory：表示文件系统上的文件夹。
- FileInfo 和 File：表示文件系统上的文件。
- Path：该类包含的静态成员可以用于处理路径名。
- DriveInfo：该类的属性和方法提供了指定驱动器的信息。

2. 常用文件系统类介绍

（1）Directory 类与 DirectoryInfo 类。Directory 和 DirectoryInfo 类都可用于目录管理，通过它们可以实现目录及其子目录的创建、移动以及浏览等操作。Directory 和 DirectoryInfo 类拥有大致相同的功能，区别在于 Directory 类的所有方法都是静态的，因此无须创建对象即可调用。如果只执行一次操作，使用 Directory 方法的效率要比使用 DirectoryInfo 实例方法更高；DirectoryInfo 类的成员都不是静态的，需要实例化类，并把每个实例特定的文件夹关联起来。如果要多次重用某个对象，可以考虑使用 DirectoryInfo 实例方法。例如：

```
Directory. CreateDirectory(@"d:\abc");
```

与下面的代码有相同的效果，均会在 D 盘创建 abc 文件夹。

```
DirectoryInfo myDir= new DirectoryInfo(@"d:\abc");
myDir.Create();
```

表 10-2 给出 Directory 类部分常用方法。

表 10-2 　 Directory 类部分常用方法

名　　　称	作　　　用	示　　　例
CreateDirectory()	创建新目录	Directory. CreateDirectory("c:\\abc");
GetDirectories()	获取指定目录中子目录名称	string []allDirs＝Directory. GetDirectories("c:\\abc");
GetFiles()	返回指定目录中文件的名称	string[]allFiles＝Directory. GetFiles("c:\\abc");
Delete()	删除目录或目录及其文件	Directory. Delete("c:\\abc");//从指定路径删除空目录 Directory. Delete("c:\\abc", True);//删除指定的目录并删除该目录中的任何子目录
Move()	将目录及其内容移到新位置	Directory. Move("c:\\abc","c:\\newabc");
GetCreationTime()	获取目录创建日期时间	Directory. GetCreationTime("c:\\abc");
GetLastAccessTime()	获取目录访问日期时间	Directory. GetLastAccessTime("c:\\abc");

　　　表 10-3 和表 10-4 分别给出 DirectoryInfo 类部分常用属性和常用方法。
　　　在使用 DirectoryInfo 类的属性和方法前必须先创建 DirectoryInfo 类的对象实例，在创建时需要指定该实例所对应的目录。如：DirectoryInfo dir＝new DirectoryInfo("c:\\work\\abc");。

表 10-3 　 DirectoryInfo 类部分常用属性

名　　　称	作　　　用	示　　　例	返回值
CreationTime	文件夹创建的时间	dir. CreationTime	2011-01-18 8：59：45
Parent	获取指定子目录的父目录	dir. Parent	work
Exists	返回文件夹是否存在	dir. Exists	True
FullName	获取文件夹的完整路径名	dir. FullName	c:\work\abc
LastAccessTime	最后一次访问文件夹的时间	dir. LastAccessTime	2011-01-18 9：05：27
LastWriteTime	最后一次修改文件夹的时间	dir. LastWriteTime	2011-01-18 9：15：30
Name	获取文件夹的名称	dir. Name	abc
Root	获取路径的根目录	dir. Root	c:\

表 10-4 　 DirectoryInfo 类部分常用方法

名　　　称	作　　　用	示　　　例
Create()	创建新目录	dir. Create();
GetDirectories()	获取指定目录中子目录名称	DirectoryInfo[]allDirs＝dir. GetDirectories();
GetFiles()	返回指定目录中文件的名称	FileInfo[]allFiles＝dir. GetFiles();
Delete()	删除指定目录或目录及其文件	dir. Delete();//如果目录为空，则删除它 dir. Delete (True);//删除该目录，包括子目录和文件
MoveTo()	将指定目录的内容移动到新路径	dir. MoveTo("c:\\newabc");

（2）File 类与 FileInfo 类。File 类可以实现应用程序与文件的交互，具有创建、删除、移动和打开文件等静态方法。表 10-5 列出了 File 类常用的部分方法。FileInfo 类的作用类似于 File 类，但在使用 FileInfo 类的属性和方法前必须先创建 FileInfo 类的对象实例，在创建时需要指定该实例所对应的完整文件名。如果只执行一个操作，那么使用 File 方法的效率要比使用相应的 FileInfo 实例方法更高；如果要多次重用某个对象，可以考虑 FileInfo 实例方法。例如：

```
File.Create("c:\\work\\abc\\a.txt");
```

与下面的代码有相同的效果，均会在 c:\work\abc 文件夹下创建 a.txt 文件。

```
FileInfo myFile= new FileInfo("c:\\work\\abc\\a.txt");
myFile.Create();
```

表 10-5 给出 File 类的部分常用方法。

表 10-5　File 类部分常用方法

名　称	作　　用	示　　例
Create()	创建文件	File.Create(@"c:\work\abc\a.txt");
Copy()	将现有文件复制到新文件	File.Copy(@"c:\work\abc\a.txt", @"c:\work\a.txt");
Open()	打开文件，有三种重载形式： File.Open (String, FileMode) File.Open (String, FileMode, FileAccess) File.Open (String，FileMode，FileAccess，FileShare)	File.Open(@"c:\work\abc\a.txt",FileMode.Create);
Delete()	删除文件	File.Delete(@"c:\work\a.txt");
Move()	将指定文件移至新位置	File.Move(@"c:\work\abc\a.txt", @"c:\work\a.txt");

其中：

① FileMode 值，用于指定文件不存在时是否创建该文件，并确定是保留还是改写现有文件的内容。枚举值有 Append（打开现有文件并查找到文件尾，或创建新文件）、Create（创建新文件，如果文件已经存在则改写）、CreateNew（创建新文件，如果文件已存在则引发异常）、Open（打开现有文件）、OpenOrCreate（如果文件存在，打开文件；否则，创建新文件）和 Truncate（打开现有文件。文件一旦打开，就将被截断为零字节大小）。

② FileAccess 值，指定可以对文件执行的操作。枚举值有 Read（只读）、ReadWrite（可读可写）和 Write（可写）。

③ FileShare 值，它指定其他线程所具有的对该文件的访问类型。

表 10-6 和表 10-7 分别给出 FileInfo 类部分常用属性和方法。

表 10-6　FileInfo 类部分常用属性

名　　称	作　　用	示　　例	返回值
CreationTime	文件创建的时间	myFile. CreationTime	2011-01-18 9：25：08
Exists	返回文件是否存在	myFile. Exists	True
Directory	获取父目录的实例	myFile. Directory	c:\work\abc
DirectoryName	获取表示目录完整路径的字符串	myFile. DirectoryName	c:\work\abc
FullName	获取文件的完整路径名	myFile. FullName	c:\work\abc\a. txt
LastAccessTime	最后一次访问文件的时间	myFile. LastAccessTime	2011-1-18 9：25：08
LastWriteTime	最后一次修改文件的时间	myFile. LastWriteTime	2011-1-18 9：37：47
Name	获取文件的名称	myFile. Name	a. txt
Length	返回文件的大小（字节）	myFile. Length	2139

表 10-7　FileInfo 类部分常用方法

名　　称	作　　用	示　　例
Create()	创建文件	myFile. Create();
CopyTo()	将现有文件复制到新文件	myFile. CopyTo(@"c:\work\a. txt", True);
Open()	打开文件	myFile. Open(FileMode. OpenOrCreate);
Delete()	删除文件	myFile. Delete();
MoveTo()	将指定文件移至新位置	myFile. MoveTo(@"c\work\a. txt");

【任务 T10_2】　文件浏览器 V1.1，要求：在文件浏览器 V1.0 的基础上，增加查看文件夹列表框中选中文件的属性（包括文件大小和文件创建时间）和删除文件功能，程序运行效果如图 10-3 和图 10-4 所示。

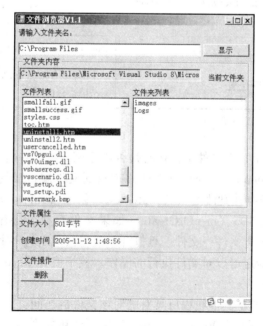

图 10-3　文件浏览器 V1.1 运行效果图

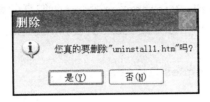

图 10-4 删除选中文件程序运行效果图

任务关键点分析：文件属性的获取、删除指定文件。

程序解析：

(1) 在 T10_1 任务的基础上，在 Form1 窗体上添加两个分组控件、两个标签控件、两个文本框控件和一个按钮控件。

(2) 修改新添加的各控件的主要属性，设置可参照表 10-8 的内容。

表 10-8 文件浏览器 v1.1 (T10_2) 新增控件属性及说明

控件名	相关属性设置	作 用
groupBox2	Text="文件属性"	分组
groupBox3	Text="文件操作"	分组
label5	Text="文件大小"	提示
label6	Text="创建时间"	提示
textBox3	Name="txtFileSize"	显示选定文件大小
textBox4	Name="txtCreateTime"	显示选定文件创建时间
button2	Name="btnDeleteFile"；Text="删除"	删除选定文件

(3) 在窗体示例程序代码的基础上添加如下代码：

```
//显示文件属性
private void lstFiles_SelectedIndexChanged(object sender, EventArgs e)
{
    string fullFileName = Path.Combine(txtCurrentFolder.Text, lst
        Files.Text);
    FileInfo file= new FileInfo(fullFileName);
    txtFileSize.Text= file.Length.ToString()+ "字节";
    txtCreateTime.Text= file.CreationTime.ToString();
}
//删除选定文件
private void btnDeleteFile_Click(object sender, EventArgs e)
{
    string fullFileName = Path.Combine(txtCurrentFolder.Text, lst
        Files.Text);
    FileInfo file= new FileInfo(fullFileName);
```

```
DialogResult resu= MessageBox.Show("您真的要删除\""+ file.Name+ "\"
    吗?", "删除", MessageBoxButtons.YesNo, MessageBoxIcon.Informa
    tion);
if (resu== DialogResult.Yes)
{
    file.Delete();                          //删除文件
    DisplayList(txtCurrentFolder.Text);   //重新加载文件列表
}
}
```

任务总结：本任务在任务 T10_1 基础上，实现了显示选定文件相关属性和删除指定文件的功能，利用这些方法，可以很容易的对文件进行管理。

（4）Path 类。

Path 类对包含文件或目录路径信息的 String 实例执行操作，这些操作是以跨平台的方式执行的。Path 类的成员可以快速方便地执行常见操作，如确定文件的扩展名是否是路径的一部分，以及将两个字符串组合成一个路径名等。Path 类的所有成员都是静态的。表 10-9 列出了 Path 类的部分常用方法。

表 10-9　Path 类的部分常用方法

名　称	作　用	示　例
Combine()	合并两个路径字符串	Path.Combine("C:\\work\\abc", "a.txt");
GetDirectoryName()	返回指定路径字符串的目录信息	Path.GetDirectoryName("C:\\work\\abc\\a.txt");
GetFileName()	返回指定路径字符串的文件名和扩展名	Path.GetFileName("C:\\work\\abc\\a.txt");
GetExtension()	返回指定路径字符串的扩展名	Path.GetExtension("C:\\work\\abc\\a.txt");
GetFullPath()	返回指定路径字符串的绝对路径	Path.GetFullPath("C:\\work\\abc\\a.txt");
GetPathRoot()	获取指定路径字符串的根目录信息	Path.GetPathRoot("C:\\work\\abc\\a.txt");

【任务 T10_3】　设计控制台应用程序，演示 Path 类常用方法。

任务关键点分析：获取指定路径各个属性。

程序解析：

```
static void Main(string[] args)
{
    string strPath= "c:\\work\\abc\\a.txt";
    Console.WriteLine("GetDirectory is {0}", Path.GetDirectory
        Name(strPath));
    Console.WriteLine("GetFileName is {0}", Path.GetFileName(str
```

```
        Path));
    Console.WriteLine ( " GetExtension  is  {0}", Path.GetExtension
        (strPath));
    Console.WriteLine("GetFullPath is {0}",Path.GetFullPath (str
        Path));
    Console.WriteLine("GetPathRoot is {0}",Path.GetPathRoot (str
        Path));
    Console.ReadLine();
}
```

程序运行结果

```
GetDirectory is c:\work\abc
GetFileName is a.txt
GetExtension is .txt
GetFullPath is c:\work\abc\a.txt
GetPathRoot is c:\
```

任务总结：在本任务中，利用 Path 类获取了指定路径的各个属性。

（5）DriveInfo 类。DriveInfo 类提供对有关驱动器的信息的访问，该类可以扫描系统，提供可用驱动器的列表，还可以进一步提供驱动器的大量细节。表 10-10 和表 10-11 分别给出了 DriveInfo 部分常用属性和方法。

```
DriveInfo myDrive= new DriveInfo("d");
```

表 10-10　DriveInfo 类部分常用属性

名　　称	作　　用	示　　例	返回值
AvailableFreeSpace	指示驱动器上的可用空闲空间量，单位字节	myDrive. AvailableFreeSpace	125200105472
DriveFormat	获取文件系统的名称，例如 NTFS 或 FAT32	myDrive. DriveFormat	NTFS
DriveType	获取驱动器类型	myDrive. DriveType	Fixed
IsReady	获取一个指示驱动器是否已准备好的值	myDrive. IsReady	True
Name	获取驱动器的名称	myDrive. Name	d:\
RootDirectory	获取驱动器的根目录	myDrive. RootDirectory	d:\
TotalFreeSpace	获取驱动器上的可用空闲空间总量，单位字节	myDrive. TotalFreeSpace	125200105472
TotalSize	获取驱动器上存储空间的总大小，单位字节	myDrive. TotalSize	133159022592
VolumeLabel	获取或设置驱动器的卷标	myDrive. VolumeLabel	软件

表 10-11　DriveInfo 类部分常用方法

名　　称	作　　用	示　　例
GetDrives()	检索计算机上的所有逻辑驱动器的驱动器名称	DriveInfo. GetDrives()
ToString()	将驱动器名称作为字符串返回	myDrive. ToString()

【任务 T10_4】　磁盘的基本操作，要求：设计 Windows 应用程序，利用组合框列出当前系统中所有驱动器名称，用户选择组合框中的驱动器时，在列表框中显示驱动器的各种信息，包括驱动器类型、卷标、文件系统、可用空闲空间、存储空间的总量等。

程序关键点分析：

（1）如何在窗体启动时，在"驱动器"列表框中加载所有磁盘符。

（2）如何获取一个指定磁盘的相关属性信息。

程序运行结果

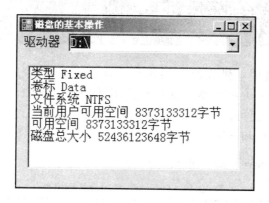

图 10-5　磁盘的基本操作（T10_4）程序运行效果图

程序解析：

（1）新建一个名为 T10_4 的 Windows 应用程序项目，在 Form1 窗体上添加一个标签控件、一个组合框控件和一个列表框控件。

（2）修改各控件的主要属性，设置可参照表 10-12 的内容。

表 10-12　磁盘的基本操作（T10_4）所使用的控件属性及说明

控件名	相关属性设置	作　　用
label1	Text="驱动器"	提示
comboBox1	Name="cmbDrives"	显示所有驱动器
listBox1	Name="lstDriveProperty"	显示选中驱动器的相关属性

（3）引用 System. IO 命名空间。

```
Using System.IO;
```

（4）编写 Form1_Load 事件过程。在该过程中，实现窗体加载时，利用 DriveInfo 类的 GetDrives()方法获取系统上的所有驱动器，并利用 foreach 循环遍历每个驱动器，将其分别添加到"驱动器"列表框中。

```
private void Form1_Load(object sender, EventArgs e)
{
        //利用 DriveInfo 类的 GetDrives()方法获取系统上所有驱动器
        DriveInfo[] allDrives= DriveInfo.GetDrives();
        //利用 foreach 循环遍历每个驱动器,并将其分别添加到"驱动器"列表框中
        foreach (DriveInfo aDrive in allDrives)
        {
                cmbDrives.Items.Add(aDrive.Name);
        }
        //设置默认驱动器
        cmbDrives.SelectedIndex= 0;
}
```

(5) 编写"驱动器"列表框的 SelectedIndexChanged 事件过程。在该过程中,主要利用 DriveInfo 类的各个属性,获取用户选定驱动器的每个相关属性并将其一一添加到 lstDriveProperty 列表框中。

```
private void cmbDrives_SelectedIndexChanged(object sender, EventArgs e)
{
        lstDriveProperty.Items.Clear();
        //根据用户选择的当前驱动器,实例化 DriveInfo 对象
        DriveInfo drive= new DriveInfo(cmbDrives.Text);
        //利用 DriveInfo 的各个属性,获取并显示用户选定驱动器的相关属性
        lstDriveProperty.Items.Add("类型"+ drive.DriveType);
        if (drive.IsReady)
        {
                lstDriveProperty.Items.Add("卷标"+ drive.VolumeLabel);
                lstDriveProperty.Items.Add("文件系统"+ drive.DriveFormat);
                lstDriveProperty.Items.Add("当前用户可用空间"+ drive.Available
                        FreeSpace+ "字节");
                lstDriveProperty.Items.Add("可用空间"+ drive.TotalFree
                        Space+ "字节");
                lstDriveProperty.Items.Add("磁盘总大小"+ drive.TotalSize+ "字
                        节");
        }
}
```

任务总结:在本任务中,通过使用 DriveInfo 类的相关方法和属性,可以方便地获取用户系统上所有的驱动器,以及每个驱动器相应的信息。

10.2　简单记事本

10.2.1　任务解析

【任务 T10_5】　设计完成简单记事本程序，功能要求：实现一个简单的文本编辑器，程序外观与 Windows 系统中自带的记事本相似，只是功能更加简单。通过该应用程序可以完成新建、打开、编辑和保存文本文件的功能。

任务关键点分析：

（1）文本文件的读写操作；

（2）打开文件对话框和保存文件对话框的使用。

界面设计如图 10-6 所示。

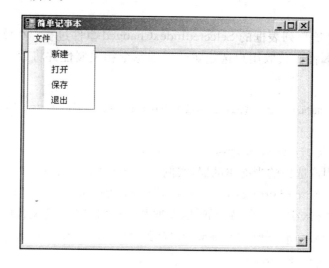

图 10-6　简单记事本（T10_5）界面设计图

程序解析：

（1）新建一个名为 T10_5 的 Windows 应用程序项目，在 Form1 窗体上添加一个一级菜单控件和四个二级菜单控件、一个文本框控件、一个打开文件对话框控件和一个保存文件对话框控件。

（2）修改各控件的主要属性，设置可参照表 10-13 的内容。

表 10-13　简单记事本（T10_5）所使用的控件属性设置及说明

控件名	相关属性设置	作　　用
ToolStripMenuItem	Name="mnuFile"；Text="文件"	打开二级子菜单
ToolStripMenuItem	Name="mnuNewFile"；Text="新建"	新建文本文件
ToolStripMenuItem	Name="mnuOpenFile"；Text="打开"	打开文本文件
ToolStripMenuItem	Name="mnuSaveFile"；Text="保存"	保存文件文件

续表

控件名	相关属性设置	作　用
ToolStripMenuItem	Name="mnuExit"；Text="退出"	退出应用程序
textBox1	Dock：Full；MulitiLine：True；ScrollBars：Vertial	显示/编辑文本文件内容
openFileDialog1	—	弹出打开文件对话框
saveFileDialog1	—	弹出保存文件对话框

（3）引用 System.IO 命名空间。

Using System.IO;

（4）编写"新建"菜单的 Click 事件过程。在该过程中，设置窗体标题为"新文档"，并将文本框中的内容清空。

```
private void mnuNewFile_Click(object sender, EventArgs e)
{
      this.Text= "新文档";
      textBox1.Text= "";
}
```

（5）编写"保存"菜单的 Click 事件过程。在该过程中，弹出保存文件对话框。

```
private void mnuSaveFile_Click(object sender, EventArgs e)
{
      //设置保存文件对话框的相关属性
      saveFileDialog1.Filter= "文本文件(*.txt)|*.txt|cs文件(*.cs)|*.cs";
      saveFileDialog1.FileName= this.Text;
      //弹出保存文件对话框
      saveFileDialog1.ShowDialog();
}
```

（6）为 saveFileDialog1 对象编写 FileOk 事件过程。在该过程中，完成文本文件的保存。

```
private void saveFileDialog1_FileOk(object sender, CancelEventArgs e)
{
      StreamWriter sw;
      this.Text= Path.GetFileName(saveFileDialog1.FileName);
      sw= new StreamWriter(saveFileDialog1.FileName);
      sw.Write(textBox1.Text);
      sw.Close();
}
```

（7）编写"打开"菜单的 Click 事件过程。在该过程中，弹出"打开"文件对话框。

249

```
private void mnuOpenFile_Click(object sender, EventArgs e)
{
        //设置"打开"文件对话框的相关属性
openFileDialog1.Filter= "文本文件(*.txt)|*.txt|cs 文件(*.cs)|*.cs";
        openFileDialog1.FileName= "";
        //弹出"打开"文件对话框
        openFileDialog1.ShowDialog();
}
```

（8）为 openFileDialog1 对象编写 FileOk 事件过程。在该过程中，完成文本文件的读取操作。

```
private void openFileDialog1_FileOk(object sender, CancelEventArgs e)
{
        StreamReader sr;
        this.Text= Path.GetFileName(openFileDialog1.FileName);
        sr= new StreamReader(openFileDialog1.FileName);
        textBox1.Text= sr.ReadToEnd();
        sr.Close();
}
```

（9）编写"退出"菜单的 Click 事件过程，完成退出应用程序功能。

```
private void mnuExit_Click(object sender, EventArgs e)
{
        Application.Exit();
}
```

任务总结：在本任务中，使用 StreamWriter 类和 StreamReader 类进行文件流的读写操作，同时为了便于用户选取文件，使用了"打开"文件对话框和"保存"文件对话框，下面将对这些新知识点进行详细介绍。

10.2.2 文件与流

程序设计时，存储在变量或数组中的数据并不能长期保存，因为退出应用程序时，变量和数组会释放所占有的存储空间。文件可以很方便地用于在应用程序的实例之间存储数据，或者用于在应用程序之间传输数据，也可以存储用户和应用程序的配置信息，以便在下次运行应用程序时进行检索和配置。

读写文件的操作并不是通过 File 或 FileInfo 对象完成的，而是利用许多表示流的类来完成的。这样就可以把传输数据的概念与特定的数据源分离开来，从而更容易切换数据源。System.IO 命名空间包含允许在数据流和文件上进行同步和异步读取及写入的类型。文件（File）与流（Stream）是既有区别又有联系的两个概念。

文件是指在各种存储介质（如可移动磁盘、硬盘或 CD 等）上永久保存的数据有序集合，并以一个具体的名称与此集合相对应，是进行文件读/写操作的基本对象。文件通常按照树状目录或路径进行组织管理，并且具有创建时间、访问权限等属性。

流是字节序列的抽象概念，如文件、输入/输出设备、内存进程通信管道或者 TCP/IP 套接字等。流提供一种向后续存储器写入字节或从后续存储器读取字节的方式。使用流的好处是可以隐藏不同操作系统及底层硬件的差异，为程序员提供统一的编程接口。

对于文件的读写，最常用的类如下。

（1）FileStream（文件流）。这个类主要用于在二进制文件中读写二进制数据，也可以读写任何文件。该类将在 10.3.2 节 FileStream 类中进行详细介绍。

（2）StreamReader（流读取器）和 StreamWriter（流写入器）。这两个类专门用于读写文本文件。

10.2.3 文本文件读写

理论上，可以使用 FileStream 类读取和显示文件，但是如果知道某个文件是文本文件，通常可以使用 StreamReader 和 StreamWriter 类更方便地读写它们，而不是 FileStream 类。这些类工作的级别比较高，特别适合读写文件。它们执行的方法可以根据流的内容，自动检测出停止读取文本较合适的位置。

● 这些类执行的方法可以一次读写一行文本（StreamReader. ReadLine()和 StreamWriter. WriteLine()）。在读取文件时，流会自动确定下一个回车符的位置，并在该处停止读取。在写入文件时，流会自动把回车符和换行符添加到文本的末尾。

● 使用 StreamReader 类和 StreamWriter 类，不需要担心文件中使用的编码方式（文本格式）。其约定是：如果文件是 ASCII 码格式，只包含文件；如果是 Unicode 格式，用文件的前两个或三个字节来存放文件格式信息，这些字节可以设置为表示文件格式值的特定组合，称为字节码标记。

1. StreamReader 类

StreamReader 类用于读取文本文件，继承于 TextReader 抽象类，从流中以某种特定格式读取字符，默认格式为 UTF-8 。StreamReader 构造函数所需的参数如表 10-14 所示。

表 10-14　StreamReader 构造函数的参数

参　　数	说　　明
Stream stream	一个打开的流
Encoding encoding	需要的编码方案，可能值包括 Unicode、ASCII、UTF7、UTF8、UTF32 和 Big-EndianUnicode
int buffersize	指定缓冲区容量的最大值（通常使用默认设置）
string path	文件名，StreamReader 将用后台方式打开一个流并用它从文件读取数据
bool detect	确认由 StreamReader 自动检测文件中使用的编码方式（默认为 True）

StreamReader 构造函数的参数必须包含一个流或路径。下面是一些实例化 StreamReader

对象的常用方法。

● 仅带有一个文件名参数

```
StreamReader sr= new StreamReader(@"C:\work\abc\a.txt");
```

● 带有文件名和编码方式

```
StreamReader sr= new StreamReader(@"C:\work\abc\a.txt",Encoding.ASCII);
```

● 把 StreamReader 对象关联到 FileStream 上，从而可以指定文件、创建模式、读写权限和共享权限等。

```
FileStream fs= new FileStream(@"C:\work\abc\a.txt", FileMode.Open, File
    Access.Read, FileShare.None);
StreamReader sr= new StreamReader(fs);
```

创建了 StreamReader 对象后，就可以使用它的方法，StreamReader 对象的部分常用方法如表 10-15 所示。

表 10-15　StreamReader 类部分常用方法

方　法	作　用	示　例
Close()	关闭 StreamReader 对象和基础流，并释放与读取器关联的所有系统资源	sr.Close();
Read()	用来逐个字符地读取或用于数据块的读取	sr.Read();
ReadLine()	从当前流中读取一行字符并将数据作为字符串返回，当前位置向下移动一行。如果到达了输入流的末尾，则为空引用	sr.ReadLine();
ReadToEnd()	从流的当前位置到末尾读取流。如果当前位置位于流的末尾，则返回空字符串	sr.ReadToEnd();
Peek()	Peek 方法返回一个整数值以便确定是否到达文件末尾，到达文件末尾返回-1	sr.Peek();

注意：在使用完 StreamReader 对象后应关闭（sr.Close();），否则，文件将一直被锁定而不能执行其他的进程。

2. StreamWriter 类

StreamWriter 类的工作方式与 StreamReader 类似，但 StreamWriter 只能用于写入文件（或另一个流）。下面是一些实例化 StreamWriter 对象的常用方法。

● 仅带有一个文件名参数

```
StreamWriter sw= new StreamWriter (@"C:\work\abc\a.txt");
```

● 带有文件名和编码方式

```
StreamWriter sw= new StreamWriter (@"C:\work\abc\a.txt",Encoding.ASCII);
```

● 把 StreamWriter 对象关联到 FileStream 上，以获得打开文件更多的控制选项。

//以追加写方式打开文件

```
FileStream fs= new FileStream(@"C:\work\abc\a.txt", FileMode.Append, FileAc
    cess.Write);
StreamWriter sw= new StreamWriter(fs);
```

创建了 StreamWriter 对象后，就可以使用它的方法，StreamWriter 对象的部分常用方法如表 10-16 所示。

表 10-16　StreamWriter 对象的部分常用方法

方　法	作　　用	示　例
Close()	关闭 StreamWriter 对象和基础流。StreamWriter 将在被关闭后自动清空	sw.Close();

Write()	写入流，支持多种重载形式。	sw.Write('a');
		sw.Write("abc");
		char [] a= {'a', 'b', 'c'};
		sw.Write(a);

WriteLine()	向流中写入一行文本，与 Write()方法类似，支持多种重载形式	sw.WriteLine();
Flush()	清理当前编写器的所有缓冲区，并使所有缓冲数据写入基础流	sw.Flush();

注意：在使用完 StreamWriter 对象后同样应关闭。

【任务 T10_6】　读写文本文件，要求编写控制台应用程序，将文本内容写入指定文本文件中并按行读取，一直读到文件尾。

任务关键点分析：文本文件的读写。

程序解析：

```
using System.IO;
static void Main(string[] args)
{
        string path= @"c:\work\a.txt";
        if (File.Exists(path))
        {
            File.Delete(path);
        }
        //将文本内容写入指定的文本文件
        StreamWriter sw= new StreamWriter(path);
        sw.WriteLine("This");
        sw.WriteLine("is some text");
```

```
sw.WriteLine("to test");
sw.WriteLine("Reading");
sw.Close();
//从指定的文本文件中,按行读取文本内容
StreamReader sr= new StreamReader(path);
while (sr.Peek()> -1)
{
        Console.WriteLine(sr.ReadLine());
}
sr.Close();

Console.ReadLine();
}
```

任务总结：在本任务中，通过 StreamWriter 类和 StreamReader 实现了文本文件的读写操作。

10.2.4　打开和保存文件对话框

OpenFileDialog 打开文件对话框和 SaveFileDialog 保存文件对话框位于"工具箱"的对话框中，Windows 中可以使用通用对话框（Common Dialog）。这些对话框允许用户执行常用的任务，如打开和关闭文件，以及选择字体和颜色等。这些对话框提供执行相应任务的标准方法，使用它们将赋予应用程序公认的和熟悉的界面。并且这些对话框的屏幕显示是由代码运行的操作系统版本提供的，它们能够适应未来 Windows 版本。因此建议使用系统提供的这些对话框。

通用对话框用 CommonDialog 类表示，CommonDialog 有 7 个子类，如表 10-17 所示：

表 10-17　.NET 中通用对话框的分类

类	描　述
OpenFileDialog	允许用户选择打开一个文件
SaveFileDialog	允许用户选择一个目录和文件名来保存文件
FontDialog	允许用户选择字体
ColorDialog	允许用户选择颜色
PrintDialog	显示一个打印对话框，允许用户选择打印机和打印文档的哪一部分
PrintViewDialog	显示一个打印预览对话框
PageSetupDialog	显示一个对话框，允许用户选择页面设置，包括页边距及纸张方向

本节中，只介绍 OpenFileDialog 类和 SaveFileDialog 类，其他对话框使用方法相似。

OpenFileDialog 对话框为用户提供从一个文件夹中选择相应文件的快捷操作，并且可以指定其初始目录以提高文件选择的效率，通过其文件筛选器还可以限定可打开文件的类型。

用户可以使用 SaveFileDialog 对话框浏览文件系统并选择要保存的文件，该对话框返回用户在对话框中选定的文件的路径和名称。同样，通过设置 SaveFileDialog 对话框的初始目录和文件筛选器，也可以提高文件选择的效率和限定可保存文件的类型。OpenFileDialog 对话框和 SaveFileDialog 对话框部分常用属性、方法和事件分别如表 10-18、表 10-19 和表 10-20 所示。注意，对于这两个对话框必须编写代码才能真正地从磁盘中读取文件和将文件写入磁盘。

表 10-18　OpenFileDialog 对话框和 SaveFileDialog 对话框部分常用属性

名　称	作　用
FileName	获取或设置一个包含在文件对话框中选定的文件名的字符串
Filter	获取或设置当前文件名筛选器字符串，该字符串决定对话框的"文件类型"框中出现的选择内容。筛选器字符串包含筛选器说明，后接一垂直线条（｜）和筛选器模式。不同筛选选项的字符串由垂直线条隔开。示例:"文本文件（∗.txt）｜∗.txt｜所有文件（∗.∗）｜∗.∗"
FilterIndex	获取或设置初始文件类型（扩展名）
Title	获取或设置文件对话框标题
InitialDirectory	获取或设置文件对话框显示的初始目录

表 10-19　OpenFileDialog 对话框和 SaveFileDialog 对话框部分常用方法

名　称	作　用
ShowDialog()	显示"打开文件对话框"或"保存文件对话框"

表 10-20　OpenFileDialog 对话框和 SaveFileDialog 对话框部分常用事件

名　称	作　用
FileOk	当单击"文件"对话框中的"打开"或"保存"按钮时发生

10.3　二进制文件读写

10.3.1　任务解析

【任务 T10_7】　二进制文件读写要求：设计控制台应用程序，实现向指定文件流写入数据及从中读取数据功能。

任务关键点分析：二进制文件的读写。

程序解析：

（1）引用 System.IO 命名空间。

```
Using System.IO;
```

（2）编写 Main()函数，实现向指定文件"Test.data"写入数据及从中读取数据的功能。

```
public static void Main(String[] args)
{
    const string FILE_NAME= "Test.data";
    // 创建二进制数据写对象 bw
    FileStream fs= new FileStream(FILE_NAME, FileMode.Create);
    BinaryWriter bw= new BinaryWriter(fs);
    //向 Test.data 文件流中写数据
    for (int i= 0; i< 11; i++ )
    {
        bw.Write(i);
    }
    bw.Close();
    fs.Close();
    // 创建二进制数据读对象 br
    fs= new FileStream(FILE_NAME, FileMode.Open, FileAccess.Read);
    BinaryReader br= new BinaryReader(fs);
    // 从 Test.data 文件流中读取数据
    for (int i= 0; i< 11; i++ )
    {
        Console.WriteLine(br.ReadInt32());
    }
    br.Close();
    fs.Close();
    Console.ReadLine();
}
```

任务总结：在本任务中，使用了 FileStream 类、BinaryWriter 类和 BinaryReader 类来进行二进制数据流的读写操作，下面将对这些新知识点进行详细介绍。

10.3.2　FileStream 类

读写二进制文件通常要使用 FileStream 类，要构造 FileStream 实例，需要以下四条信息。

（1）要访问的文件。

（2）表示如何打开文件的模式。例如，创建一个新文件或打开一个现有的文件。如果打开一个现有的文件，写入操作是覆盖文件原有内容，还是添加到文件的末尾？

（3）表示访问文件的方式是只读、只写，还是读写？

（4）共享访问，表示是否独占访问文件。如果允许其他流同时访问文件，则这些流是只读、只写还是读写文件？

其中，第一条信息通常用一个包含文件完整路径的字符串表示，其余三条信息分别由三个 .NET 枚举 FileMode、FileAccess 和 FileShare 表示。这些参数的枚举值在前面已做过介绍，这里不再重复说明。

FileStream 有许多构造函数，其中 3 个最简单的构造函数如下所示：

//以读写方式创建文件 testA. txt

```
FileStream fs1= new FileStream(@"C:\work\abc\testA.txt",FileMode.Cre
    ate);
```

//以只写方式创建文件 testB. txt

```
FileStream fs2= new FileStream(@"C:\work\abc\testB.txt", FileMode.
    Create,FileAccess.Write);
```

//以只读方式创建文件 testC. txt,并且设置该文件的访问权限为 None,即不共享该文件

```
FileStream fs3= new FileStream(@"C:\work\abc\testC.txt", FileMode.
    Create,FileAccess.Write, FileShare.None);
```

事实上，也可以利用前面学过的 File 类和 FileInfo 类获得 FileStream 的实例，这两个类同时提供 OpenRead()、OpenWrite() 和 Open() 方法。OpenRead() 方法打开现有文件进行读取，OpenWrite() 方法打开现有文件进行写入，Open() 方法允许显示指定模式、访问方式和文件共享参数。例如以下两种方法均可以以只读方式打开文件 testA. txt：

//利用 File 类创建一个文件流

```
FileStream fs4= File.OpenRead(@"C:\work\abc\testA.txt");
```

//利用 FileInfo 类创建一个文件流

```
FileInfo f1= new FileInfo(@"C:\work\abc\testA.txt");
FileStream fs4= f1.OpenRead();
```

注意：使用完一个流之后，就应该使用 Close() 方法关闭。

表 10-21 和表 10-22 分别介绍 FileStream 类部分常用属性和方法。

表 10-21　FileStream 类部分常用属性

名　称	作　用
CanRead	如果流支持读取，则为 True；如果流已关闭或是通过只写访问方式打开的，则为 False
CanSeek	如果流支持查找，则为 True；如果流已关闭，则为 False
CanWrite	如果流支持写入，则为 True；如果流已关闭或是通过只读访问方式打开的，则为 False
Length	获取流长度的值
Position	流的当前位置

表 10-22　FileStream 类部分常用方法

名　称	作　用
Close()	关闭当前流并释放与之关联的所有资源
ReadByte()	从流中读取一个字节，把结果转换为一个 0～255 之间的一个整数。如果到达该流的末尾，返回-1
Read()	从流中读取多个字节，并返回实际读取的字节数，如果这个值是 0，就表示达到流的末端
Write()	使用从缓冲区读取的数据将字节块写入该流
WriteByte()	将一个字节写入文件流的当前位置

10.3.3　BinaryWriter 类

BinaryWriter 类用于将二进制数据从 C#变量写入指定的流中。使用 BinaryWriter 类向二进制文件写入数据时需要实例化一个 BinaryWriter 对象，要用构造函数创建一个 BinaryWriter 对象，需要提供一个或两个参数，其构造函数形式如表 10-23 所示。

表 10-23　BinaryWriter 类构造函数形式

名　称	作　用
BinaryWriter（Stream）	基于所提供的流，用 UTF-8 作为字符串编码来初始化 BinaryWriter 类的新实例
BinaryWriter（Stream，Encoding）	基于所提供的流和特定的字符编码，初始化 BinaryWriter 类的新实例

BinaryWriter 类最常用的方法是 Close()和 Write()方法。Close()方法用于关闭当前二进制数据要写入的流及当前的 BinaryWriter。Write()方法用于写入各种类型的数据，包括字符、字符串、数值型、字节型等。

10.3.4　BinaryReader 类

BinaryReader 类用于从指定的流中读取二进制数据。利用 BinaryReader 类读取二进制文件时也需要先实例化一个 BinaryReader 对象，其构造函数所需参数和 BinaryWriter 类一致。

BinaryReader 类提供了丰富的方法，用于从流中读取数据和进行其他操作。BinaryReader 类常用部分方法如表 10-24 所示。

表 10-24　BinaryReader 类常用部分方法

名　称	作　用
Close()	关闭当前 BinaryReader 类对象及其基础流
Read()	从指定流中读取字符
ReadString()	从当前流中读取一个字符串
ReadInt32()	从当前流中读取 4 字节有符号整数
ReadDouble()	从当前流中读取 8 字节浮点值
ReadDecimal()	从当前流中读取十进制数值
ReadBoolean()	从当前流中读取 Boolean 值

本章小结

本章介绍如何在 C#代码中使用 System.IO 命名空间下的各个类来访问文件系统。System.IO对象模型比较简单，但功能强大，对于文件系统可以复制文件、移动、创建、删除文件和文件夹，读写二进制文件和文本文件。

本章还介绍了打开和保存文件对话框，利用这两个控件可以很容易地弹出标准的文件打开和保存窗口界面，从而方便用户选取文件的操作。

上机练习 10

1. 上机执行本章 T10_1～T10_7 等任务，并分析其结果。

2. 编写 Windows 应用程序，程序功能如下。

设计并实现文件浏览器 V1.2，在实现文件浏览器 V1.1 的基础上，添加"上级目录"按钮，用户单击"上级目录"按钮，即可进入当前文件夹的上级目录，同时同步显示上级目录包含的文件列表和文件夹列表。

程序运行效果如图 10-7 所示。

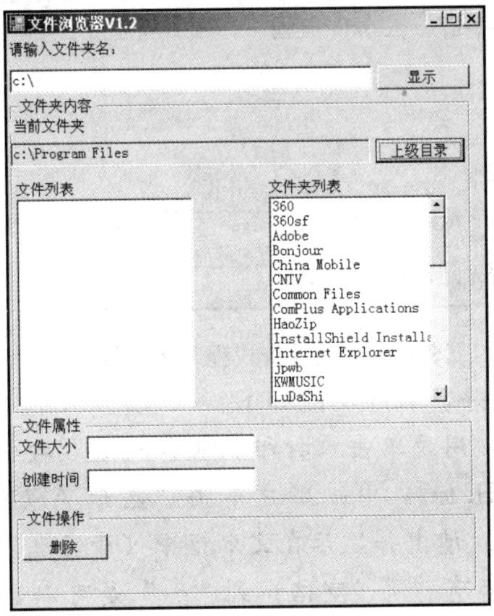

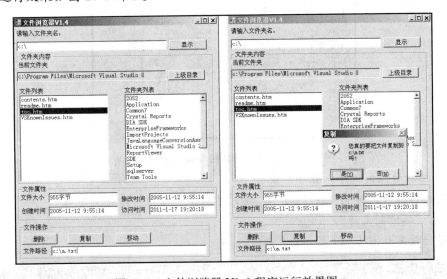

图 10-7　文件浏览器 V1.2 程序运行效果图

3. 编写 Windows 应用程序，程序功能如下。

设计并实现文件浏览器 V1.3，在实现文件浏览器 V1.2 的基础上，显示选定文件属性时增加文件修改时间属性和访问时间属性；对文件操作，增加复制和移动选定文件操作。

程序运行效果如图 10-8 所示。

图 10-8　文件浏览器 V1.3 程序运行效果图

4. 编写 Windows 应用程序，程序功能如下。

实现文件查找功能，要求：搜索该文件夹及其子文件夹；用户不输入文件后缀名，则程序搜索所有满足主文件名要求的所有类型的文件。

提示：ListView 的 View 属性应设置为 Details。

程序运行效果如图 10-9 所示。

图 10-9　文件查找程序运行效果图

5. 编写 Windows 应用程序，程序功能如下。

打印 ASCII 码表，要求：用户单击"打印 ASCII 码表"按钮时，程序将可打印的 ASCII 码表保存至文本文件（ASCII. txt）中；用户单击"显示 ASCII 码表"按钮时，将保存的 ASCII 码表文件（ASCII. txt）读出并显示在文本框中（请尝试使用多种读方法）。

提示：在 ASCII 码中，只有" "（空格）到"～"是可以显示的字符，其余为不可显示的控制字符。可显示字符的编码值为 32～125。

程序运行效果如图 10-10 所示。

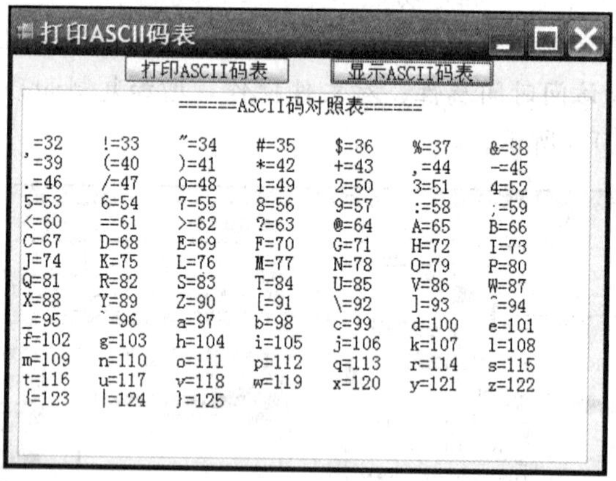

图 10-10　打印 ASCII 码表程序运行效果图

6. 编写控制台应用程序，程序功能如下。

将下列数据写入二进制文件 MyFile. dat，然后依次读出并输出到屏幕。

1, 2.5, "二进制文件", True

程序运行效果如图 10-11 所示。

图 10-11　读写二进制文件程序运行效果图

第11章 数据访问技术

本章通过"个人事务管理系统"任务，引入 ADO.NET 数据访问技术的基本概念及 Sql Connection 对象、SqlCommand 对象、SqlDataReader 对象、SqlDataAdapter 对象和 DataSet 对象等知识点，使学生具备利用 ADO.NET 技术访问数据库，实现对数据库的增加、删除、修改、查询操作，以及初步开发数据库应用程序的能力。

本章要点：
➢ 了解 ADO.NET 的基本概念；
➢ 熟悉 SqlConnection 对象和 SqlCommand 对象对数据库的操作；
➢ 掌握 SqlDataReader 对象的作用和使用方法；
➢ 了解数据集（DataSet）的结构；
➢ 掌握数据适配器（SqlDataAdapter）对象访问数据库的基本方法；
➢ 掌握 DataGridView 控件结合 ADO.NET 对数据库操作和数据绑定技术。

11.1 个人事务管理系统页面设计

11.1.1 任务解析

【**任务 T11_1**】 设计完成个人事务管理系统。说明：事务管理系统是在经济文化和个性都高度活跃的现代环境下针对于个人隐私与自我管理的一套多功能系统。旨在能够对个人事务进行有效的管理，使其能有计划地进行，节约时间与精力，高效完成既定任务。本系统选择了日常记事为主要功能模板，进行数据库设计，实现个人事务管理操作。

任务关键点分析：数据库、ADO.NET。

界面设计如图 11-1 所示。

图 11-1　个人事务管理系统页面设计界面

程序解析：

（1）新建一个名为 T11_1 的 Windows 应用程序项目，将 Form1 窗体重命名为"Frm Main"。添加一个 MenuStrip 菜单控件、一个 StatusStrip 状态栏控件，并在 MenuStrip 菜单控件中键入菜单项的文本，控件布局如图 11-1 所示。

（2）修改各控件的主要属性，设置可参照表 11-1 的内容。

表 11-1　需要修改的属性值

控　件		Name		Text
MenuStrip	系统 ToolStripMenuItem	登录 ToolStripMenuItem	系统	登录
		注销 ToolStripMenuItem		注销
		数据设置 ToolStripMenuItem		数据设置
		退出 ToolStripMenuItem		退出
	日程 ToolStripMenuItem	mnuNoFinishedTask	日程	未完成日程
		mnuFinishedTask		已完成日程
		管理个人日程 ToolStripMenuItem		管理个人日程
StatusStrip		statusStrip1		statusStrip1

（3）选择"系统"菜单的"退出"子菜单，直接双击，进入 Click 事件的代码框架，添加以下代码：

```
private void 退出ToolStripMenuItem_Click(object sender, EventArgs e)
{
    Application.Exit();
}
```

任务总结：在本任务中，利用"个人事务管理系统"实例引入数据库、ADO. NET 的概念，下面将分别对这些新知识点进行详细介绍。

11. 1. 2　数据库的基本概念

数据库系统提供了一种将信息集合在一起的方法。数据库主要由三部分组成：数据库管理系统（DBMS），是针对所有应用的。数据库本身，按一定的结构组织在一起的相关数据。数据库应用程序，它是针对某一具体数据库应用编制的程序，用来获取、显示和更新数据库存储的数据，方便用户使用。

常见的数据库系统有：FoxPro、Access、Oracle、SQL Server、Sybase 等。数据库管理系统主要有四种类型：文件管理、层次数据库、网状数据库和关系数据库。目前最流行、应用最广泛的是关系数据库，以上所列举的数据库系统都是关系数据库。关系数据库以行和列的形式来组织信息，一个关系数据库由若干表组成，一个表就是一组相关的数据按行排列，例如一个通讯录就是这样一个表，表中的每一列叫做一个字段，例如通讯录中的姓名、地址、电话都是字段。字段包括字段名及具体的数据，每个字段都有相应的描述信息，例如数据类型，数据宽度等。表中每一行称为一条记录。

数据库可分为本地数据库和远程数据库，本地数据库一般不能通过网络访问，本地数据库往往和数据库应用程序在同一系统中，本地数据库也称为单层数据库。远程数据库通常位于远程计算机上，用户通过网络来访问远程数据库中的数据。远程数据库可以采用两层、三层和四层结构，两层结构一般采用 C/S 模式，即客户端和服务器模式。三层模式一般采用 B/S模式，用户用浏览器访问 Web 服务器，Web 服务器用 CGI、ASP、PHP、JSP 等技术访问数据库服务器，生成动态网页返回给用户。四层模式是在 Web 服务器和数据库服务器中增加一个应用服务器。利用 ADO. NET 可以开发数据库应用程序。

11. 1. 3　用 SQL Server 创建数据库

在 SQL Server 2005 中创建一个名为 PersonSchedule 的数据库，包含三个表：Priority（优先级）表、ScheduleType（日程安排类型）表和 Task（任务）表。具体步骤如下。

（1）打开 Microsoft SQL Server Management Studio，弹出"连接到服务器"对话框，如图 11-2 所示。

（2）选择合适的服务器名称和身份验证方式后，在"连接到服务器"对话框中单击"连接"按钮，连接到 SQL Server 服务器。连接成功后，进入程序的主界面，如图 11-3 所示。

（3）在"对象资源管理器"中右击"数据库"，从弹出的快捷菜单中选择"新建数据库"命令，弹出如图 11-4 所示的对话框。

（4）在"数据库名称"文本框中输入想要创建的数据库，这里输入的名称为 PersonSchedule，单击"确定"按钮，创建 PersonSchedule 数据库。此时在"对象资源管理器"的"数据库"节点中增加一个名为 PersonSchedule 的数据库，如图 11-5 所示。

（5）展开 PersonSchedule 节点，右击"表"节点，从弹出的快捷菜单中选择"新建表"命令，开始进行表编辑操作，如图 11-6 所示。

图 11-2　连接到服务器

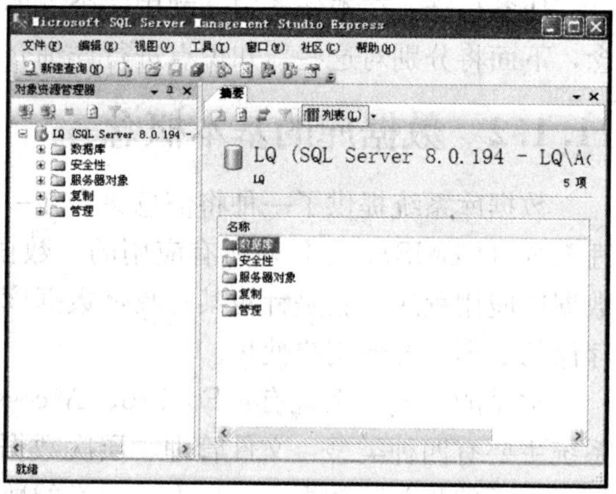

图 11-3　SQL Server Management Studio

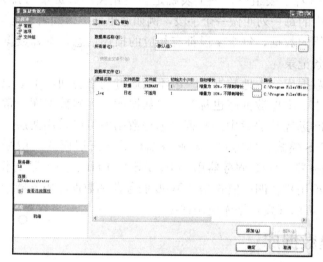

图 11-4　新建数据库

图 11-5　对象资源管理器

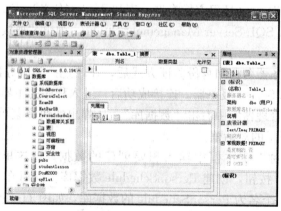

图 11-6　新建表

（6）在新建表中依次创建 Priority（优先级）表、ScheduleType（日程安排类型）表和 Task（任务）表，各表结构如图 11-7、图 11-8 和图 11-9 所示。

图 11-7　Priority 表结构

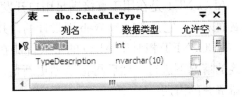

图 11-8　ScheduleType 表结构

图 11-9　Task 表结构

（7）选中 PersonSchedule 数据库中的表，右击，从弹出的快捷菜单中选择"打开表"命令，向表中输入记录。各表中的记录如图 11-10 和图 11-11 所示。

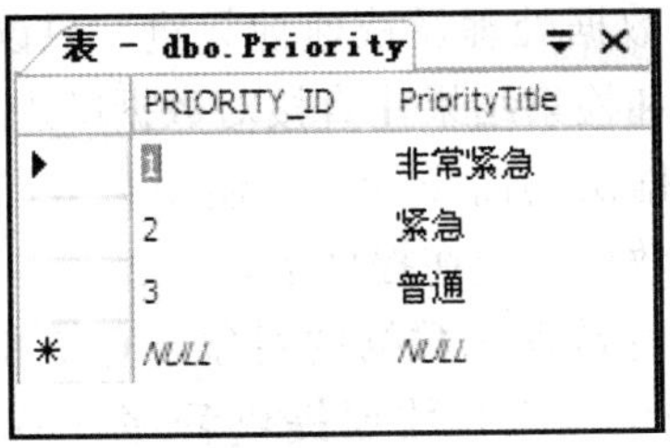

图 11-10　Priority 表记录

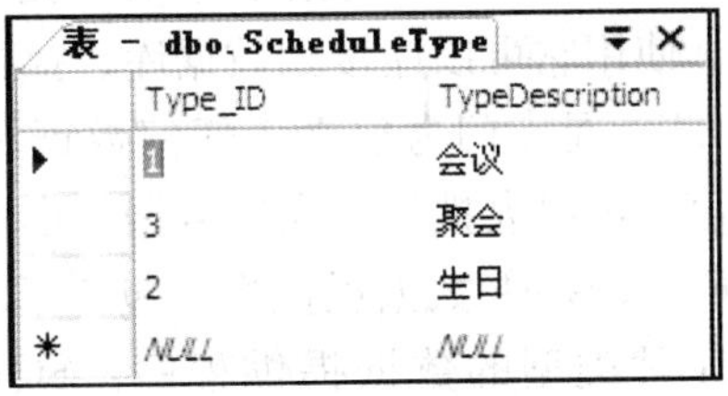

图 11-11　ScheduleType 表记录

至此，数据库的基本设计已经完成。当前这个数据库还很不完善，但是对于本章来说，已经够用了。

11.1.4　ADO. NET 概述

1. ADO. NET 简介

ADO. NET 是 . NET Framework 中用以操作数据库的类库的总称。ADO. NET 是专门为 . NET框架而设计的，它是在早期 Visual Basic 和 ASP 中大受好评的 ADO（ActiveX Data Objects，活动数据对象）的升级版本。ADO. NET 模型中包含了能够有效地管理数据的组件类。

ADO. NET 是一组向 . NET 程序员公开数据访问的类。ADO. NET 为创建分布式数据共享应用程序提供了一组非常丰富的组件。它提供了对关系数据、XML 和应用程序数据的访问，因此是 . NET 框架中不可缺少的一部分。ADO. NET 支持多种开发需求，包括创建由应用程序、工具、语言或 Internet 浏览器使用的前端数据库客户端和中间层业务对象。

ADO. NET 是在用于直接满足用户开发可伸缩应用程序需求的 ADO 数据访问模型的基础上发展而来的。它是专门为 Web 而设计的，并且考虑了伸缩性、无状态性和 XML 的问题。

ADO. NET 相对于 ADO 的最大优势在于对于数据的更新修改可以在与数据源完全断开连接的情况下进行，然后再把数据更新情况传回到数据源。这样大大减少了连接过多对于服务器资源的占用。

为了适应数据 ADO 的交换，ADO. NET 使用了一种基于 XML 的暂留和传输格式，说得更精确些，为了将数据从一层传输到另一层，ADO. NET 解决方案是以 XML 格式表示内存数据（数据集），然后将 XML 发给另一组件。XML 格式是最为彻底的数据交换模式，可以被多种数据接口所接受，能穿透公司防火墙，因此，ADO. NET 具有跨平台性和良好的交互性。

ADO. NET 对 Microsoft SQL Server 和 XML 等数据源及通过 OLE DB 和 XML 公开的数据源提供一致的访问。数据共享使用者应用程序可以使用 ADO. NET 来连接到这些数据源，并检索、处理和更新所包含的数据。

ADO. NET 包含用于连接到数据库、执行命令和检索结果的 . NET 框架数据提供程序。开发者可以直接处理检索到的结果，或将其放入 ADO. NET 的 DataSet 对象，以便与来自多个源的数据或在层之间进行远程处理的数据组合在一起，以特殊方式向用户公开。

2. ADO. NET 的主要组件

ADO. NET 组件的表现形式是 . NET 的类库，拥有两个核心组件：. NET Framework 数据提供程序和 DataSet（数据集）。

（1）. NET Framework 数据提供程序是专门为数据处理及快速地只进、只读访问数据而设计的组件。使用它可以连接到数据库、执行命令和检索结果，直接对数据库进行操作。

（2）DataSet 是专门为独立于任何数据源的数据访问而设计的。使用它可以不必直接和数据库打交道，可以大批量地操作数据，也可以将数据绑定在控件上。

. NET Framework 数据提供程序包含了访问各种数据源数据的对象，它是和数据库有关的。目前有 4 种类型的数据提供程序：SQL Server . NET 数据提供程序（Microsoft SQL Server 数据源）、OLE DB . NET 数据提供程序（OLE DB 公开的数据源）、ODBC . NET 数据提供程序（ODBC 公开的数据源）、Oracle . NET 数据提供程序（Oracle 数据源）。

图 11-12 描述了 ADO. NET 组件的体系结构。

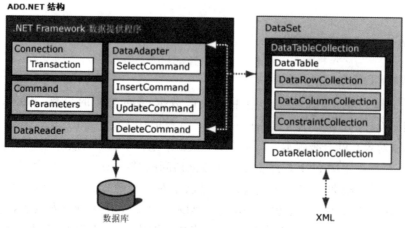

图 11-12　ADO. NET 体系结构

3. ADO. NET 对象模型

ADO. NET 对象模型中有 5 个主要的数据库访问和操作对象，分别是 Connection、Command、DataReader、DataAdapter 和 DataSet 对象。

其中，Connection 对象主要负责连接数据库，Command 对象主要负责生成并执行 SQL 语句，DataReader 对象主要负责读取数据库中的数据，DataAdapter 对象主要负责在 Command 对象执行完 SQL 语句后生成并填充 DataSet 和 DataTable，而 DataSet 对象主要负责存取和更新数据。

ADO. NET 主要提供了两种数据提供程序（Data Provider），分别是 SQL Server . NET Provider 和 OLE DB . NET Provider。

SQL Server . NET Provider 数据提供程序使用它自身的协议与 SQL Server 数据库服务器通信，而 OLE DB . NET Provider 则通过 OLE DB 服务组件（提供连接池和事务服务）和数据源的 OLE DB 提供程序与 OLE DB 数据源进行通信。

它们两者内部均有 Connection、Command、DataReader 和 DataAdapter 四类对象。对于不同的数据提供程序，上述 4 种对象的类名是不同的，而它们连接访问数据库的过程却大同小异。

这是因为它们以接口的形式，封装了不同数据库的连接访问动作。正是由于这两种数据提供程序使用数据库访问驱动程序屏蔽了底层数据库的差异，所以从用户的角度来看，它们的差别仅仅体现在命名上。

ADO. NET 对象具体的名称如表 11-2 所示。

表 11-2 ADO. NET 对象描述

对象名	OLE DB 数据 提供程序的类名	SQL Server 数据 提供程序类名
Connection 对象	OleDbConnection	SqlConnection
Command 对象	OleDbCommand	SqlCommand
DataReader 对象	OleDbDataReader	SqlDataReader
DataAdapter 对象	OleDbDataAdapter	SqlDataAdapter

具体要使用哪种数据提供程序，要看使用什么数据库，不同的数据源中都有相应的对象。这里是利用 SQL Server 数据库提供后台数据管理的，所以重点介绍 SQL Server . NET 数据提供程序，需要使用 System. Data. SqlClient 命名空间，SQL 数据提供程序中的类都以 "Sql" 开头，所以它的 4 个核心对象分别为：SqlConnection、SqlCommand、SqlDataReader、SqlDataAdapter。

11.2　插入记录

11.2.1　任务解析

【任务 T11_2】　插入记录要求：将个人事务管理系统功能拆分，设计一个 Windows 应用程序，窗体的标题为"插入记录"，单击"在 Priority 插入一条记录"按钮，连接 Person Schedule 数据库，并在 Priority 表中插入一条记录，PriorityTitle 为"非常紧急"。单击"在 ScheduleType 插入一条记录"按钮，在 ScheduleType 表中插入一条记录，TypeDescription 设为"会议"。

任务关键点分析：SqlConnection 对象、SqlCommand 对象。

界面设计如图 11-13 所示。

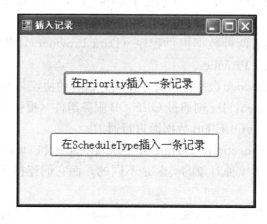

图 11-13　插入记录界面设计图

程序解析：

（1）新建一个名为 T11_2 的 Windows 应用程序项目，在 Form1 窗体上添加两个 Button 控件，控件布局如图 11-13 所示。

（2）修改各控件的主要属性，设置可参照表 11-3 的内容。

表 11-3　需要修改的属性值

控　　件	Name	Text
button1	系统默认	在 Priority 插入一条记录
button2	系统默认	在 ScheduleType 插入一条记录

（3）双击按钮，进入代码编辑界面，添加命名空间的引用。

```
using System. Data. SqlClient;
```

（4）声明字符串对象 strconn，保存连接字符串信息。

```
string strconn= "Data Source= .;Initial Catalog= PersonSchedule;In
    tegrated Security= True";
```

（5）选中"在 Priority 插入一条记录"按钮，直接双击，进入 Click 事件的代码框架，添加以下代码：

```
private void button1_Click(object sender, EventArgs e)
{
    SqlConnection conn= null ;
```

```
try
{
    //利用连接字符串实例化 SqlConnection 对象
    conn= new SqlConnection(strconn);
    conn.Open();                          //打开连接
    string strsql= "insert into Priority(PriorityTitle) values('非常
        紧急')";
    //利用查询语句和当前连接实例化 SqlCommand 对象
    SqlCommand comm= new SqlCommand(strsql,conn);
    comm.ExecuteNonQuery();               //执行 Sql 语句
    MessageBox.Show("插入成功");
}
catch (SqlException ex)
{
    //利用消息对话框显示错误信息
    MessageBox.Show("数据库访问错误"+ ex.Message);
}
finally { conn.Close(); }
}
```

以上代码功能是，单击"在 Priority 插入一条记录"按钮时，连接 PersonSchedule 数据库，并在 Priority 表中插入一条记录，PriorityTitle 为"非常紧急"。

（6）选中"在 ScheduleType 插入一条记录"按钮，直接双击，进入 Click 事件的代码框架，添加以下代码：

```
private void button2_Click(object sender, EventArgs e)
{
    SqlConnection conn= null;
    try
{
        conn= new SqlConnection(strconn);
        conn.Open();
        string strsql= "insert into ScheduleType(TypeDescription)
            values('会议')";
        SqlCommand comm= new SqlCommand(strsql, conn);
        comm.ExecuteNonQuery();
        MessageBox.Show("插入成功");
    }
    catch (SqlException ex)
    {
```

```
        MessageBox.Show("数据库访问错误"+ ex.Message);
    }
    finally { conn.Close(); }
}
```

以上代码功能是，单击"在 ScheduleType 插入一条记录"按钮时，在 ScheduleType 表中插入一条记录，TypeDescription 设为"会议"。

（7）编译并运行程序，运行效果如图 11-14 所示。

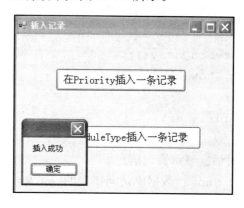

图 11-14　插入记录运行效果图

任务总结：在本任务中，个人事务管理系统的"插入记录"功能实现使用了 SqlConnection 对象、SqlCommand 对象，下面将分别对这些新知识点进行详细介绍。

11.2.2　SqlConnection 对象

要开发数据库应用程序，首先需要建立与数据库的连接。在 ADO.NET 中，数据库连接是通过 Connection 对象管理的。SqlConnection 对象主要用于 SQL Server 7.0 或更高版本的数据库的连接与管理。该对象位于 System.Data.SqlClient 命名空间中，可以通过 SqlConnection 对象创建实例，通过其 ConnetionString 属性来设置连接字符串，也可以直接使用代码创建 SqlConnection 实例并设置其连接字符串。该对象常用属性及方法意义如表 11-4 所示。

表 11-4　SqlConnection 对象的主要属性和方法

属性和方法	对应含义
ConnectionString 属性	获取或设置用于打开 SQL Server 数据库的连接字符串
ConnectionTimeout 属性	获取在尝试建立连接时终止尝试，并生成错误之前所等待的时间
DataBase 属性	获取当前数据库或连接打开后要使用的数据库的名称
DataSource 属性	设置要连接的数据源实例名称
State 属性	获取连接的当前状态
Open()方法	打开与 SQL Server 数据库的连接
Close()方法	关闭与 SQL Server 数据库的连接
BeginTransaction()方法	开始 SQL Server 数据库事务
CreateCommand()方法	创建并返回一个与 SqlConnection 关联的 SqlCommand 对象

1. ConnectionString 连接字符串

与 SQL Server 数据库创建连接时，ConnectionString 是非常重要的一个属性，在 ConnectionString 连接字符串里，一般需要指定将要连接的数据库服务器的名称、数据库名称、登录用户名、密码、安全验证设置等参数信息，这些参数之间用分号隔开。连接字符串的常用形式有下面几种：

```
server= localhost;uid= sa;pwd= sa;database= northwind
server= localhost;Integrated Security= True;database= northwind
Data Source= localhost;uid= sa;pwd= sa;Initial Catalog= northwind
Data Source= localhost;Initial Catalog= northwind;Integrated Security
          = True
```

下面将详细描述这些常用参数的使用方法。

（1）Server 参数用来指定需要连接的数据库服务器（或数据域）。比如 Server＝（local）或者 Server＝.，指定连接的数据库服务器是在本地。如果本地的数据库还定义了实例名，Server 参数可以写 Server＝（local）\实例名。另外，可以使用计算机名作为服务器的值。如果连接的是远端的数据库服务器，Server 参数可以写成 Server＝IP 或 "Server＝远程计算机名"的形式。Server 参数也可以写成 Data Source，比如 Data Source＝IP。

（2）DataBase 参数用来指定连接的数据库名。比如 DataBase＝Master，说明连接的数据库是 Master，DataBase 参数也可以写成 Initial Catalog，如 Initial Catalog＝Master。

（3）Uid 参数用来指定登录数据源的用户名，也可以写成 UserID。比如 Uid(User ID)＝sa，说明登录用户名是 sa。Pwd 参数用来指定连接数据源的密码，也可以写成 Password。比如 Pwd(Password)＝asp. net，说明登录密码是 asp. net。

（4）Integrated Security 参数用来说明登录到数据源时是否使用 SQL Server 的集成安全验证。如果该参数的取值是 True（或 SSPI，或 Yes），表示登录到 SQL Server 时使用 Windows 验证模式，即不需要通过 Uid 和 Pwd 这样的方式登录。如果取值是 False（或 No），表示登录 SQL Server 时使用 Uid 和 Pwd 方式登录。一般来说，使用集成安全验证的登录方式比较安全，因为这种方式不会暴露用户名和密码。

2. SqlConnection 对象的使用

（1）创建连接数据库的字符串。

```
String connString= "server= (local);database= PersonSchedule; Integrated
    Security= True";
```

（2）创建 SqlConnection 对象。

构造函数创建 SqlConnection 对象有两种方法：

① 使用没有参数的 SqlConnection 类的构造函数创建 Connection 对象。

```
SqlConnection conn= new SqlConnection();
conn. ConnectionString= connString;
```

② 使用 ConnectionString 属性值作为 SqlConnection 类的构造函数的参数创建 Connec tion 对象。

```
SqlConnection conn= new SqlConnection(connString);
```

（3）打开数据库的连接。

```
conn.Open();
```

（4）关闭数据库的连接。

每次完成对数据库的操作后，必须关闭对数据库的连接。虽然 SqlConnection 对象会在垃圾收集机制下自动释放，但是使用 SqlConnection 对象的 Close()方法释放 SqlConnection 对象会提高系统资源的利用率。

```
conn.Close();
```

注意：在编写连接数据库的代码前，必须先引用命名空间 using System.Data.SqlClient。

11.2.3 SqlCommand 对象

建立了 Sql Server 数据库连接之后，就可以执行数据访问操作和数据操纵操作了。ADO.NET 中定义了 SqlCommand 类执行这些操作。SqlCommand 对象可以用来对数据库发出一些指令，例如查询、新增、修改、删除数据等指令，以及呼叫存在数据库中的预存程序等。SqlCommand 对象是由 SqlConnection 对象创建的，其连接的数据源也将由 SqlConnection 来管理。该对象常用属性如表 11-5 所示。

表 11-5　SqlCommand 对象的主要属性

属　性	对应含义
Connection	获取或设置 SqlCommand 对象使用的 SqlConnection 对象
CommandText	获取或设置要对数据源执行的 T-SQL 语句或存储过程
CommandType	设置一个值，该值指示如何解释 CommandText。Text，CommandText 属性应设置为要执行的 SQL 语句；StoredProcedure，CommandText 属性应设置为存储过程的名称；TableDirect，CommandText 属性应设置为表名或视图名
Parameters	包含 0 个或多个参数

在保持连接方式下操作数据的一般步骤如下：
● 创建 SqlConnection 对象的实例；
● 打开连接；
● 创建 SqlCommand 对象的实例；
● 执行命令；
● 关闭连接。

1. 创建 SqlCommand 对象

构造函数用来构造 SqlCommand 类型的对象，可以有以下几种构造方法。

（1）SqlCommand()。

```
SqlCommand cmd= new SqlCommand();
```

```
cmd.Connection= ConnectionObject;
cmd.CommandType= CommandType.Text;
cmd.CommandText= CommandText;
```

上面代码段使用不带参数的构造函数创建一个 SqlCommand 对象。然后，把已有的 Sql Connection 对象 ConnectionObject 和命名文本 CommandText 分别赋值给 Command 对象的 Connection 属性和 CommandText 属性。

例如，CommandText 可以从数据库检索数据的 SQL select 语句：

```
string CommandText= " select * from studentInfo ";
```

此外，SQL Server 数据库同时支持存储过程。可以把存储过程的名称指定为命名文本。例如，使用编写 GetAllStudent 存储过程为命名文本：

```
string CommandText= "GetAllStudent";
cmd.CommandType= CommandType.StoredProcedure;
```

（2）SqlCommand（string cmdText）。

```
SqlCommand cmd= new SqlCommand(CommandText);
cmd.Connection= ConnectionObject;
```

上面代码段的构造函数可以接受一个命令文本，实例化一个 SqlCommand 对象，并使用给定命令文本对 SqlCommand 对象的 CommandText 属性进行初始化。然后，使用已有的 SqlConnection 对象对 SqlCommand 对象的 Connection 属性进行赋值。

（3）SqlCommand（string cmdText，SqlConnection connection）。

```
SqlCommand cmd= new SqlCommand(CommandText, ConnectionObject);
```

上面代码的构造函数接受一个 Connection 和一个命令文本，注意这两个参数的顺序，第一个为 string 类型的命令文本，第二个为 SqlConnection 对象。

注意：无论在什么情况下，当把 SqlConnection 对象赋值给 SqlCommand 对象的 Connection 属性时，并不需要 SqlConnection 对象是打开的。但是，如果连接没有打开，则在命令执行之前必须首先打开连接。

2. 执行命令，对数据库进行操作

SqlConnection 对象有 3 种主要的对数据库数据操作的方法。

（1）ExecuteNonQuery。连接执行 T-SQL 语句并返回受影响的行数。它的返回值类型为 int 型，用于执行 UPDATE、INSERT 或 DELETE 操作。

（2）ExecuteReader。将 CommandText 发送到 Connection 并生成一个 SqlDataReader。它的返回类型为 SqlDataReader，用于用户进行查询操作。

（3）ExecuteScalar。执行查询，并返回查询所返回的结果集中第一行的第一列。忽略其他列或行。它返回的多为执行 select 查询，得到的返回结果为一个值的情况，比如使用 count 函数求表中记录个数或者使用 sum 函数求和等。

11.3 动态插入 Priority 表记录并统计记录总数

11.3.1 任务解析

【任务 T11_3】 动态插入 Priority 表记录，要求：T11_2 只能一次性向 PersonSchedule 数据库中插入一条记录，在此任务中，将设计一个 Windows 应用程序，在 Form1 窗体的文本框中输入某一日程优先级，单击"添加"按钮实现在 Priority 表中插入该条记录的功能；单击"取消"按钮，清空文本框。若单击"获取 Priority 记录总数"按钮，将在下方的 label1 标签中显示 Priority 表当前记录的总数。

任务关键点分析：SqlCommand 对象提供的 Parameter 参数对象和 ExecuteScalar 方法。

界面设计如图 11-15 所示。

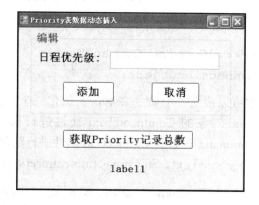

图 11-15 动态插入 Priority 表记录界面设计图

程序解析：

（1）新建一个名为 T11_3 的 Windows 应用程序项目，在 Form1 窗体上添加一个 Group Box 控件、一个按钮控件和一个 Label 控件。然后，在 GroupBox 控件中添加一个 Label 控件、一个 Textbox 控件和两个 Button 控件，控件布局如图 11-15 所示。

（2）修改各控件的主要属性，设置可参照表 11-6 的内容。

表 11-6 需要修改的属性值

控 件	Name	Text
groupBox1	grpEdit	编辑
label1	系统默认	日程优先级
label2	lblCount	系统默认
textBox1	txtPriority	null
button1	btnInsert	添加
button2	btnCancel	取消
button3	btnScalar	获取 Priority 记录总数

（3）双击按钮，进入代码编辑界面，添加命名空间的引用。

```
using System.Data.SqlClient;
```

（4）声明字符串对象 strconn，保存连接字符串信息。

```
string strconn= "Data Source= .;Initial Catalog= PersonSchedule;In
    tegrated Security= True";
```

（5）选中"添加"按钮，直接双击，进入 Click 事件的代码框架，添加以下代码：

```
private void btnInsert_Click(object sender, EventArgs e)
{
    SqlConnection conn= null;
    try
    {
        conn= new SqlConnection(strconn);
        conn.Open();
        //编写带有参数的 sql 语句
        string strsql= "insert into Priority(PriorityTitle) values
            (@PriorityTitle)";
        SqlCommand comm= new SqlCommand(strsql, conn);
        //为 comm 对象添加参数,参数名为@PriorityTitle,
        //    参数值为 txtPriority.Text
        comm.Parameters.AddWithValue("@PriorityTitle", txtPrior
            ity.Text);
        comm.ExecuteNonQuery();
        MessageBox.Show("插入成功!");
    }
    catch (SqlException ex)
    {
        MessageBox.Show("数据库操作错误:"+ ex.Message+ "错误代码:" +
            ex.Number.ToString());
    }
    finally { conn.Close(); }
}
```

以上代码功能是，将文本框中输入的日程优先级，通过单击"添加"按钮在 Priority 表中插入该条记录的功能。

（6）选中"取消"按钮，直接双击，进入 Click 事件的代码框架，添加以下代码：

```
private void btnCancel_Click(object sender, EventArgs e)
{
    txtPriority.Text= "";
}
```

（7）选中"获取 Priority 记录总数"按钮，直接双击，进入 Click 事件的代码框架，添加以下代码：

```
private void btnScalar_Click(object sender, EventArgs e)
{
    SqlConnection conn= null;
    try
    {
        conn= new SqlConnection(strconn);
        conn.Open();
        string strsql= "select count(*) from Priority";
        SqlCommand comm= new SqlCommand(strsql, conn);
        string zf= comm.ExecuteScalar().ToString();
        lblCount.Visible= True;
        lblCount.Text= "记录总数为:"+ zf;
    }
    catch (SqlException ex)
    {
        MessageBox.Show("数据库操作错误:"+ ex.Message+ "错误代码:" +
            ex.Number.ToString());
    }
    finally { conn.Close(); }
}
```

以上代码功能是，单击"获取 Priority 记录总数"按钮，将在下方的 label1 标签中显示 Priority 表当前记录的总数。

（8）编译并运行程序，运行效果如图 11-16 和图 11-17 所示。

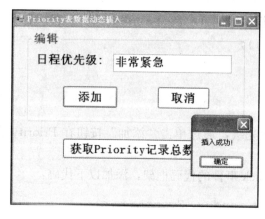

图 11-16　插入 Priority 表记录运行效果图

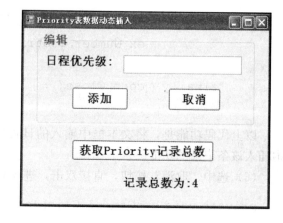

图 11-17 统计记录总数运行效果图

任务总结：在本任务中，个人事务管理系统的"动态插入 Priority 表记录并统计记录总

276

数"功能实现使用了 Parameter 参数对象和 SqlCommand 对象的 ExecuteScalar 方法（11.2.3 节中已有描述），下面将重点对 Parameter 参数对象进行详细介绍。

11.3.2　参数化查询（Parameter 对象）

参数化查询是指在设计与数据库链接并访问数据时，在需要填入数值或数据的地方，使用参数（Parameter）来给定值，这个方法目前已被视为最有效可预防 SQL 注入攻击（SQL Injection）的攻击手法的防御方式。

要在 ADO. NET 对象模型中执行一个参数化查询，需要向 Command 对象的 Parameters 集合中添加 Parameter 对象。生成 SqlParameter 的最简单方式是调用 SqlCommand 对象的 Parameters 集合中的 AddWithValue. 可生成了一个新的 SqlParameter 对象，并设置新对象的 ParameterName 和 Value 属性。

SQL 语句和存储过程都可以指定输入参数和输出参数，SqlCommand 对象提供了一个 Parameters 集合，该集合指定了一组 Parameter 对象，这些对象说明了输入、输出和返回值，在执行命令之前，必须为命令中的每一个输入参数赋值，执行后，可以从命令中检索输出参数和返回值。

1. 构成参数化查询的两种方式

（1）SqlCommand sqlcmd＝new SqlCommand（"INSERT INTO myTable（c1，c2，) VALUES（@c1，@c2)"，sqlconn）；

```
sqlcmd. Parameters. AddWithValue("@c1", 1); // 设定参数 @c1 的值。
sqlcmd. Parameters. AddWithValue("@c2", 2); // 设定参数 @c2 的值。
```

其中"@c1"和"@c2"分别代表一个查询参数。

要在 ADO. NET 对象模型中执行一个参数化查询，需要向 Command 对象的 Parameters 集合中添加 Parameter 对象。生成 SqlParameter 的最简单方式是调用 SqlCommand 对象的 Parameters 集合中的 AddWithValue，可生成一个新的 SqlParameter 对象，并设置新对象的 ParameterName 和 Value 属性。

例如：

```
StrSql= "Select *  from Orders where CustomerID= @CustomerID";
cmd. Parameters. AddWithValue("@CustomerID", "ALFKI");
```

（2）SqlParameter p＝New SqlParameter()；

```
p. ParameterName= @CustomerID;
p. Value= "ALFKI";
cmd. Parameters. Add(p);
```

用 New 关键字创建新的参数对象，上面代码段功能和构成参数化查询的第一种方式实例功能相同。

2. 设置参数数据类型

（1）推断数据类型。在上述两种构成参数化查询的两种方法中都没有设置参数的数据类型，这是因为 SqlParameter 可以根据它的 Value 属性的内容判断数据类型。

（2）显式设置参数的数据类型。SqlParameter 类的重载构造方法可以接受 SqlDbType 的枚举值来设置参数的类型及接受 int 值确定参数的 Size。

例如：

```
SqlParameter p= New SqlParameter("@CustomerID", SqlDbType.NVarChar, 5);
```

3. 参数方向

参数化查询包括输入参数和输出参数两种，可以利用参数化查询的输出参数达到 Sql-Command 的 ExecuteScalar()方法的功能，从数据库中输出单行单列的值。

例如：

```
Strsql= "Select @UnitPrice= UnitPrice from Products where ProductName
    = @ProductName";
SqlParameter pUnitPrice,pProductName;
pUnitPrice= cmd.Parameters.Add("@UnitPrice",SqlDbType.Money);
pUnitPrice.Direction= ParameterDirection.Output;
    …
cmd.ExecuteNonQuery();
```

pUnitPrice.Value 为所需要的结果，如果查询结果没有记录行，则 pUnitPrice.Value 的值为 DBNull.Value 。

在存储过程中，参数化也是非常常见的，存储过程通过 SqlCommand 对象进行参数的添加和赋值。具体可将 SqlCommand 对象的 CommandText 属性设置为存储过程名；Command Type 属性设置为 CommandType.StoredProcedure；向 SqlCommand 对象的 Parameters 集合中添加 SqlParameters。（其中对应存储过程中的输入输出参数，只要正确设置参数的 Dirction 属性即可）

参数化查询能够有效地解决一些安全问题，提高 Web 应用的安全性。同时，参数化查询能够极大地简化程序设计。只需要通过数值的更改而不需要修改 SQL 语句，极大地方便了应用程序的维护。

注意：如果未初始化 Parameter 数据类型的属性，但设置了 Value 属性，那么 Parameter 会自动选择合适的数据类型。

11.4　加载 ScheduleType 表中字段的值

11.4.1　任务解析

【任务 T11_4】　加载 ScheduleType 表中字段的值，要求：设计一个 Windows 应用程序，实现 ScheduleType 表中字段的值加载功能，将 ScheduleType 表中的数据加载到对应的文本框和下拉列表框中。

任务关键点分析：SqlDataReader 对象。

界面设计如图 11-18 所示。

图 11-18　加载表字段的值界面设计图

程序解析：

（1）新建一个名为 T11_4 的 Windows 应用程序项目，向 Form1 窗体添加一个 Textbox 控件和一个 ComboBox 控件，控件布局如图 11-18 所示。

（2）修改各控件的主要属性，设置可参照表 11-7 的内容。

表 11-7　需要修改的属性值

控　件	Name	Text
textBox1	txtScheduleType	null
comboBox1	cmbScheduleType	null

（3）双击按钮，自动进入代码编辑界面，添加命名空间的引用。

```
using System.Data.SqlClient;
```

（4）声明字符串对象 strconn，保存连接字符串信息。

```
string strconn = "Data Source = .; Initial Catalog = PersonSchedule;
    Integrated Security= True";
```

（5）编写事件代码，进入窗体 Load 事件代码框架，添加以下代码：

```
private void Form1_Load(object sender, EventArgs e)
{
    SqlConnection conn= null;
    try
    {
        conn= new SqlConnection(strconn); conn.Open();
```

```
        string strsql= "select TypeDescription from ScheduleType";
        SqlCommand comm= new SqlCommand(strsql, conn);
        SqlDataReader dr= comm.ExecuteReader();
        while (dr.Read())
        {
            cmbScheduleType.Items.Add(dr[0].ToString());
            txtScheduleType.Text += dr["TypeDescription"].ToString()+ "\r
            \n";
        }
        dr.Close();
    }
    catch (SqlException ex)
    {
        MessageBox.Show("数据库操作错误:"+ ex.Message+ "错误代码:" +
            ex.Number.ToString());
    }
    finally { conn.Close(); }
}
```

（6）编译并运行程序，窗体启动完成时，ScheduleType 表中所有日程类型都将加载到 cmbScheduleType 对象和 txtScheduleType 对象中，运行效果如图 11-19 所示。

图 11-19　加载表字段的值运行效果图

任务总结：在本任务中，个人事务管理系统的"加载 ScheduleType 表中字段的值"功能实现使用了 SqlDataReader 对象，下面将对该新知识点进行详细介绍。

11.4.2　SqlDataReader 对象

SqlDataReder 对象以"基于连接"的方式来访问数据库。也就是说，在访问数据库、执行 SQL 操作时，SqlDataReder 要求一直连在数据库上。这将会给数据库的连接负载带来一定的压力，但 SqlDataReder 对象的工作方式将在很大程度上减轻这种压力。

SqlDataReder 对象提供了用顺序的、只读的方式读取用 Command 对象获得的数据结果集。可使用 SqlDataReder 对象来检查查询结果，一次查询一行，当移到下一行时，前一行的内容就会被放弃。由于 SqlDataReder 只执行读操作，并且每次只在内存缓冲区里存储结果集中的一条数据，所以使用 SqlDataReder 对象的效率比较高，如果要查询大量数据，同时不需要随机访问和修改数据，SqlDataReder 是优先的选择。

该对象常用属性如表 11-8 所示。

表 11-8　SqlDataReder 对象的主要属性

属　　性	对应含义
FieldCount	获取由 SqlDataReader 得到的一行数据中的字段数
HasRows	获取一个值，该值指示 DataReader 是否包含数据
IsClosed	获取一个值，该值指示数据读取器是否已关闭

SqlDataReder 对象常用方法如表 11-9 所示。

表 11-9　SqlDataReder 对象常用方法及说明

方　　法	说　　明
Read()	使 SqlDataReader 前进到下一条记录，如果存在多个行，则为 True；否则为 False
Close()	关闭 SqlDataReader 对象
GetName()	获取指定列的名称
GetOrdinal()	在给定列名称的情况下获取列序号
GetValue()	获取指定的列的值
IsDBNull()	获取一个值，该值指示列中是否包含不存在的或缺少的值。如果指定的列值与 DBNull 等效，则为 True；否则为 False
NextResult()	当读取批处理 SQL 语句的结果时，使数据读取器前进到下一个结果

1. DataReader 对象的使用方法

（1）创建 DataReader 对象。使用 SqlDataReader 的时候，不能直接实例化 SqlDataReader 类；而是通过执行 SqlCommand 对象的 ExecuteReader 方法返回它的实例。

例如：

```
SqlCommand cmd= new SqlCommand(commandText,ConnectionObject);
SqlDataReader dr= cmd.ExecuteReader();
dr.Close();
```

SqlDataReader 类最常见的用法就是检索 Sql 查询或者存储过程返回的记录。它连接的是只向前和只读的结果集，也就是使用它时，数据库连接必须保持打开状态，该对象所对应的 SqlConnection 连接对象不能用来执行其他的操作。所以，在使用完 SqlDataReader 对象时，一定要使用 Close() 方法关闭该 SqlDataReader 对象，否则不仅会影响到数据库连接的效率，更会阻止其他对象使用 SqlConnection 连接对象来访问数据库。

（2）使用命令行为指定 SqlDataReader 对象的特征。

```
SqlDataRader dr＝cmd.ExecuteReader(CommandBehavior.CloseConnec-tion);
```

上面代码通过为 ExecuteReader()方法指定一个参数 CommandBehavior.CloseConnection，作用是关闭 SqlDataReader 的时候自动关闭相应的 SqlConnection 对象。这样可以避免忘记关闭 SqlDataReader对象以后关闭 SqlConnection 对象。

（3）遍历 SqlDataReader 对象中的记录。下面代码段是使用 SqlDataReader 对象常用的格式：

```
while(dr.Read())
{
        //读取数据
}
```

当 ExecuteReader()方法返回 SqlDataReader 对象时，当前光标的位置在第一条记录的前面，必须调用阅读器的 Read()方法把光标移动到第一条记录，然后，第一条记录变成当前记录。如果数据阅读器包含的记录不止一条，Read()方法就返回一个 Boolean 值 True。想要移动到下一条记录，需要再次调用 Read()方法。重复该过程指导最后一条记录，这时 Read()方法将返回 False。

注意： 如果你对每一条记录的操作可能花费比较长的时间，那么意味着阅读器将长时间打开，那么数据库连接也将维持长时间的打开状态。此时使用非连接的 DataSet 或许更好一些。

2. SqlDataReader 对象读取数据方式

（1）按照列索引的方式读取。

例如：reader［5］（reader 是一个 SqlDataReader 对象的实例）。

上面举例含义为读取第 5 列的值，在读取的时候并不进行值转换。这样得到的值是一个 object 类型的值。因为在 Sql Server 数据库中可能存储各种类型的值，而 object 是所有类的基类，所以这个方法不会抛出异常。如果要得到它的正确类型，还需要根据数据库里的字段进行相应转换。

（2）按照列名的方式读取（reader["studentid"]）。

例如：reader["studentid"]（reader 是一个 SqlDataReader 对象的实例）。

上面举例含义为读取 studentid 列的值，并且在读的时候也不进行相应转换，得到的是 object 类型的值。

（3）按查询列的索引用指定的方式来读取列值。

例如：GetByte（int i）。

上面举例含义为读取第 i 列的值并且转换成 byte 类型的值，无须做相应转换。这种方式的优点是指定列后直接将该列的值读取出来，无须再转换；缺点是一旦指定的列不能按照指定的方式转换就会抛出异常，比如数据库里字段的类型是 string 类型或者该字段的值为空时，按照 GetByte（i）这种方式读取会抛出异常。

读取 SqlDataReader 对象时，使用第一种方式读取会比使用第二种方式读取有更好的性能，第二种方式需要进行字段名字的比较，这会降低性能。但是，使用第一种方式时要注意实际字段名称的顺序，不要把列 A 显示成列 B。

11.5　系统数据设置

11.5.1　任务解析

【任务 T11_5】　系统数据设置要求：开始完善个人事务管理系统，实现个人日程管理的数据操作功能。首先要创建一个系统数据设置窗体，在窗体中输入优先级或日程类别，通过添加、删除、修改和刷新按钮，完成对 Prioprity 表和 ScheduleType 表的增、删、改、查操作。

任务关键点分析：DataSet 对象、SqlDataAdapter 对象和 DataGridView 控件。

界面设计如图 11-20 所示。

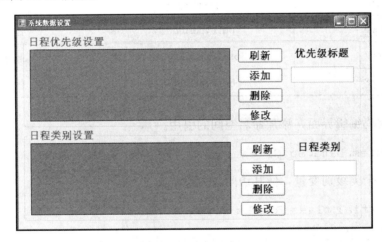

图 11-20　系统数据设置界面设计图

程序解析：

（1）在 T11_5 中添加一个 Windows 窗体，将 Form1 窗体重命名为"frmSet"。在窗体上添加两个 GroupBox 控件。然后，在每个 GroupBox 控件中分别添加一个 Label 控件、一个 Textbox 控件、一个 DataGridView 表格控件和四个 Button 控件，控件布局如图 11-20 所示。

（2）修改各控件的主要属性，设置可参照表 11-10 的内容。

表 11-10　需要修改的属性值

控　　件	Name	Text
groupBox1	系统默认	日程优先级设置
groupBox2	系统默认	日程类别设置
dataGridView1	dgvPriority	—
dataGridView2	dgvType	—

控　件	Name	Text
label1	系统默认	优先级标题
label2	系统默认	日程类别
textBox1	txtPriority	null
textBox2	txtType	null
button1	btnPrioRefresh	刷新
button2	btnPrioAdd	添加
button3	btnPrioDelete	删除
button4	btnPrioEdit	修改
button5	btnTypeRefresh	刷新
button6	btnTypeAdd	添加
button7	btnTypeDelete	删除
button8	btnTypeEdit	修改

（3）进入代码编辑界面，添加命名空间的引用。

```
using System. Data. SqlClient;
```

（4）声明三个类级别变量，使其访问域为整个类。

```
public partial class Form1 : Form
{
    SqlDataAdapter da= null;
    private string strsql= "";
    DataTable dt= null;
}
```

（5）声明字符串对象 strconn，保存连接字符串信息。

```
string strconn="Data Source=. ; Initial Catalog=PersonSchedule; Integrated Security
    =True";
```

（6）Priority 表和 ScheduleType 表中记录会在多处被加载到对应的表格控件中。为了使代码清晰并实现代码的复用，将加载表的代码单独编写在自定义方法中，分别命名为：LoadPriorityData 和 LoadTypeData。

```
/// <summary>
/// 加载优先级表中的所有记录
/// </summary>
private void LoadPriorityData()
```

```
{
    SqlConnection conn= null;
    try
    {
        conn= new SqlConnection(strconn);
        strsql= "select PRIORITY_ID as 编号,PriorityTitle as 优先级标题 ";
        strsql + = "from Priority order by 编号";
        da= new SqlDataAdapter();
        da.SelectCommand= new SqlCommand(strsql, conn);
        dt= new DataTable();
        da.Fill(dt);
        //设置 dgvPriority 的 DataSource 属性,即实现了数据的复杂绑定
        dgvPriority.DataSource= dt;
        //修改第二列(优先级标题)的宽度
        dgvPriority.Columns[1].Width= 200;
    }
    catch (SqlException ex)
    {
        MessageBox.Show("数据库操作错误:"+ ex.Message+ "错误代码:" +
            ex.Number.ToString());
    }
}
/// <summary>
/// 加载日程类别中的所有记录
/// </summary>
private void LoadTypeData()
{
    try
    {
        strsql= "select Type_ID as 编号,TypeDescription as 日程类别 ";
        strsql+ = "from ScheduleType order by 编号";
        SqlConnection conn= new SqlConnection(strconn);
        da= new SqlDataAdapter();
        da.SelectCommand= new SqlCommand(strsql, conn);
        dt= new DataTable();
        da.Fill(dt);
        dgvType.DataSource= dt;
        dgvType.Columns[1].Width= 200;
    }
```

```
catch (SqlException ex)
{
    MessageBox.Show("数据库操作错误:"+ ex.Message+ "错误代码:" +
        ex.Number.ToString());
}
}
```

（7）进入 Form1 窗体 Load 事件代码框架，添加以下代码：

```
private void Form1_Load(object sender, EventArgs e)
{
    LoadPriorityData();
    LoadTypeData();
}
```

以上代码功能是，调用加载优先级表记录 LoadPriorityData()方法和加载日程类别表记录 LoadTypeData()方法。窗体启动时，在 dgvPriority 表格对象和 dgvType 表格对象中，显示 Priority 表和 ScheduleType 表中的所有记录。

（8）选择"日程优先级设置"分组中的"刷新"按钮，直接双击，进入 Click 事件的代码框架，添加以下代码：

```
private void btnPrioRefresh_Click(object sender, EventArgs e)
{
    LoadPriorityData();
}
```

代码实现功能为，单击"刷新"按钮，即可将 Priority 表中记录加载到 dgvPriority 表格控件中。

（9）选择"日程优先级设置"分组的"添加"按钮，直接双击，进入 Click 事件的代码框架，添加以下代码：

```
//为优先级表添加记录
private void btnPrioAdd_Click(object sender, EventArgs e)
{
    SqlConnection conn= null;
    try
    {
        conn= new SqlConnection(strconn);
        conn.Open();
        string strsql= "Insert into Priority(PriorityTitle) values
            (@PriorityTitle) ";
        SqlDataAdapter da= new SqlDataAdapter();
        da.InsertCommand= new SqlCommand(strsql,conn);
```

```
        da. InsertCommand. Parameters. AddWithValue ( " @ PriorityTitle",
            txtPriority. Text);
        da. InsertCommand. ExecuteNonQuery();
        LoadPriorityData();
    }
    catch (SqlException ex)
    {
        MessageBox. Show("数据库操作错误:"+ ex. Message+ "错误代码:" +
            ex. Number. ToString());
    }
    finally
    {
        conn. Close();
    }
    txtPriority. Text= "";
}
```

(10) 选择"日程优先级设置"分组中的"删除"按钮，直接双击，进入 Click 事件的代码框架，添加以下代码：

```
/// <summary>
/// 删除优先级表中的记录
/// </summary>
/// <param name= "sender"> </param>
/// <param name= "e"> </param>
private void btnPrioDelete_Click(object sender, EventArgs e)
    {
    int id= Convert. ToInt16(dgvPriority. CurrentRow. Cells [0]. Value. ToS
        tring());
    SqlConnection conn= null;
    try
    {
        conn= new SqlConnection(strconn);
        conn. Open();
        string strsql= "delete from Priority ";
        strsql + = "where PRIORITY_ID= @id";
        SqlDataAdapter da= new SqlDataAdapter();
        da. DeleteCommand= new SqlCommand(strsql, conn);
        da. DeleteCommand. Parameters. AddWithValue("@id", id);
        da. DeleteCommand. ExecuteNonQuery();
```

```
        LoadPriorityData(); //重新载入优先级表
    }
    catch (SqlException ex)
    {
        MessageBox.Show("数据库操作错误:"+ ex.Message+ "错误代码:" +
            ex.Number.ToString());
    }
    finally
    {
        conn.Close();
    }
}
```

(11) 选择 "日程优先级设置" 分组中的 "修改" 按钮，直接双击，进入 Click 事件的代码框架，添加以下代码：

```
///修改优先级表
private void btnPrioEdit_Click(object sender, EventArgs e)
{
    int id= Convert.ToInt32(dgvPriority.CurrentRow.Cells[0].Value.ToStr
        ing());
    //取得选中优先级表中行的编号
    SqlConnection conn= null;
    try
    {
        conn= new SqlConnection(strconn);
        string strsql= "update Priority set PriorityTitle= @Priori
            tyTitle ";
        strsql += "where PRIORITY_ID= @id";
        conn.Open();
        SqlDataAdapter da= new SqlDataAdapter();
        da.UpdateCommand= new SqlCommand(strsql, conn);
        da.UpdateCommand.Parameters.AddWithValue("@id", id);
        da.UpdateCommand.Parameters.AddWithValue("@PriorityTitle",
            txtPriority.Text);
        da.UpdateCommand.ExecuteNonQuery();
        LoadPriorityData();
    }
    catch (SqlException ex)
    {
```

```
        MessageBox.Show("数据库操作错误:"+ ex.Message+ "错误代码:" +
            ex.Number.ToString());
    }
    finally
    {
        conn.Close();
    }
    txtPriority.Text= "";
}
```

(12)"日程类别设置"分组中的"添加"、"删除"、"修改"功能实现和"日程优先级设置"分组相同，代码添加以下：

```
///为日程类别表添加记录
private void btnTypeAdd_Click(object sender, EventArgs e)
{
    SqlConnection conn= null;
    try
    {
        conn= new SqlConnection(strconn);
        conn.Open();
        string strsql= "Insert into ScheduleType(TypeDescription)
            values(@TypeDescription)";
        SqlDataAdapter da= new SqlDataAdapter();
        da.InsertCommand= new SqlCommand(strsql, conn);
        da.InsertCommand.Parameters.AddWithValue("@TypeDescription",
            txtType.Text);
        da.InsertCommand.ExecuteNonQuery();
        LoadTypeData();
    }
    catch (SqlException ex)
    {
        MessageBox.Show("数据库操作错误:"+ ex.Message+ "错误代码:" +
            ex.Number.ToString());
    }
    finally
    {
        conn.Close();
    }
    txtType.Text= "";
```

```
    }
//删除日程类别表中选中记录
private void btnTypeDelete_Click(object sender, EventArgs e)
{
    int id= Convert.ToInt16(dgvType.CurrentRow.Cells[0].Value.ToStr
        ing());
    SqlConnection conn= null;
    try
    {
        conn= new SqlConnection(strconn);
        conn.Open();
        string strsql= "delete from ScheduleType ";
        strsql += "where Type_ID= @id";
        SqlDataAdapter da= new SqlDataAdapter();
        da.DeleteCommand= new SqlCommand(strsql, conn);
        da.DeleteCommand.Parameters.AddWithValue("@id", id);
        da.DeleteCommand.ExecuteNonQuery();
        LoadTypeData();
    }
    catch (SqlException ex)
    {
        MessageBox.Show("数据库操作错误:"+ ex.Message+ "错误代码:" +
            ex.Number.ToString());
    }
    finally
    {
        conn.Close();
    }
}
//修改日程类别表中选中的记录
private void btnTypeEdit_Click(object sender, EventArgs e)
{
    int id= Convert.ToInt16(dgvType.CurrentRow.Cells[0].Value.ToStr
        ing());
                                //取得选中日程类别表中行的编号
    SqlConnection conn= null;
    try
    {
        conn= new SqlConnection(strconn);
```

```
            conn.Open();
            string strsql= "update ScheduleType set TypeDescription= @
                TypeDescription ";
            strsql += "where Type_ID= @id";
            SqlDataAdapter da= new SqlDataAdapter();
            da.UpdateCommand= new SqlCommand(strsql, conn);
            da.UpdateCommand.Parameters.AddWithValue("@id", id);
            da.UpdateCommand.Parameters.AddWithValue("@TypeDescription",
                txtType.Text);
            da.UpdateCommand.ExecuteNonQuery();
            LoadTypeData();
        }
    catch (SqlException ex)
    {
        MessageBox.Show("数据库操作错误:"+ ex.Message+ "错误代码:" +
            ex.Number.ToString());
    }
    finally
    {
        conn.Close();
    }
    txtType.Text= "";
}
```

(13) 选择主窗体"系统"菜单的"系统数据设置"子菜单，直接双击，进入 Click 事件的代码框架，添加以下代码：

```
public partial class FrmMain : Form
{
    private frmSet frmset= new frmSet();
    public FrmMain()
    {
        InitializeComponent();
    }
private void 数据设置 ToolStripMenuItem_Click(object sender, EventArgs e)
{
    if (frmset.IsDisposed)
    {
        frmset= new frmSet();
    }
```

```
frmset.MdiParent= this;
frmset.Show();
}
```

以上代码的功能是，创建"系统数据设置"功能窗体对象，与主窗体的"系统"菜单的"数据设置"子菜单建立连接。实现单击"数据设置"子菜单调用并打开"系统数据设置"窗体功能。

（14）编译并运行程序，将 Prioprity 表和 ScheduleType 表数据加载到指定表格中；在"优先级标题"文本框或是"日程类别"文本框中输入相关内容，执行添加、修改操作；在"日程优先级设置"表格控件或是"日程类别设置"表格控件中选择要删除记录，执行删除操作，运行效果如图 11-21 所示。

图 11-21 系统数据设置运行效果图

任务总结：在本任务中，个人事务管理系统的"系统数据设置"功能实现使用了 DataSet 对象、SqlDataAdapter 对象和 DataGridView 控件，下面将分别对这些新知识点进行详细介绍。

11.5.2 DataSet 对象

数据集 DataSet 对象是 ADO. NET 体系结构的核心部分，用来访问数据库的对象，在其内部，用动态 XML 的格式来存放数据，使 DataSet 能访问不同数据源的数据。数据集 DataSet 对象是表示数据在内存中的缓存。该对象是不依赖于数据库的独立数据集合，即使断开数据链路，或者关闭数据库，DataSet 依然是可用的。DataSet 对象可以用来存储从数据库查询到的数据结果，由于它在获得数据或更新数据后立即与数据库断开，所以程序员能用此高效地访问和操作数据库，并能接收海量的数据信息。

DataSet 对象本身不同数据库发生关系，而是通过 DataAdapter 对象从数据库里获取数据并把修改后的数据更新到数据库。可以通过 DataApater 对象填充（Fill）或更新（Update）DataSet 对象。

DataSet 对象常用属性如表 11-11 所示。

表 11-11 DataSet 对象的主要属性

属 性	对应含义
CaseSensitive	获取或设置一个值，该值指示 DataTable 中的字符串比较是否区分大小写
DataSetName	获取或设置当前 DataSet 的名称
EnforceConstraints	获取或设置一个值，该值指示在尝试执行任何更新操作时是否遵循约束规则
ExtendedProperties	获取与 DataSet 相关的自定义用户信息的集合
Relations	获取用于将表链接起来并允许从父表浏览到子表的关系的集合
Tables	获取包含在 DataSet 中的表的集合

DataSet 对象常用方法如表 11-12 所示。

表 11-12 DataSet 对象常用方法及说明

方 法	说 明
Clear()	清除 DataSet 中所有 DataRow 对象
Copy()	拷贝 DataSet 的结构和数据
GetXml()	返回存储在 DataSet 中的数据的 XML 表示形式
GetXmlSchema ()	返回存储在 DataSet 对象中的数据的 XML 表示形式的 XML 架构
ReadXml ()	使用指定的文件将 XML 架构和数据读入 DataSet 对象
WriteXml ()	将 DataSet 对象的当前数据写入指定的文件

1. DataSet 对象结构

DataSet 对象可以视为一个内存数据库，由许多表（DataTable）、数据表关系（Relation）、约束（Constraint）、记录（DataRow）和字段（DataColumn）对象的集合组成的。DataSet 对象的结构如图 11-22 所示，与数据库类似，由一个或多个 DataTable 组成，DataTable 相当于数据库中的表；有列 DataColumn 与行 DataRow，分别对应数据库的字段与记录。

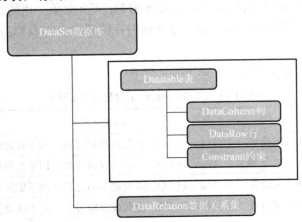

图 11-22 DataSet 对象结构图

2. 创建 DataSet 对象

（1）DataSet ds＝new DataSet()；

使用不带参数的构造函数创建一个空 DataSet 对象，ds 是新创建的数据集对象名，以后再将已经建立的数据表（DataTable）添加进来。

（2）DataSet ds＝new DataSet（"表名"）；

用给定名称初始化 DataSet 类的新实例。

3. 创建 DataTable 对象

DataTable 是内存中的一个关系数据表，可以作为 DataSet 中的一个成员使用，也可以独立创建使用。要把 DataTable 作为 DataSet 中的一个成员使用，可按以下步骤操作。

（1）创建一个空的数据集。

```
DataSet ds= new DataSet();
```

（2）创建一个 DataTable 对象。

```
DataTable dt= new DataTable("表名");
```

在创建 DataTable 时，可以指定 DataTable 的表名。如果没有指定表名，则自动创建后缀从 0 开始递增的默认表名 Table0、Table1、Table2 等。

（3）把表添加到 DataSet 中。

```
ds.Tables.Add(表对象名);
ds.Tables.Add("表名");
```

如果添加的表名在 DataSet 中已经存在，则会引发异常，并且创建的表没有表结构。

11.5.3 SqlDataAdapter 对象

SqlDataAdapter 对象主要用来承接 SqlConnection 和 DataSet 对象。DataSet 对象只关心访问操作数据，而不关心自身包含的数据信息来自哪个 SqlConnection 连接到的数据源，而 SqlConnection 对象只负责数据库连接而不关心结果集的表示。所以，在 ASP.NET 的架构中使用 SqlDataAdapter 对象来连接 SqlConnection 和 DataSet 对象。也就是说，SqlDataAdapter 对象是一个双向通道，用来把数据从数据源读到内存的表中，以及把内存中的数据写回到一个数据源中。

SqlDataAdapter 对象常用属性如表 11-13 所示。

表 11-13　SqlDataAdapter 对象的主要属性

属　性	对应含义
SelectCommand	获取或设置一个 Transact-SQL 语句或存储过程，用于在数据源中选择记录
InsertCommand	获取或设置一个 Transact-SQL 语句或存储过程，用于在数据源中插入新记录
UpdateCommand	获取或设置一个 Transact-SQL 语句或存储过程，用于更新数据源中的记录
DeleteCommand	获取或设置一个 Transact-SQL 语句或存储过程，用于从数据集删除记录
Parameters	SQL 语句或存储过程的参数

SqlDataAdapter 对象常用方法如表 11-14 所示。

表 11-14　SqlDataAdapter 对象常用方法及说明

方　法	说　明
Fill()	用从源数据读取的数据行填充至 DataSet 对象中
Update()	执行数据适配器中的 InsertCommand、UpdateCommand、DeleteCommand 属性中的 SQL 语句，添加、更新或删除数据源中数据

注意：如果 SelectCommand 属性中包含返回多个结果集的 SQL 语句，则该方法会在数据集中创建多个表，并把结果集添加到表中。

1. SqlDataAdapter 对象

构造函数用来构造 SqlDataAdapter 对象，可以有以下三种构造方法。

（1）SqlDataAdapter()。

```
SqlDataAdapter da= new SqlDataAdapter();
```

使用不带参数的构造函数创建一个 SqlDataAdapter 对象。

（2）SqlDataAdapter（SqlCommand selectCommand）。

```
SqlDataAdapter da= new SqlDataAdapter(SqlCommand selectCommand);
```

使用包含参数 selectCommand 的构造函数创建一个 SqlDataAdapter 对象。selectCommand 参数指定新创建对象的 SelectCommand 属性。

例如：

```
string strConn= "server= ……";
string strSQL= "select *  from Customers";
SqlConnection cn= new SqlConnection(strConn);
SqlCommand cmd= new SqlCommand(strSQL, cn);
SqlDataAdapter da= new SqlDataAdapter(cmd);
```

（3）SqlDataAdapter（string selectCommandText，SqlConnection selectConnection）

```
SqlDataAdapter da = new SqlDataAdapter (string selectCommandText,
    SqlConnectionselectConnection);
```

使用包含参数 selectCommandText 和 selectConnection 的构造函数创建一个 SqlDataAdapter 对象。selectCommandText 参数指定新创建对象的 SelectCommand 属性，selectConnection 参数指定连接对象。

例如：

```
string strConn= "server= ……";
string strSQL= "select *  from Customers";
SqlDataAdapter da= new SqlDataAdapter(strSQL, strConn);
```

2. 数据填充

SqlDataAdapter 对象执行数据操作时常和 DataSet 对象配合使用。通过 SqlDataAdapter

对象向 DataSet 中填充数据的过程如图 11-23 所示。

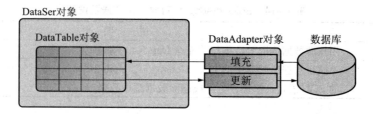

图 11-23 数据填充图

使用 SqlDataApater 对象填充 DataSet 对象的步骤如下。

（1）根据连接字符串和 SQL 语句，创建一个 SqlDataAdapter 对象。

（2）创建 DataSet 对象，该对象需要用 SglDataAdapter 填充。

（3）调用 DataAdapter 的 Fill 方法，通过 SglDataTable 填充 DataSet 对象。

例如：

```
string strconn = " Data  Source = .; Initial  Catalog = PersonSchedule;
    Integrated Security= True";
string sqlstr= " select *  from Priority ";
SqlDataAdapter da= new SqlDataAdapter(sqlstr, strConnect);
//利用构造函数,创建 SqlDataAdapter 对象
DataSet ds= new DataSet();            // 创建 DataSet
da.Fill(ds, "USER" );                 // 将数据填充到 dataset 对象 USER 表中
```

3. 获取数据

（1）使用 Fill()方法。调用 SqlDataAdapter 对象的 Fill 方法会执行存储在 SqlDataAdapter 对象的 SelectCommand 属性中的查询，并将结果存储在 DataSet 或 DataTable 中。如果当前的 SqlConnection对象还没有打开，调用 Fill 方法时会自动打开和关闭 SqlConnection 对象。但是，假如频繁地调用 Fill 方法，就会频繁地打开和关闭 SqlConnection 对象，这显然会影响程序的性能。为了避免这一缺陷，可以在调用 Fill 方法之前调用 Open 方法，在连接使用结束后调用 Close 方法。

例如：

```
conn.Open();
da1.Fill(ds);
da2.Fill(ds);
conn.Close();
```

（2）使用重载 Fill 方法。

```
da.Fill(ds);                    //ds 是一个 DataSet 类型的对象
```

注意：如果 da 的 TableMappings 属性为空，则默认填充 DataSet 中名为"Table"的表。

```
da.Fill(ds,tableName);          //ds 同上,tableName 是要映射的表的名称
```

```
da.Fill(dt);                        //dt 是一个 DataTable 类型的对象
da.Fill(ds,start,Num,tableName);
                    //ds 同上,start 是要填充的记录的开始序号,Num 是要填充的记录数量
```

例如，da 查询结果含 100 个记录，那么 da.Fill（ds，0，20,"abc"）就把 da 查询结果的前 20 条记录填充到 ds 中名为 "abc" 的表中。这一重载可用于查询结果的分页显示。

11.5.4 DataGridView 控件

DataGridView 控件（数据网格视图控件）是 WinForms 中的一个很强大的控件，在 DataGridView 中还可以直接修改和删除数据，就像操作 Excel 表格一样方便。

DataGridView 控件能够以表格的形式显示数据，可以设置为只读，也可以允许编辑数据。要想指定 DataGridView 显示哪个表的数据，只需要设置它的 DataSource 属性，一行代码就能实现。

DataGridView 控件常用的主要属性如表 11-15 所示。

表 11-15 DataGridView 控件的常用属性

属　性	说　明
Columns	表示包含的列的集合
DataSource	DataGridView 控件的数据源
ReadOnly	表示是否可以编辑单元格
AutoGenerateColumns	表示在设置 DataSource 或 DataMember 属性时是否自动创建列

通过 DataGridView 控件的 Columns 属性，还可以设置表格中每一列的属性，包括列的宽度、列头的文字、是否为只读、是否冻结、对应数据表中的哪一列等，各列的主要属性如表 11-16 所示。

表 11-16 Columns 属性的常用二级属性

属　性	说　明
DataPropertyName	表示绑定的数据列的名称
HeaderText	表示列标题文本
Visible	指定列是否可见
Frozen	指定水平滚动 DataGridView 时列是否移动
ReadOnly	指定单元格是否为只读

DataGridView 控件显示数据的步骤如下：

（1）在窗体上添加 DataGridView 控件；

（2）设置 DataGridView 控件的属性和各列的属性；

（3）指定 DataGridView 控件的数据源。

示例如下：

...

```
DataSet dataSet= new DataSet();                    //声明 DataSet 对象
SqlDataAdapter dataAdapter= new SqlDataAdapter(); //声明 DataAdapter 对象
dataAdapter.Fill(dataSet, "table1");// 填充数据到 DataSet 数据集的 table1 表中
dataGridView1.DataSource= dataSet.Tables["table1"];
                                          // 绑定 DataGridView 的数据源
```

11.6   个人日程管理

11.6.1   任务解析

【**任务** T11_6】   个人日程管理要求：继续完善个人事务管理系统，实现个人日程管理的数据操作功能。首先要创建一个个人日程管理窗体，通过添加、删除、编辑和刷新按钮，完成对 Task 表的增、删、改、查操作。

任务关键点分析：数据绑定技术、配置文件。

界面设计如图 11-24 所示。

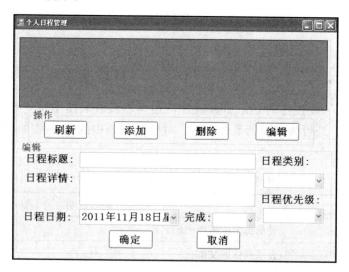

图 11-24　个人日程管理界面设计图

程序解析：

（1）在 T11_6 中添加一个 Windows 窗体，将 Form1 窗体重命名为"frmManageTask"。在 Form1 窗体上添加三个 GroupBox 控件。然后，在第一个 GroupBox 控件中添加四个 Button控件；在第二个 GroupBox 控件中添加一个 DataGridView 表格控件，并将第一个 GroupBox 控件也放置其中；在第三个 GroupBox 控件中添加六个 Lable 控件、两个 Textbox 控件、三个 ComboBox 控件、两个 Button 控件和一个 DateTimePicker 控件，控件布局如图 11-24 所示。

（2）修改各控件的主要属性，设置可参照表 11-17 的内容。

表 11-17　需要修改的属性值

控　件	Name		Text
groupBox1	grpOperation		操作
groupBox2	系统默认		Null
groupBox3	grpEdit		编辑
dataGridView1	dgvTask		—
label1	系统默认		日程标题：
label2	系统默认		日程详情：
label3	系统默认		日程日期：
label4	系统默认		完成：
label5	系统默认		日程类别：
label5	系统默认		日程优先级：
textBox1	txtTitle		null
textBox2	txtDetail		null
comboBox1	cmbFinished		请选择、未完成、已完成
comboBox2	cmbScheduleType		null
comboBox3	cmbPriority		null
button1	btnRefresh		刷新
button2	btnAdd		添加
button3	btnDelete		删除
button4	btnEdit		编辑
button5	btnOk		确定
button6	btnCancel		取消
DateTimePicker	Name	dtpTaskTime	
	MaxDate	9998-12-31	—
	MinDate	1753-01-01	

（3）为解决方案添加应用程序配置文件：app. config，在该配置文件中输入连接字符串。

```
< ? xml version= "1. 0" encoding= "utf-8" ? >
< configuration>
    < connectionStrings>
        < ! --配置数据库连接字符串-->
        < add name= "ConnString" connectionString= "Data Source= .;
            Initial Catalog= PersonSchedule;
            Integrated Security= True" providerName= "System. Data. SqlCli
                ent" />
    </connectionStrings>
</configuration>
```

（4）进入代码编辑界面，添加命名空间的引用。

```
using System.Data.SqlClient;
```

并在项目中添加引用.NET命名空间usingSystem.Configuration;。

（5）编写事件代码，首先声明7个类级别变量，使其访问域为整个类。

```
public partial class frmManageTask: Form
{
    string op= ""; int id= 0;
    //获取在App.Config中保存的连接字符串信息
    private string strconn= ConfigurationManager.ConnectionStrings["
        ConnString"].ToString();
    SqlCommand comm= null;
    SqlDataAdapter da= null;
    DataTable dtdata= new DataTable();
    string strsql= "";
}
```

（6）将加载Task表的代码单独编写在自定义方法中，命名为：LoadData。

```
//定义方法LoadData(),加载Priority表、ScheduleType表和Task表中所有记录
private void LoadData()
{
    SqlConnection conn= new SqlConnection(strconn);
    strsql= "select *  from Priority";
    da= new SqlDataAdapter(strsql, conn);
    DataSet ds= new DataSet();
    da.Fill(ds, "Priority");
    strsql= "select *  from ScheduleType";
    da= new SqlDataAdapter(strsql, conn);
    da.Fill(ds,"ScheduleType");
    strsql= "select *  from v_task";
    da= new SqlDataAdapter(strsql, conn);
    da.Fill(ds, "task");
    dgvTask.DataSource= ds.Tables["task"];
    cmbScheduleType.DataSource= ds.Tables["ScheduleType"];
    cmbScheduleType.DisplayMember= "TypeDescription";
    cmbScheduleType.ValueMember= "Type_ID";
    cmbPriority.DataSource= ds.Tables["Priority"];
    cmbPriority.DisplayMember= "PriorityTitle";
    cmbPriority.ValueMember= "PRIORITY_ID";
}
```

（7）进入 Form1 窗体 Load 事件代码框架，添加以下代码：

```
private void frmManageTask_Load(object sender, EventArgs e)
{
      LoadData();              //加载 Task 表中的所有记录
      grpEdit.Enabled= False;
}
```

以上代码的功能是，在 Load 事件中调用 LoadData()方法。窗体启动时，首先将 Task 表 ScheduleType 表和 Priority 表中记录绑定显示到 dgvTask 表格对象、cmbScheduleType 组合框和 cmbPriority 组合框中，然后将"编辑"分组控件设置为不可用。

（8）选择"操作"分组中的"刷新"按钮，直接双击，进入 Click 事件的代码框架，添加以下代码：

```
private void btnRefresh_Click(object sender, EventArgs e)
{
      LoadData();
}
```

代码实现功能为，单击"刷新"按钮，即可重新加载数据。

（9）选择"操作"分组中的"添加"按钮，直接双击，进入 Click 事件的代码框架，添加以下代码：

```
// 初始化各个编辑控件的值
private void InitialTask()
{
      txtDetail.Text= ""; txtTitle.Text= "";
      cmbFinished.SelectedIndex= 0;
      cmbPriority.SelectedIndex= 0;
      cmbScheduleType.SelectedIndex= 0;
      dtpTaskTime.Text= DateTime.Now.ToShortDateString();
}
private void btnAdd_Click(object sender, EventArgs e)
{
      grpEdit.Enabled= True;
      op= "add";
      InitialTask ();
}
```

以上代码功能是，单击"添加"按钮，将"编辑"分组控件设置为可用，并重置各个控件状态，方便用户输入。在编辑状态下输入日程标题、日程详情，选择日程日期、完成状态、日程类别和日程优先级，最后单击"确定"按钮，完成添加功能。

（10）选择"操作"分组中的"编辑"按钮，直接双击，进入 Click 事件的代码框架，添加以下代码：

```
private void btnEdit_Click(object sender, EventArgs e)
{
    grpEdit.Enabled= True;
    txtDetail.Text= dgvTask.CurrentRow.Cells["详细"].Value.ToString();
    txtTitle.Text= dgvTask.CurrentRow.Cells["日程标题"].Value.ToString();
    cmbFinished.Text= dgvTask.CurrentRow.Cells["完成"].Value.ToString();
    cmbPriority.Text= dgvTask.CurrentRow.Cells["优先级"].Value.ToString
        ();
    dtpTaskTime.Text= dgvTask.CurrentRow.Cells["日程日期"].Value.ToString();
    cmbScheduleType.Text= dgvTask.CurrentRow.Cells["类别"].Value.ToStr
        ing();
    id= Convert.ToInt32(dgvTask.CurrentRow.Cells["日程编号"].Value.ToS
        tring());
    op= "edit";
}
```

以上代码功能是，在 dgvTask 表格控件中选择需要修改的记录，单击"编辑"按钮，"编辑"分组控件状态为可用；要修改记录的各个字段会绑定到对应的控件中，作出适当修改后，单击"确定"按钮，完成编辑功能。

（11）个人日程管理窗体的添加和编辑按钮的添加功能最终都由"操作"分组中的"确定"按钮实现，直接双击"确定"按钮，进入 Click 事件的代码框架，添加以下代码：

```
private void btnOk_CLick(object sender, EventArgs e)
{
    SqlConnection conn= new SqlConnection(strconn);
    if (op== "add")
    {
        strsql= "insert into task(title,detail,tasktime,finished,
            type,priority)
            values (@title,@detail,@tasktime,@finished,@type,@
            priority)";
        comm= new SqlCommand(strsql,conn);
        conn.Open();
        comm.Parameters.AddWithValue("@title",txtTitle.Text);
        comm.Parameters.AddWithValue("@detail",txtDetail.Text);
        comm.Parameters.AddWithValue("@tasktime",Convert.ToDateTime
            (dtpTaskTime.Text));
        comm.Parameters.AddWithValue("@finished",cmbFinished.Text);
```

```
        comm.Parameters.AddWithValue("@type",Convert.ToInt32(cmb
            ScheduleType.SelectedValue.ToString()));
        comm.Parameters.AddWithValue("@priority",Convert.ToInt32
            (cmbPriority.SelectedValue.ToString()));
        comm.ExecuteNonQuery();
        conn.Close();
    }
    if (op== "edit")
    {
        strsql= "update task set title= @title, detail= @detail,
            tasktime= @tasktime,
            finished= @finished, type= @type, priority= @priority
                where Task_ID= @id ";
        conn.Open();
        comm= new SqlCommand(strsql,conn);
        comm.Parameters.AddWithValue("@id",id);
        comm.Parameters.AddWithValue("@title",txtTitle.Text);
        comm.Parameters.AddWithValue("@detail",txtDetail.Text);
        comm.Parameters.AddWithValue("@tasktime",Convert.ToDateTime
            (dtpTaskTime.Text));
        comm.Parameters.AddWithValue("@finished",cmbFinished.Text);
        comm.Parameters.AddWithValue("@type",Convert.ToInt32(cmb
        ScheduleType.SelectedValue.ToString()));
        comm.Parameters.AddWithValue("@priority",Convert.ToInt32
            (cmbPriority.SelectedValu e.ToString()));
        comm.ExecuteNonQuery();
        conn.Close();
    }
    grpEdit.Enabled= False;
    LoadData();
}
```

（12）选择"操作"分组中的"删除"按钮，直接双击，进入 Click 事件的代码框架，添加以下代码：

```
private void btnDelete_Click(object sender, EventArgs e)
{
    DialogResult resu= MessageBox.Show("真的要删除该条记录吗?","确
        认",MessageBoxButtons.OKCancel);
    if (resu== DialogResult.Cancel) return;
```

```
id= Convert. ToInt32(dgvTask. CurrentRow. Cells["日程编号"]. Value. ToS
    tring());
string strsql= "delete from task where Task_ID= @id";
SqlConnection conn= new SqlConnection(strconn);
conn. Open();
comm= new SqlCommand(strsql, conn);
comm. Parameters. AddWithValue("@id", id);comm. ExecuteNonQuery();
conn. Close();
LoadData();
}
```

（13）选择主窗体"系统"菜单的"个人日程管理"子菜单，直接双击，进入 Click 事件的代码框架，添加以下代码：

```
public partial class FrmMain : Form
{
    private frmManageTask fmanageTask= new frmManageTask ();
    public FrmMain()
    {
        InitializeComponent();
    }
private void 个人日程管理 ToolStripMenuItem_Click(object sender, Even
    tArgs e)
{
    if (fmanageTask. IsDisposed)
    {
        fmanageTask= new frmManageTask ();
    }
    fmanageTask. MdiParent= this;
    fmanageTask. Show();
}
```

以上代码功能是，创建"个人日程管理"功能窗体对象，与主窗体的"日程"菜单的"管理个人日程"子菜单建立连接。实现单击"管理个人日程"子菜单调用并打开"个人日程管理"窗体功能。

（14）编译并运行程序，将 Task 表和 ScheduleType 表数据加载到指定表格中；在"操作"分组控件中选择不同按钮，实现刷新、添加、删除和编辑操作，运行效果如图 11-25、图 11-26 和图 11-27 所示。

图 11-25　个人日程管理"添加"运行效果图

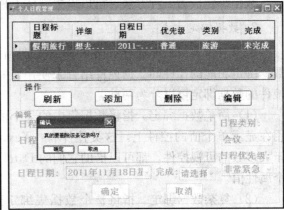

图 11-26　个人日程管理"删除"运行效果图

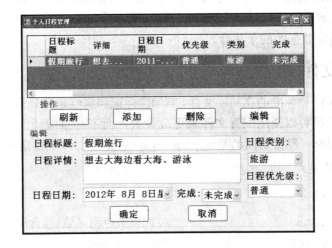

图 11-27　个人日程管理"编辑"运行效果图

　　任务总结：在本任务中，个人事务管理系统的"个人日程管理"功能实现使用了数据绑定技术和配置文件，下面将分别对这些新知识点进行详细介绍。

11.6.2　数据绑定技术

　　所谓数据绑定技术就是把已经打开的数据集中某个或者某些字段绑定到控件的某些属性上面的一种技术。就是把已经打开数据的某个或者某些字段绑定到 Text 控件、ListBox 控件、ComBox 等控件上的能够显示数据的属性上面，是 Visual C♯ 进行数据库方面编程的基础和最为重要的第一步。

　　1. 数据绑定基本过程

　　（1）建立一个数据源。

　　（2）指定一个控件在窗体上。

　　（3）数据绑定操作负责将数据传递进行关联。

　　（4）数据源通过数据绑定操作与控件之间建立连接，控件会自动显示数据源中的数据，而且控件中数据的更改也会自动传递给数据源。

数据绑定成为一种方法，可以设置窗体上任何控件在任何运行时的可访问属性。

2. 数据绑定方式

数据对象本身只能进行数据库中的数据操作，不能独立进行数据浏览，所以需要把具有数据绑定功能的控件同数据控件结合来使用，共同完成数据的显示、查询等处理工作。窗体控件的数据绑定可以分为两种。

（1）简单数据绑定。指将数据集中的某个值绑定到控件的某个属性中。简单绑定一般使用在显示单个值的控件上，这类控件有：TextBox、Label、CheckBox、RadioButton 等。对于大多数的可视控件，都可以借助它们的 DataBindings 属性来简单绑定这个控件的一个或多个属性值。

（2）复杂数据绑定。指将整个数据集绑定到某个控件上。支持复杂数据绑定的控件有 ListBox、ComboBox、DataGridView 等，控件本身的结构较为复杂，可以同时显示多条记录，甚至是多个字段的数据。复合绑定时，关键属性是 DataSource 和 DataMember。

DataSoure 指定数据源，可以是 DataSet、DataView、DataTable 或数组。

DataMember 指定数据源的子集合。

11.6.3 配置文件

应用程序配置文件是标准的 XML 文件，XML 标记和属性是区分大小写的。它是可以按需要更改的，开发人员可以使用配置文件来更改设置，而不必重编译应用程序。配置文件的根节点是 configuration，经常访问的是 appSettings，它是由 .NET 预定义配置节的。

1. 常见配置文件模式

```
< configuration>

< configSections>                    //配置节声明区域,包含配置节和命名空间声明
        < section>                   //配置节声明
          < sectionGroup>            //定义配置节组
< section>                           //配置节组中的配置节声明
< appSettings>                       //预定义配置节
< Custom element for configuration section>    //配置节设置区域
```

2. 只有 appSettings 节或者只有 connectionStrings 节的配置文件

最常见的应用程序配置文件示例。

（1）只有 appSettings 节。

```
<? xml version= "1.0" encoding= "utf-8"?>
<configuration>
    <appSettings>
    <add key= "ConnString" value= "Data Source= .;Initial Catalog= Per
        sonSchedule; Integrated Security= True""/>
        </appSettings>
</configuration>
```

（2）只有 connectionStrings 节。

```
<? xml version= "1.0" encoding= "utf-8" ? >
<configuration>
    <connectionStrings>
    <add name= "ConnString "connectionString= "Data Source= .; Initial
        Catalog= PersonSchedule; Integrated Security= True"providerName
        = "System.Data.SqlClient"/>
        </connectionStrings>
</configuration>
```

3. 配置文件连接字符串访问方法

（1）获取 appSettings 节连接字符串的访问方法。

```
string strconn= ConfigurationSettings.AppSettings["ConnString"];
```

使用 ConfigurationSettings 类的静态属性 AppSettings 可以直接获取配置文件中的配置信息。这个属性的类型是 NameValueCollection。

（2）获取 connectionStrings 节连接字符串的访问方法。

```
string strconn= ConfigurationManager.ConnectionStrings["ConnString"].To-
    String();
```

使用 ConfigurationManager 类的静态属性 ConnectionStrings 可以直接获取配置文件中的配置信息，但要指定读取的连接字符串的名字。

练一练：

利用本章学习的知识点，继续完善个人事务管理系统，实现个人事务管理系统的"未完成日程"和"已完成日程"功能窗体的创建。两个窗体界面完全相同，都可选择查询日期、类别和优先级，以天、周、月、年为查询单位，查询已完成或未完成日程（根据查询的内容决定是否使用视图 v_task），但两个窗体查询的内容完全相反。窗体界面设计效果如图 11-28 所示。

图 11-28　已完成日程查询界面设计图

本章小结

本章通过"个人事务管理系统"实例的实现过程，首先介绍 ADO. NET 数据访问技术的基本概念。其次，描述 SqlConnection、SqlCommand 对象的用法，以及如何利用 SqlDataReader、SqlDataAdapter 和 DataSet 对象实现数据查询、数据修改和数据更新。最后，介绍数据绑定技术和 DataGridView 控件的概念和使用方法。

上机练习 11

1. 上机调试本章 T11_1～T11_6 所示示例，并分析其结果。

2. 在 SQL Server 数据库中创建一个院系表 Dept，并预置一些基本数据。设计一个 C# 应用程序，向 Dept 表中添加一条记录，界面设计如图 11-29 所示。

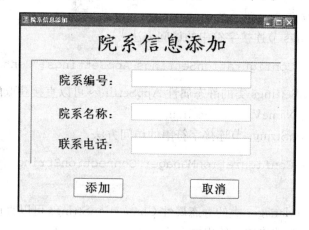

图 11-29　院系信息添加界面设计图

3. 单击"加载数据"按钮，试将院系表 Dept 中所有的院系名称依次加入组合框的下拉列表中供用户选择，界面设计和运行效果如图 11-30 和图 11-31 所示。

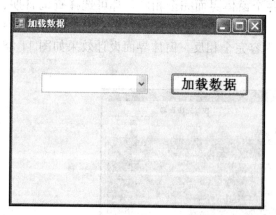

图 11-30　加载院系名称界面设计图

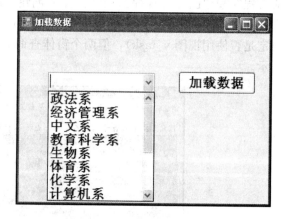

图 11-31　加载院系名称运行效果图

4. 在上述数据库中创建一个学生表 Stu，试在窗体界面输入学号，单击"查询"按钮列示学生的姓名、性别、出生日期和简历等信息；然后可以根据需要修改姓名、性别、出生日期或简历等信息，单击更新按钮将数据更新到数据库表。界面设计如图 11-32 所示。

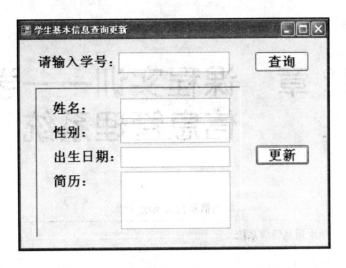

图 11-32　学生信息查询与更新界面设计图

5. 在上述数据库中再创建一个课程表 Course 和一个成绩表 Grade，在窗体界面输入学生的学号，查询并在表格中显示该学生选修的课程的课程号、课程名称、学分和成绩等信息，界面设计如图 11-33 所示。

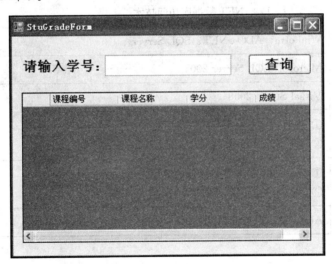

图 11-33　根据学分查询学生选课信息界面设计图

第 12 章　课程实训——学生信息管理系统

学生信息管理系统介绍

项目名称	学生信息管理系统
代码量	3000 行
项目简介	该系统可以帮助教辅人员进行学生基本信息的日常管理和维护；进行学生选课模拟和重要数据备份等功能
项目目的	① 掌握 WinForm 图形用户界面开发技术 ② 掌握 ADO . NET 数据库访问技术
涉及的主要技术	WinForm、ADO . NET、SQL Server
数据库环境	Microsoft SQL Server 2005
编程环境	Visual Studio 2008
项目特点	① 基于 . NET 采用 C♯ 语言开发 ② 项目属于 C/S 结构程序
技术重点	① WinForm 窗体主要控件的应用 ② 数据库各类对象的应用
技术难点	ADO. NET 数据库访问技术

12.1　项目需求以及分析设计

12.1.1　项目需求分析

　　随着学校规模的不断扩大，每个院系的专业、班级、学生的数量急剧增加，有关学生选课的各种信息量也成倍增长，而很多高校的学生信息管理工作仍停留在复杂的人工操作上，重复工作较多，工作量大，效率低。因此，迫切需要开发学生信息管理系统来提高管理工作的效率。

　　经过详细调研，确定了一个简易的学生信息管理系统的基本需求。

1. 需要进行身份认证登录

系统只允许合法用户进行登录操作，并且该系统主要面向教学管理人员提供服务（例如教学秘书、辅导员等）。合法用户登录后可以进行系统的主要功能操作。

2. 数据查询服务

系统需要为服务对象提供两种服务：一是进行学生基本信息的浏览；二是进行学生成绩信息查询服务。

3. 数据添加服务

系统根据需要可以添加学生基本信息以及添加学生的选课信息等操作。

4. 数据更新服务

系统根据需要可以更新学生的基本信息。

5. 数据删除服务

系统根据需要可以删除学生的基本信息，但是要求备份删除学生的所有信息。

6. 系统扩展服务

本项目限于篇幅等，在后面主要描述并实现了系统登录、学生基本信息浏览、成绩信息查询、学生基本信息的添加、更新和删除以及学生选课的功能。有关其他实体信息的管理，例如：成绩信息、课程信息等维护功能没有实现。但是完全可以根据后面系统提供的框架来扩展系统的其他功能。

此外，根据需要，采用基于 C/S 结构来开发学生信息管理系统。

12.1.2 项目功能描述

根据需求分析，学生信息管理系统为用户提供的功能主要分为以下几类。

（1）系统管理服务。系统系统登录、注销和系统退出功能。

（2）数据查询和统计服务。学生基本信息浏览和查询、学生成绩信息查询等功能。

（3）数据添加服务。学生基本信息添加、学生选课、其他可以扩展的功能（院系信息添加、课程信息添加、成绩信息添加、管理员账户信息添加等未实现）。

（4）数据更新服务。学生基本信息更新、其他可以扩展的功能（院系信息更新、课程信息更新、成绩信息更新、管理员密码修改功能等未实现）。

（5）数据删除服务。学生基本信息删除、其他可以扩展的功能（院系信息删除、课程信息删除、成绩信息删除、管理员删除等功能未实现）。

（6）系统介绍服务。系统基本信息介绍等。

根据以上系统功能描述，绘制学生信息管理系统的功能模块划分如图 12-1 所示。

12.1.3 数据库设计

本系统后台数据库采用的是 SQL Server 2005，根据系统的功能描述和系统的详细设计，学生成绩信息管理系统中各种数据信息之间的关系如图 12-2 所示。

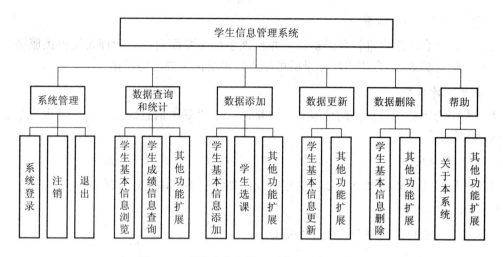

图 12-1　"学生信息管理系统"功能模块图

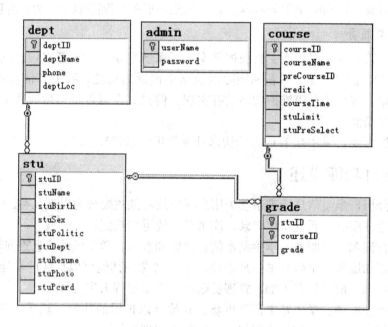

图 12-2　"学生成绩信息管理系统"数据库关系图

图 12-2 中的数据库基本表说明：admin（管理员信息表）、Dept（院系信息表）、Stu（学生信息表）、Course（课程信息表）、Grade（成绩信息表）。有关表中字段的详细设计请参阅表 12-1 至表 12-5。

表 12-1　管理员表设计说明表

字段名称	数据类型	字段说明	字段属性
UserName	Varchar（20）	用户名	主键
Password	Varchar（20）	密码	限制最低 6 位，不能为空

表 12-2　院系表设计说明表

字段名称	数据类型	字段说明	字段属性
deptID	Char（4）	院系编号	主键
deptName	Nvarchar（30）	院系名称	不许为空且唯一
phone	Varchar（12）	联系电话	

表 12-3　学生表设计说明表

字段名称	数据类型	字段说明	字段属性
stuID	Char（12）	学号	主键
stuName	Nvarchar（20）	姓名	不许为空
stuSex	Nchar（1）	性别	只能输入：男或女
stuBirth	Datetime	出生日期	要求年龄不能大于 30 岁
stuPolitic	Tinyint	政治面貌	只能输入 1、2、3（其中 1 表示党员，2 表示团员，3 表示其他）
stuDept	Char（4）	所属院系	参照院系表院系编号取值
stuResume	Ntext	简历	
stuPhoto	Image	照片	
stuPcard	Char（18）	身份证编号	要求：男：倒数第二位为单，女：为双

表 12-4　课程信息表详细设计说明表

字段名称	数据类型	字段说明	字段属性
courseID	Char（6）	课程编号	主键
courseName	Nvarchar（30）	课程名称	不许为空且唯一
preCourseID	Char（6）	先行课程	参照课程编号取值
Credit	Tinyint	学分	其值不能大于 5
courseTime	Varchar（30）	上课时间	
stuLimited	Tinyint	限选人数	默认值：250
stuPreSelect	Tinyint	已选人数	默认值：0 并且不能大于 stuLimited

表 12-5　成绩表详细设计说明表

字段名称	数据类型	字段说明	字段属性
stuID	Char（12）	学号	参照学生表学号字段取值、主键
courseID	Char（6）	课程编号	参照课程表课程编号字段取值、主键
grade	Decimal（5，2）	成绩	成绩必须介于 0～100 之间

12.2　项目详细设计和功能实现

本章主要任务是从实际应用出发，使学生能够掌握 SQL Server 等大型数据库技术，掌握

C♯＋SQL Server 等大型数据库软件进行大型数据库桌面应用程序开发的基本过程和基本方法，并能够运用 C♯进行简单的办公自动化系统编程。

在进行项目详细设计之前，首先创建一个名为 StuInfoManage 空白解决方案。

12.2.1　数据库通用访问类的创建

考虑到整个项目中多个窗体的很多位置都需要涉及数据库的访问操作，所以将数据库操作频繁使用的部分代码抽取出来，组合而成数据库通用访问类，从而避免重复编写相同代码的工作。

常见的数据库访问操作主要有：更新操作（包括插入数据、修改数据和删除数据）、查询操作（指直接执行 SQL 语句进行数据库操作）、存储过程的执行操作（主要包括返回结果集的存储过程以及使用返回值的存储过程）等。

在 StuInfoManage 解决方案中进行以下操作。

（1）添加一个类库项目：stuInfoDatabase，并将其中创建的 Class1.cs 重命名为 stuInfo DatabaseOp.cs。

（2）在该类中添加如下代码：

```
public class StuInfoDatabaseOp
{
    //声明数据库连接字符串
    public static readonly string ConnString=
        "server= .;uid= sa;pwd= sa;database= stuInfoManage";
    //声明数据库连接对象
    protected SqlConnection sqlconn;
    //默认构造函数中创建并打开数据库连接
    public StuInfoDatabaseOp()
    {
        sqlconn= new SqlConnection(ConnString);
        sqlconn.Open();
    }
    /*
    * 功能:通用的数据更新方法
    * <param name= "sqlstr"> 所执行的 SQL 更新语句</param>
    * <param name= "cmdparam"> 所执行 SQL 语句中的参数数组</param>
    * <return> 返回一个 INT 类型的值,返回则成功,否则失败</return>
    * /
    public int StuInfoUpdate(string sqlstr, SqlParameter[] cmdparam)
    {
        //使用事务来处理更新的过程
        SqlTransaction tran= sqlconn.BeginTransaction(); //启动一个事务
        try
```

```
{
    //判断连接状态是否打开,如果没有则打开
    if (sqlconn. State ! = ConnectionState. Open)
    {
        sqlconn. Open();
    }
    //创建 SqlCommand 对象
    SqlCommand sqlcmd= new SqlCommand();
    sqlcmd. Connection= sqlconn;
    sqlcmd. CommandType= CommandType. Text;
    sqlcmd. CommandText= sqlstr;
    //判断 cmdparam 的参数是否为空,如果不为空,则传入参数
    if (cmdparam ! = null)
    {
        //遍历 cmdparam 数组,将参数传入 cmd 对象中
        foreach (SqlParameter param in cmdparam)
        {
            sqlcmd. Parameters. Add(param);
        }
    }
    //获得运行时的事务
    sqlcmd. Transaction= tran;
    //执行数据库操作并返回一个整型值,用此判断操作是否成功
    int result= sqlcmd. ExecuteNonQuery();
    //执行完毕,清空 SqlCommand 对象中的参数
    sqlcmd. Parameters. Clear();
    tran. Commit();
    return result;
}
catch (Exception)
{
    //如果运行中出现异常
    tran. Rollback();
    throw;
}
finally {
    sqlconn. Close();
}
}
```

```
/*
 * 功能:使用 SqlDataReader 返回数据库查询结果集的通用方法
 * <param name= "sqlstr"> 要执行的 SQL 查询语句</param>
 * <param name= "cmdparam"> 要执行的 SQL 语句中的参数数组</param>
 * <return> 返回一个保存查询结果集 SqlDataReader 对象</return>
 */
public SqlDataReader StuInfoQuerySDR (string sqlstr, SqlParameter
    [] cmdparam)
{
    try
    {
        if (sqlconn. State ! = ConnectionState. Open)
            sqlconn. Open ();
        SqlCommand sqlcmd= new SqlCommand ();
        sqlcmd. Connection= sqlconn;
        sqlcmd. CommandType= CommandType. Text;
        sqlcmd. CommandText= sqlstr;
        if (cmdparam ! = null)
        {
            foreach (SqlParameter param in cmdparam)
            {
                sqlcmd. Parameters. Add (param);
            }
        }
        SqlDataReader rdr=
            sqlcmd. ExecuteReader (CommandBehavior. CloseConnection);
        sqlcmd. Parameters. Clear ();
        return rdr;
    }
    catch (Exception)
    {
        sqlconn. Close ();
        throw;
    }
}
/*
 * 功能:以 DataSet 数据集返回存储过程查询结果集的通用方法
 * <param name= "procName"> 要执行的存储过程的名称</param>
 * <param name= "cmdparam"> 要执行的存储过程中涉及的参数集合</param>
```

```
*  <return> 返回一个保存查询结果集 DataSet 对象</return>
* /
public DataSet StuInfoProcQuery(string procName, SqlParameter[]
    cmdparam)
{
    try
    {
        SqlDataAdapter rdr= new SqlDataAdapter();
        DataSet stuInfoDS= new DataSet();
        if (sqlconn.State ! = ConnectionState.Open)
        {
            sqlconn.Open();
        }
        SqlCommand sqlcmd= new SqlCommand();
        sqlcmd.Connection= sqlconn;
        sqlcmd.CommandType= CommandType.StoredProcedure;
        sqlcmd.CommandText= procName;
        if (cmdparam ! = null)
        {
            foreach (SqlParameter param in cmdparam)
            {
                sqlcmd.Parameters.Add(param);
            }
        }
        rdr.SelectCommand= sqlcmd;
        rdr.Fill(stuInfoDS);
        return stuInfoDS;
    }
    catch (Exception)
    {
        throw;
    }
    finally {
        sqlconn.Close();
    }
}
/*
* 功能:使用 DataSet 数据集返回 SQL 语句查询结果集的通用方法
* <param name= "sqlstr"> 要执行的 SQL 查询语句</param>
```

```
     *  <param name= "cmdparam"> 要执行的 SQL 语句中的参数数组</param>
     *  <return> 返回一个保存查询结果集 DataSet 对象</return>
     * /
public DataSet StuInfoAdapterQuery(string sqlstr,SqlParameter[] cmd
    param)
{
    try
    {
            SqlDataAdapter stuRDA= new SqlDataAdapter();
            DataSet stuInfoDS= new DataSet();
            if (sqlconn.State ! = ConnectionState.Open)
            {
                sqlconn.Open();
            }
            SqlCommand sqlcmd= new SqlCommand();
            sqlcmd.Connection= sqlconn;
            sqlcmd.CommandType= CommandType.Text;
            sqlcmd.CommandText= sqlstr;
            if (cmdparam ! = null)
            {
                foreach (SqlParameter param in cmdparam)
                    sqlcmd.Parameters.Add(param);
            }
            stuRDA.SelectCommand= sqlcmd;
            stuRDA.Fill(stuInfoDS);
            return stuInfoDS;
    }
    catch (Exception)
    {
        throw;
    }
    finally
    {
        sqlconn.Close();
    }
}
/*
 * 功能:调用存储过程,并返回存储过程返回值的通用方法
 * <param name= "procName"> 要执行的存储过程的名称</param>
```

```
*  <param name= "cmdparam"> 要执行的存储过程中参数的集合</param>
*  <param name= "DataOpType"> 区分是查询(1)操作还是更新(2)操作</param>
*  <return> 返回存储过程的返回值</return>
* /
public int ProcReturnValue (string procName, SqlParameter [] cmdp
    aram,
    int DataOpType)
{
    try
    {
        if (sqlconn. State ! = ConnectionState. Open)
        {
            sqlconn. Open ();
        }
        SqlCommand sqlcmd= new SqlCommand ();
        sqlcmd. Connection= sqlconn;
        sqlcmd. CommandText= procName;
        sqlcmd. CommandType= CommandType. StoredProcedure;
        if (cmdparam ! = null)
        {
            foreach (SqlParameter param in cmdparam)
                sqlcmd. Parameters. Add (param);
        }
        sqlcmd. Parameters. Add (
            new SqlParameter ("@ReturnValue", SqlDbType. TinyInt));
        sqlcmd. Parameters ["@ReturnValue"]. Direction=
            ParameterDirection. ReturnValue;
        if (DataOpType== 1)
        {
            sqlcmd. ExecuteScalar ();
        }
        if (DataOpType== 2)
        {
            sqlcmd. ExecuteNonQuery ();
        }
        return Convert. ToByte (sqlcmd. Parameters ["@ReturnValue"].Val
            ue);
    }
    catch
```

```
    {
        throw;
    }
    finally {
        sqlconn.Close();
    }
    }
}
```

至此，数据库通用访问类创建完毕。可以用此类完成几乎所有的数据库操作。

12.2.2　系统主界面设计与功能实现

1. 界面设计的基本要求

（1）界面设计要完整的体现用户的功能需求，并且美观大方。

（2）界面设计的交互操作过程符合用户的习惯性工作过程。

2. 系统主界面设计

在 stuInfoManage 解决方案中创建一个 Windows 应用程序，并将其设置为启动项目，项目取名为：SystemMainForm；然后将其中的 Windows 窗体类 Form1.cs 重命名为 FrmMain.cs，并参照表 12-6 的说明设置 FrmMain 窗体的属性。

表 12-6　主窗体主要参数设置表

属性名	设　　置
IsMdiContainer	True
Text	学生信息管理系统
StartPosition	CenterScreen
WindowState	Maximized

3. 系统菜单设计

根据需求，系统需要在主窗体上创建一个菜单系统来引导用户的操作，至于菜单系统中的各级菜单显示字符以及命名参见表 12-7。

表 12-7　菜单系统主要参数设置

主菜单	子菜单	命　　名
系统管理		SystemManageMenuItem
	系统登录	LoginInMenuItem
	注销	LoginOutMenuItem
	退出	SystemExitMenuItem
数据查询		DataQueryMenuItem
	学生基本信息浏览	StuBasicInfoQueryMenuItem
	学生成绩信息查询	StuGradeInfoQueryMenuItem

续表

主菜单	子菜单	命　名
	课程成绩信息查询	CourseGradeQueryMenuItem
数据添加		DataAddMenuItem
	学生基本信息添加	StuBasicInfoInsertMenuItem
数据更新		DataUpdateMenuItem
	学生基本信息更新	StuBasicInfoUpdateMenuItem
数据删除		DataDeleteMenuItem
	学生基本信息删除	StuBasicInfoDeleteMenuItem
帮助		HelpMenuItem
	关于本系统	AboutSystemMenuItem

4. 系统菜单功能初始状态的设定

由于该系统需要合法用户登录成功后才能操作相应的系统主要功能，所以系统的主要功能的初始状态是不可用的。此外，当系统登录成功后需要打开系统主要功能锁定。为了实现该功能以及方便以后操作，首先在 FrmMain 类中添加以下两个私有方法。

//将系统主要功能调用的菜单锁定的方法

```
private void MenuStatusOFF()
{
    DataQueryMenuItem.Enabled= False;
    DataAddMenuItem.Enabled= False;
    DataUpdateMenuItem.Enabled= False;
    DataDeleteMenuItem.Enabled= False;
}
```

//打开系统主要功能锁定状态的方法

```
private void MenuStatusOn()
{
    DataQueryMenuItem.Enabled= True;
    DataAddMenuItem.Enabled= True;
    DataUpdateMenuItem.Enabled= True;
    DataDeleteMenuItem.Enabled= True;
}
```

然后，双击 FrmMain 窗体类的 Load 事件，在该事件中添加如下代码：

```
MenuStatusOFF();
```

5. "注销"功能的实现

功能：将系统主要功能设置为锁定状态，以方便其他用户登录使用。

具体操作：选中"注销"菜单，在注销菜单的 Click 事件中添加如下代码。

```
MenuStatusOFF();
```

6. "退出"功能的实现

当系统退出时，需要提示是否真的退出等提示选项等，实现该功能在FrmMain窗体类中进行如下操作：

（1）在"退出"菜单的Click事件中添加如下代码：

```
this.Close();
```

（2）在FrmMain窗体类的FormClosing事件中添加如下代码：

```
DialogResult mgr= MessageBox.Show("您确定要退出学生信息管理系统吗?",
    "信息提示",MessageBoxButtons.OKCancel,MessageBoxIcon.Question,
    MessageBoxDefaultButton.Button1);
if (mgr== DialogResult.Cancel)
    e.Cancel= True;
```

至此，系统主界面和菜单系统的主要设计任务已经完毕。

12.2.3 登录窗体的设计与功能实现

1. 功能描述

该步骤要实现以下两个功能。

（1）单击"系统管理"主菜单下"系统登录"功能选项，打开"系统登录"窗体；在该窗体处于打开状态时，不能操作主界面包括系统菜单的所有功能，除非关闭该窗体以后，才能继续操作。

（2）系统启动完成后，系统主要功能处于不可用状态，当登录成功后，打开功能锁定。

在本案例中，解决第一个问题的方法是使用模式对话框，解决第二个问题的方法是在登录窗体中设置一个"系统菜单状态"变量（SysMenuStatus），通过该变量的真假来判断是否打开系统的功能锁定。

2. 流程图

针对功能描述，绘制系统登录功能的操作流程图如图12-3所示。

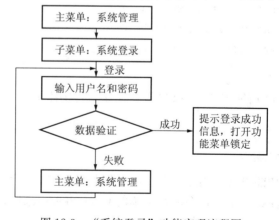

图 12-3 "系统登录"功能实现流程图

3. 数据库设计

本窗体主要功能的实现所涉及的用户登录合法性验证采用带返回值的存储过程来实现。具体操作过程为：在 SQL Server 查询分析器中输入以下代码后并运行，创建存储过程 LoginJudge，用于判断登录用户的合法性验证。

```
create procedure LoginJudge
(
        @userName nvarchar(100),
        @passWord varchar(100)
)
as
  if not exists(select * from admin where userName= @userName)
        return 1                //表示不存在该用户
  else
        begin
        if not exists(select * from admin where userName= @userName and
           [password]= @passWord )
           return 2             //表示密码错误
        else
           return 3             //表示登录成功
        end
```

代码输入完毕后单击运行按钮，生成 LoginJudge 存储过程。

4. 界面设计

（1）在 stuInfoManage 解决方案中新建一个类库：SystemManage，删除其中创建的默认类 Class1.cs；然后在 SystemManage 中新建一个 Windows 窗体类：FrmLoginForm，设置该窗体的属性 Text 为 "系统登录"，并添加一个公共数据成员：

public Boolean SysMenuStatus=False；

（2）在该 "系统登录" 窗体上添加必要控件并设置相关属性，具体设置参照表 12-8。

表 12-8 "系统登录" 窗体上面控件的主要属性设置表

控件类型	命　名	属　性
Lable1	采用系统默认	Text：系统登录
Lable2	采用系统默认	Text：用户名：
Lable3	采用系统默认	Text：密码：
ComboBox	cmbUserName	无
TextBox	txtPassword	PasswordChar： *
Button	btnLogin	Text：登录
Button	btnReset	Text：重置
Button	btnExit	Text：退出

其他显示样式和效果可以根据实际情况具体调节，如字体的大小和颜色等。具体设计效

果可以参照图 12-4。

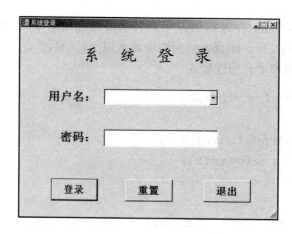

图 12-4　"系统登录"窗体设计效果图

5. 代码实现

(1) 菜单功能调用的实现。

①在系统主界面类 FrmMain 类中添加一个私有数据成员，该成员为系统登录窗体的一个实例，即在 FrmMain 类中添加如下代码：

```
FrmSystemLogin frmLogin= new FrmSystemLogin();
```

②双击"系统登录"菜单，在"系统登录"菜单的 Click 事件中添加以下代码：

```
//判断该对象是否存在,如果不存在,就创建它
if (frmLogin. IsDisposed)
{
        frmLogin= new FrmSystemLogin ();
}
//以模式对话框的形式显示 LoginForm 窗体
frmLogin. ShowDialog();
//登录窗体运行完毕后,判断登录窗体的属性 SysMenuStatus 的取值
//如果登录窗体中系统菜单状态变量的值为真,打开系统菜单主要功能的锁定状态
if (frmLogin. SysMenuStatus== True)
{
        MenuStatusOn();
}
```

至此，登录窗体的功能调用已经实现。

(2) "登录窗体"相应功能的实现。

①"用户名"组合框的数据初始化。系统界面启动后，自动加载数据库中合法的管理员的用户名，在用户名组合框中列示以便选择，当然也允许用户自行输入个人的用户名。

实现该功能需要在 FrmLoginForm 窗体类的 Load 事件中添加以下代码，为 cmbUser-

Name 数据进行初始化操作。

```
StuInfoDatabaseOp stuDBOp= new StuInfoDatabaseOp();
string sqlstr= "select userName from admin";
SqlDataReader userName= stuDBOp. stuInfoQuerySDR(sqlstr,null);
while (userName. Read())
{
    cmbUserName. Items. Add(userName[0]);
}
```

②"系统登录"窗体的初始化。在启动系统登录窗体后，要使各个控件处于数据选择或输入状态。要实现该功能，首先，需要在 SystemLoginForm 窗体类中添加私有方法用于控件初始状态设定：

```
private void ComponentReset()
{
    UserNameComboBox. Text= "";
    PasswordTextBox. Text= "";
    UserNameComboBox. Focus();
}
```

然后在 SystemLoginForm 窗体类的默认构造方法中添加该方法的调用：

```
ComponentReset();
```

③"重置"按钮功能的实现。重置功能主要实现清空已经输入或选择的数据，以便用户重新输入。完成此功能，需要在"重置"按钮的 Click 事件中添加以下代码实现控件状态重置：

```
ComponentReset();
```

④"退出"按钮功能的实现。在"退出"按钮的 Click 事件中添加以下代码：

```
this. Dispose();
```

⑤"登录"按钮功能的实现。单击"登录"按钮后，首先要根据需要判断用户名和密码是否非空，密码长度是否大于 6 位。如果违反这些基本条件，直接给出相应提示信息。如果具备这些基本条件，则调用存储过程 LoginJudge 判断用户的合法性，并根据返回值进行应有的操作和相应的提示信息。

实现该功能，需要在"登录"按钮的 Click 事件中添加如下代码：

```
private void btnLogin_Click(object sender, EventArgs e)
{
    StuInfoDatabaseOp stuDBOp= new StuInfoDatabaseOp();
    string userName= cmbUserName. Text. Trim();
    string passWord= txtPassword. Text. Trim();
```

```csharp
if (userName. Length== 0 || passWord. Length== 0)
{
    MessageBox. Show(this, "用户名或密码不能为空! 请重新输入!", "信息提
        示",MessageBoxButtons. OK,MessageBoxIcon. Warning);
    cmbUserName. Focus();
}
else
{
    if (passWord. Length< 6)
    {
        MessageBox. Show(this, "密码长度不能短于 6 位,请重新输入!!!",
            "信息提示", MessageBoxButtons. OK, MessageBoxIcon. Warn
            ing);
        txtPassword. Text= "";
        txtPassword. Focus();
    }
    else
    {
        SqlParameter[] cmdparam= new SqlParameter[]{
            new SqlParameter("@userName",userName),
            new SqlParameter("@passWord",passWord)
    };
    int loginFlag= stuDBOp. ProcReturnValue ("LoginJudge", cmdpa
        ram,1);
    switch (loginFlag)
    {
        case 1:
            MessageBox. Show(this,
                "不存在该用户,请输入或选择你要登录的用户名!","信息提示",
                MessageBoxButtons. OK,MessageBoxIcon. Warning);
            ComponentReset();
            break;
        case 2:
            MessageBox. Show(this, "用户名存在,密码输入密码错误!",
                "信息提示", MessageBoxButtons. OK,
                MessageBoxIcon. Warning);
            txtPassword. Clear();
            txtPassword. Focus();
            break;
```

```
case 3:
    MessageBox.Show(this, "恭喜您,登录成功!", "信息提示",
        MessageBoxButtons.OK,MessageBoxIcon.Information);
    SysMenuStatus= True;
    this.Dispose();                    //注意 Dispose 和 Close 的区别
    break;
    }
  }
}
```

至此，"系统登录"功能基本实现。

6. 任务总结

（1）由于该程序使用多个类库项目分类管理并且互相引用实现，所以需要特别注意各个项目之间类的正确引用。

（2）要正确理解窗体 Close 和 Dispose 的区别。

12.2.4　学生基本信息浏览窗体的设计与功能实现

1. 功能描述

本步骤主要功能是逐个浏览数据库中保存的学生基本信息。该功能窗体启动后列示第一个学生的基本信息，如果不存在则给出相应提示。此后可以根据界面上"第一条"、"上一条"、"下一条"、"最后一条"导航按钮来浏览学生基本信息的数据。

2. 数据库设计

根据需求描述，在该窗体上浏览的学生基本信息包括：学号、姓名、性别、政治面貌、出生日期、所在院系名称、身份证编号、简历和照片等信息。

该功能的实现计划从视图获取需要的数据。根据分析需要在数据库中创建一个用于查询以上学生基本信息数据的视图：stuBasicInfoView。

3. 界面设计

首先在 stuInfoManage 解决方案中新建一个类库：DataQuery，删除其中创建的默认类 Class1.cs；然后在 DataQuery 中新建一个 Windows 窗体类：FrmStuBasicInfoQuery，设置该窗体的属性 Text 为"学生基本信息浏览"，并在该 Windows 窗体上添加以下控件并设置属性，具体的控件及其主要属性设置可参照表 12-9。

表 12-9　"学生基本信息浏览"窗体的控件及其主要属性设置表

控件类型	控件名称	控件主要属性设置
Label	系统默认	Text：学生基本信息浏览
Label	系统默认	Text：学号：
Label	系统默认	Text：姓名：
Label	系统默认	Text：性别：

续表

控件类型	控件名称	控件主要属性设置
Label	系统默认	Text：政治面貌：
Label	系统默认	Text：出生日期：
Label	系统默认	Text：院系名称：
Label	系统默认	Text：身份证编号
Panel	系统默认	BorderStyle：Fixed3D
Panel	系统默认	BorderStyle：Fixed3D
Panel	系统默认	BorderStyle：Fixed3D
PictureBox	picStuPhoto	BorderStyle：Fixed3D；SizeMode＝Zoom
TextBox	txtSex	无
TextBox	txtPolitic	无
TextBox	txtStuID	无
TextBox	txtStuName	无
TextBox	txtStuBirth	无
TextBox	txtDeptName	无
TextBox	txtStuCard	无
TextBox	txtStuResume	MultiLine：True
Button	btnFirstRecord	Text：第一条
Button	btnPriorRecord	Text：上一条
Button	btnNextRecord	Text：下一条
Button	btnLastRecord	Text：最后一条
PictureBox	picStuPhoto	BorderStyle：Fixed3D
TextBox	txtSex	无
TextBox	txtPolitic	无

具体界面设计效果可参照图 12-5 所示。

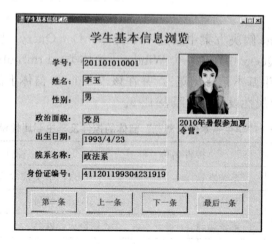

图 12-5　"学生基本信息浏览"设计效果图

4. 代码实现

(1) 菜单功能调用的实现。程序中所有功能子窗体的调用将呈现 MDI 效果。为了实现 MDI 效果，首先在 MainForm 窗体类中添加 FrmStuBasicInfoQuery 窗体类的一个实例。

```
FrmStuBasicInfoQuery frmBasicInfoQuery= new FrmStuBasicInfoQuery ();
```

然后，在菜单"学生基本信息浏览"的 Click 事件中添加功能调用：

```
if (frmBasicInfoQuery. IsDisposed)
{
        frmBasicInfoQuery= new FrmStuBasicInfoQuery ();
}
frmBasicInfoQuery. MdiParent= this;
frmBasicInfoQuery. Show ();
frmBasicInfoQuery. Focus ();
```

(2) "学生基本信息浏览窗体"功能的实现。

① 窗体的初始化工作。窗体中四个导航按钮控件都要从结果集中读取学生的基本信息，并需要确定正在操作的当前学生的具体位置。为此，首先定义两个私有数据成员用于保存该窗体运行过程中的数据集合和当前记录的位置。具体操作为：在 FrmStuBasicInfoQuery 窗体类中添加以下代码。

```
DataSet dsStuBasicInfo= new DataSet();         // 保存该窗体涉及的数据集
int currentRecord= 0;                          // 保存当前操作的记录位置
```

其次，需要初始化窗体数据查询结果集以及设置界面打开状态。

第一步，创建一个通用的界面数据绑定的私有方法，该方法根据查询结果集中学生的具体位置，在窗体的相应控件上展示该学生的详细信息。具体操作即在 FrmStuBasicInfoQuery 类中添加以下代码：

```
private void CoverDataBind (int position)
{
        DataRow dr= dsStuBasicInfo. Tables [0]. Rows [position];
        txtStuID. Text= dr ["stuID"]. ToString ();
        txtStuName. Text= dr ["stuName"]. ToString ();
        txtStuBirth. Text= Convert. ToDateTime (dr ["stuBirth"]). ToShort
            DateString ();
        txtDeptName. Text= dr ["deptName"]. ToString ();
        txtStuCard. Text= dr ["stuPcard"]. ToString ();
        StuResumeTextBox. Text= dr ["stuResume"]. ToString ();
        txtSex. Text= dr ["stuSex"]. ToString ();
        switch (dr ["stuPolitic"]. ToString ())
        {
```

```
        case "1":
            txtPolitic.Text= "党员";
            break;
        case "2":
            txtPolitic.Text= "团员";
            break;
        case "3":
            txtPolitic.Text= "其他";
            break;
    }
    try
    {
        byte[] PhotoBuffer= (byte[])dr["stuPhoto"];
        Stream Photo= new MemoryStream(PhotoBuffer);
        Image PhotoImage= Image.FromStream(Photo, True);
        picStuPhoto.Image= PhotoImage;
        Photo.Close();
    }
    catch
    {
        picStuPhoto.Image= null;
    }
}
```

第二步，从数据库中读取学生基本信息数据，如果有学生，则在窗体启动后列示第一个学生的基本信息，如果没有则提示相关信息。为此，需要在 FrmStuBasicInfoQuery 的 Load 事件中添加以下代码：

```
private void StuBasicInfoQueryForm_Load(object sender, EventArgs e)
{
    string sqlstr= "select *  from stuBasicInfoView";
    StuInfoDatabaseOp stuBasicInfo= new StuInfoDatabaseOp();
    dsStuBasicInfo= stuBasicInfo.StuInfoAdapterQuery(sqlstr, null);
    if (dsStuBasicInfo.Tables[0].Rows.Count== 0)
    {
        MessageBox.Show(this, "不存在您要浏览的信息!!!", "信息提示",
            MessageBoxButtons.OK, MessageBoxIcon.Warning);
    }
    else
    {
```

```
        currentRecord= 1;
        CoverDataBind(currentRecord-1);
    }
}
```

至此，窗体的初始化工作完毕。

② "第一条"按钮功能的实现。在 btnFirstRecord 的 Click 事件中添加以下代码：

```
if (dsStuBasicInfo.Tables[0].Rows.Count > 0)
{
    currentRecord= 1;
    CoverDataBind(currentRecord - 1);
    btnFirstRecord.Enabled= False;
    btnNextRecord.Enabled= True;
}
```

③ "上一条"按钮功能的实现。在 btnPriorRecord 按钮的 Click 事件中添加以下代码：

```
if (currentRecord > 1)
{
    currentRecord= currentRecord - 1;
    CoverDataBind(currentRecord - 1);
    btnNextRecord.Enabled= True;
}
else
{
    MessageBox.Show(this, "已经到达第一条!!!", "信息提示", Message-
        BoxButtons.OK,MessageBoxIcon.Warning);
    btnPriorRecord.Enabled= False;
}
```

④ "下一条"按钮功能的实现。在 btnNextRecord 按钮的 Click 事件中添加以下代码：

```
if (currentRecord< dsStuBasicInfo.Tables[0].Rows.Count)
{
    currentRecord= currentRecord+ 1;
    CoverDataBind(currentRecord - 1);
    btnPriorRecord.Enabled= True;
}
else
{
    MessageBox.Show(this,"已经到达最后一条!!!","信息提示",
        MessageBoxButtons.OK,MessageBoxIcon.Warning);
```

```
    btnNextRecord.Enabled= False;
}
```

⑤ "最后一条" 按钮功能的实现。在 btnLastRecord 按钮的 Click 事件中添加以下代码：

```
if (dsStuBasicInfo.Tables[0].Rows.Count > 0)
{
    currentRecord= dsStuBasicInfo.Tables[0].Rows.Count;
    CoverDataBind(currentRecord - 1);
    btnPriorRecord.Enabled= True;
    btnNextRecord.Enabled= False;
}
```

至此，学生信息浏览的功能基本实现。

12.2.5 学生成绩信息查询窗体的设计与功能实现

1. 功能描述

该功能主要是根据输入的学号信息，查询学生的主要的基本信息（包括姓名、性别、出生日期等信息），然后用表格列出该学生所有选修课程的课程编号、课程名称、课程学分以及课程成绩等信息。

2. 流程图

针对功能描述，绘制学生成绩信息查询功能的操作流程图如图 12-6 所示。

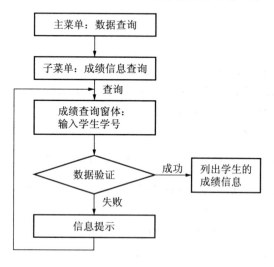

图 12-6 "学生成绩信息查询" 功能流程图

3. 数据库设计

实现该功能计划采用带输出参数的存储过程来实现，否则需要进行两次数据库操作才能实现。为此，需要按照成绩信息查询操作的功能要求进行数据库设计。

首先，根据需要在 stuInfoManage 数据库中创建存储过程。该存储过程具有以下功能：

可以根据输入参数学号，通过输出参数返回该学号所代表学生的姓名、性别和出生日期，同时通过存储过程返回该学生所修课程的成绩信息。

具体操作步骤如下：打开 SQL Server 2000 查询分析器输入以下代码并运行创建，可以实现上面所述功能的存储过程 StuGradeQuery。

```
CREATE PROCEDURE StuGradeQuery
(
    @stuID varchar(12),
    @stuName nvarchar(20) output,
    @stuSex nchar(1) output,
    @stuBirth varchar(12) output
)
as
select @stuName= stuName,@stuSex= stuSex,@stuBirth=
    convert(varchar(10),stuBirth,120) from stu where stuID= @stuID
select course.courseID as 课程编号,courseName as 课程名称,credit as 课程学分,
    grade as 成绩 from course inner join grade on course.courseID=
    grade.courseID
    where stuID= @stuID
```

至此，完成学生成绩查询所需的数据库设计任务完毕。

4. 界面设计

首先，在 DataQuery 项目下创建一个 Windows 窗体类：FrmStuGradeQuery，设置其 Text 属性为：学生成绩信息查询；然后在该窗体上添加以下控件并设置主要属性。具体控件及其主要属性设置参照表 12-10。

表 12-10　"学生成绩信息查询"窗体控件及其主要属性设置说明

控件类型	控件名称	主要属性设置
Label	系统默认	Text：学生选修课程成绩查询
Label	系统默认	Text：查询学号输入：
Label	系统默认	Text：姓名：
Label	系统默认	Text：性别：
Label	系统默认	Text：出生日期：
TextBox	txtStuIDInput	无
TextBox	txtStuName	ReadOnly：True
TextBox	txtStuSex	ReadOnly：True
TextBox	txtStuBirth	ReadOnly：True

续表

控件类型	控件名称	主要属性设置
Button	btnQuery	Text：查询
DataGridView	gdvGrade	无
Panel	系统默认	无

此外为了美观效果，适当调整窗体和控件的其他属性（字体和颜色等）。具体的设计效果可以参照图 12-7。

图 12-7　"学生成绩查询"窗体设计效果图

5. 代码实现

（1）菜单功能调用的实现。

首先，在 FrmMain 窗体类中添加 FrmStuGradeQuery 窗体类的一个实例。

```
FrmStuGradeQuery frmStuGradeInfoQuery= new FrmStuGradeQuery();
```

其次，在系统主菜单"数据查询"的"学生成绩信息查询"功能选项的 Click 事件中添加"学生成绩查询"窗体的功能调用代码。

```
if (frmStuGradeInfoQuery.IsDisposed)
{
        frmStuGradeInfoQuery= new FrmStuGradeQuery();
}
frmStuGradeInfoQuery.MdiParent= this;
frmStuGradeInfoQuery.Show();
frmStuGradeInfoQuery.Focus();
```

（2）窗体功能的实现。

① 窗体状态的初始化。在窗体启动或查询失败时，需要清空界面所有控件的已有数据，故进行以下操作来实现该功能。

首先，在 FrmStuGradeQuery 窗体类中添加以下私有方法设置控件属性。

```
private void CoverComponentReset()
{
    txtStuIDInput.Clear();
    txtStuName.Clear();
    txtStuSex.Clear();
    txtStuBirth.Clear();
    gdvGrade.DataSource= "";
    txtStuIDInput.Focus();
}
```

其次，在 StuGradeQueryForm 窗体类的 Load 事件中调用 CoverComponentReset 方法对窗体控件进行初始化操作。

```
private void FrmStuGradeQuery_Load(object sender, EventArgs e)
{
    CoverComponentReset();
}
```

② "查询" 按钮功能的实现。在查询按钮中，需要根据数据库操作的结果进行操作选择：如果存在学号所代表的学生基本信息以及相关成绩信息，则直接列示；如果不存在，则提示相关信息并清除窗体界面的已有数据。实现该功能，需要在查询按钮的 Click 事件中添加以下代码：

```
private void btnQuery_Click(object sender, EventArgs e)
{
    string StuID= txtStuIDInput.Text.Trim();
    StuInfoDatabaseOp stuDBOp= new StuInfoDatabaseOp();
    //实现方法:带 OUTPUT 参数的存储过程来实现
    SqlParameter[] cmdParam= new SqlParameter[]{
        new SqlParameter("@stuID",StuID),
        new SqlParameter("@stuName",SqlDbType.NVarChar,20),
        new SqlParameter("@stuSex",SqlDbType.NChar,1),
        new SqlParameter("@stuBirth",SqlDbType.VarChar,12)
    };
    cmdParam[1].Direction= ParameterDirection.Output;
    cmdParam[2].Direction= ParameterDirection.Output;
    cmdParam[3].Direction= ParameterDirection.Output;
    DataSet stuGradeDS= stuDBOp.StuInfoProcQuery("stuGradeQuery",
```

```
            cmdParam);
        if (! cmdParam[1].Value.ToString().Equals(""))
        {
            txtStuName.Text= cmdParam[1].Value.ToString();
            txtStuSex.Text= cmdParam[2].Value.ToString();
            txtStuBirth.Text= cmdParam[3].Value.ToString();
            gdvGrade.AutoGenerateColumns= False;
            gdvGrade.DataSource= stuGradeDS.Tables[0];
            gdvGrade.SelectionMode = DataGridViewSelectionMode.FullRowSe
                lect;
            gdvGrade.Columns [0].DataPropertyName = stuGradeDS.Tables [0].
                Columns[0].ToString();
            gdvGrade.Columns [1].DataPropertyName = stuGradeDS.Tables [0].
                Columns[1].ToString();
            gdvGrade.Columns [2].DataPropertyName = stuGradeDS.Tables [0].
                Columns[2].ToString();
            gdvGrade.Columns [ " CourseGradeColumn "].DataPropertyName =
                stuGradeDS.Tables [0].Columns["成绩"].ToString();
        }
        else
        {
            MessageBox.Show("您要查询的学号不存在,请确认是否正确后重新输入!",
                "信息提示", MessageBoxButtons.OK, MessageBoxIcon.Warning);
            CoverComponentReset();
        }
    }
```

至此，学生成绩信息查询窗体的功能基本实现。

12.2.6 学生基本信息添加窗体的设计与功能实现

1. 功能描述

（1）单击系统主界面中的"数据添加"主菜单下"学生基本信息添加"功能选项，弹出"学生基本信息添加"功能窗体；（注意：该窗体初始状态为所有控件处于不可用或不可编辑状态）。

（2）单击"添加"按钮，使所有控件处于可编辑或可用状态。

（3）单击"退出"按钮，退出学生基本信息添加操作。

（4）单击"重置"按钮，清空已经输入的但未保存到数据库的学生数据，以便重新输入。

（5）单击"保存"按钮，首先判断数据的合法性，如果数据合法，则将数据保存到数据库，否则根据错误情况给出相应的错误提示信息。

2. 流程图

针对功能描述，绘制学生基本信息添加功能的操作流程图如图 12-8 所示。

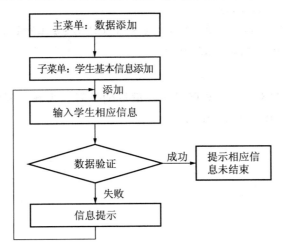

图 12-8　"学生基本信息添加"功能流程图

3. 数据库设计

首先，计划采用调用存储过程来实现学生基本信息的添加操作，为此需要在数据库中创建学生基本信息数据添加的存储过程：StuBasicInfoInsert。具体操作为：打开 SQL 查询分析器，输入以下代码并运行生成存储过程 StuBasicInfoInsert。

```
CREATE PROCEDURE StuBasicInfoInsert
(
    @stuID char(12),
    @stuName nvarchar(20),
    @stuSex nchar(1),
    @stuBirth varchar(20),
    @stuPolitic tinyint,
    @stuDept char(4),
    @stuPcard char(18),
    @stuResume nvarchar(1000),
    @stuPhoto Image
)
AS
if  len(@stuPcard)= 0
    set @stuPcard= null
if  len(@stuResume)= 0
    set @stuResume= null
if  len(@stuSex)= 0
    set @stuSex= null
```

```
Insert into stu
    (stuID, stuName, stuSex, stuBirth, stuPolitic, stuDept, stuPcard, stuRe
        sume, stuPhoto)
values (@stuID, @stuName, @stuSex, @stuBirth, @stuPolitic, @stuDept, @stuP
    card, @stuResume, @stuPhoto)
return 1
```

其次，为防止学生在添加学生数据时输入重复的学号。为此，创建一个自动生成学号的存储过程（ProduceStuID）以便调用。

```
CREATE PROCEDURE ProduceStuID
(
    @deptID char(4),
    @stuID char(12) output
)
AS
declare @maxStuID varchar(12)
select @maxStuID= max(stuID) from stu where stuDept= @deptID
if  left(@maxStuID, 8)= datename(year, getdate())+ @deptID
    begin
        set @stuID= convert(varchar(12), convert(Bigint, @maxStuID)+ 1)
    end
else
    set @stuID= datename(year, getdate())+ @deptID+ '0001'
```

至此，为实现学生基本信息添加功能所需的数据库设计任务完毕。

4. 界面设计

首先，在 stuInfoManage 解决方案中新建一个类库：DataAdd，删除其中创建的默认类 Class1.cs；然后在 DataAdd 中新建一个 Windows 窗体类：FrmStuBasicInfoAdd，设置该窗体的属性 Text 为"学生基本信息添加"，并在该 Windows 窗体上添加以下控件并设置属性。具体控件的类型及其主要属性设置参照表 12-11。

表 12-11 "学生基本信息添加"窗体控件及其主要属性表

控件类型	控件名称	主要属性设置
Label	系统默认	Text：学生基本信息添加
Label	系统默认	Text：院系名称：
Label	系统默认	Text：学号：
Label	系统默认	Text：姓名：
Label	系统默认	Text：性别：

续表

控件类型	控件名称	主要属性设置
Label	系统默认	Text：政治面貌：
Label	系统默认	Text：出生日期：
Label	系统默认	Text：身份证编号：
Panel	系统默认	无
Button	btnAdd	Text：添加
Button	btnSave	Text：保存
Button	btnReset	Text：重置
Button	btnExit	Text：退出
TextBox	txtStuID	ReadOnly：True
TextBox	txtStuName	无
TextBox	txtStuPcard	无
TextBox	txtStuResume	MultiLine：True
PictureBox	picStuPhoto	BorderStyle：FixedSingle SizeMode：StretchImage
ComboBox	cmbDeptName	无
GroupBox	grpStuSex	无
GroupBox	grpStuPolitic	无
RatioButton	rabMale	Text：男
RatioButton	rabFemale	Text：女
RatioButton	rabDY	Text：党员
RatioButton	rabTy	Text：团员
RatioButton	rabOther	Text：其他
DateTimePicker	dtpStuBirth	Format：Custom

具体界面设计可参照图 12-9。

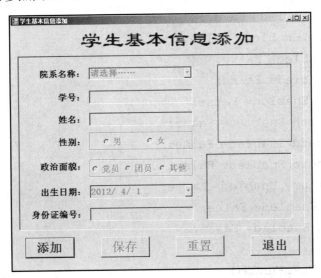

图 12-9 "学生基本信息添加"窗体设计效果图

5. 代码实现

(1)"学生基本信息添加"菜单功能调用的实现。

① 在 FrmMain 窗体类中添加 StuGradeQueryForm 窗体类的一个实例。

```
FrmStuBasicInfoAdd frmStuBasicAdd= new FrmStuBasicInfoAdd();
```

② 在菜单"学生基本信息添加"的 Click 事件中添加功能调用。

```
if (frmStuBasicAdd.IsDisposed)
{
        frmStuBasicAdd= new FrmStuBasicInfoAdd();
}
frmStuBasicAdd.MdiParent= this;
frmStuBasicAdd.Show();
frmStuBasicAdd.Focus();
```

(2)"学生基本信息添加窗体"的运行状态初始化。

① 由于在图像框的单击事件打开并获取保存学生照片数据,而在单击"保存"按钮时还需要使用该数据,故需要声明一个变量作用域较大的私有数据成员用来保存学生照片信息数据。具体操作,即在该窗体类中添加以下代码:

```
byte[] imageBuffer;
```

② 添加两个私有方法用于设置窗体界面控件的使用状态。

```
private void CompFunOFF()
{
    cmbDeptName.Enabled= False;
    txtStuName.Enabled= False;
    rabMale.Enabled= False;
    rabFemale.Enabled= False;
    rabDY.Enabled= False;
    rabTy.Enabled= False;
    rabOther.Enabled= False;
    dtpStuBirth.Enabled= False;
    txtStuPcard.Enabled= False;
    picStuPhoto.Enabled= False;
    txtStuResume.Enabled= False;
    btnSave.Enabled= False;
    btnReset.Enabled= False;
}
private void CompFunON()
{
```

```
        cmbDeptName.Enabled= True;
        txtStuName.Enabled= True;
        rabMale.Enabled= True;
        rabFemale.Enabled= True;
        rabDY.Enabled= True;
        rabTy.Enabled= True;
        rabOther.Enabled= True;
        dtpStuBirth.Enabled= True;
        txtStuPcard.Enabled= True;
        picStuPhoto.Enabled= True;
        txtStuResume.Enabled= True;
        btnSave.Enabled= True;
        btnReset.Enabled= True;
        btnExit.Enabled= True;
        btnAdd.Enabled= False;
}
```

③ 在窗体的 Load 事件中添加以下语句进行窗体界面控件初始状态设定，使窗体控件启动后处于不可编辑或不可使用状态。

```
CompFunOFF();
```

（3）cmbDeptName 数据的初始化。为了方便使用，减轻用户记忆量，将数据库中所有院系的名称用组合框列示以便选择。为实现该功能，需要对院系名称选择组合框数据进行初始化。

① 在窗体类中添加以下私有方法。

```
private void DeptNameLoad()
{
    string sqlstr= "select deptID,deptName from dept";
    StuInfoDatabaseOp StuDBOp= new StuInfoDatabaseOp();
    DataSet DeptNameDS= StuDBOp.StuInfoAdapterQuery(sqlstr, null);
    DataRow DeptNameDSRow= DeptNameDS.Tables[0].NewRow();
    DeptNameDSRow[0]= "0000";
    DeptNameDSRow[1]= "请选择……";
    DeptNameDS.Tables[0].Rows.InsertAt(DeptNameDSRow, 0);
    cmbDeptName.DataSource= DeptNameDS.Tables[0];
    cmbDeptName.DisplayMember= "deptName";
    cmbDeptName.ValueMember= "deptID";
}
```

② 在窗体的 Load 事件中添加 DepeNameLoad()方法的调用即可实现本步骤功能。

（4）添加按钮、重置按钮和退出按钮功能的实现。

①"添加"按钮的功能。使窗体界面控件都处于可编辑状态。为此在"添加"按钮的 Click 事件中添加以下代码。

```
private void btnAdd_Click(object sender, EventArgs e)
{
    CompFunON();
    ResetComponets();
}
```

②"重置"按钮的功能。清空已经输入但未保存到数据库的数据，以便用户重新输入新数据。为此首先在"学生基本信息添加"窗体中添加以下私有方法用于重置控件的数据。

```
private void ResetComponets()
{
    cmbDeptName.SelectedIndex= 0;
    txtStuID.Clear();
    txtStuName.Clear();
    rabMale.Checked= False;
    rabFemale.Checked= False;
    rabDY.Checked= False;
    rabTy.Checked= False;
    rabOther.Checked= False;
    dtpStuBirth.Value= Convert.ToDateTime(DateTime.Now.ToShortDate
        String());
    txtStuPcard.Clear();
    picStuPhoto.Image= null;
    txtStuResume.Clear();
    //假设第二次没有添加图像数据,则需要对图像数据进行初始化
    imageBuffer= new byte[100];
}
```

然后，在"重置"按钮的 Click 事件中添加 ResetComponets() 的调用。

③"退出"按钮的功能。退出"学生基本信息添加"功能窗体。为此，在"退出"按钮的 Click 事件中添加以下代码。

```
private void btnExit_Click(object sender, EventArgs e)
{
        this.Dispose();
}
```

（5）DeptNameComboBox 组合框中，当选项发生变化时自动生成学号。需要在院系名称选择组合框的数据发生变化时，根据选择的院系名称并调用生成学号的存储过程自动为新添

加的学生分配学号。为此，需要在 cmbDeptName 组合框的 SelectedIndexChanged 事件中添加如下代码。

```
private void cmbDeptName_SelectedIndexChanged(object sender, Even
    tArgs e)
{
    if (cmbDeptName.SelectedIndex != 0)
    {
        string DeptID= cmbDeptName.SelectedValue.ToString();
        StuInfoDatabaseOp StuDBOp= new StuInfoDatabaseOp();
        SqlParameter[] cmdParam= new SqlParameter[]{
            new SqlParameter("@deptID",DeptID),
            new SqlParameter("@stuID",SqlDbType.VarChar,12)
        };
        cmdParam[1].Direction= ParameterDirection.Output;
        StuDBOp.StuInfoProcQuery("ProduceStuID", cmdParam);
        txtStuID.Text= cmdParam[1].Value.ToString();
    }
    else
    {
        txtStuID.Clear();
    }
}
```

（6）单击 picStuPhoto 图像框，加载照片或图像功能的实现。

为添加学生的照片信息，需要单击学生照片图像框，打开图像文件定位对话框。当选择具体的照片文件后，自动保存并在照片图像框显示选择的图形信息。为此，需要在 picStuPhoto 图像框的 Click 事件中添加以下代码。

```
private void picStuPhoto_Click(object sender, EventArgs e)
{
    OpenFileDialog OpenPhotoDialog= new OpenFileDialog();
    OpenPhotoDialog.ShowDialog();
    if (OpenPhotoDialog.FileName.Trim()!= "")
    {
        Stream ImageStream= OpenPhotoDialog.OpenFile();
        int length= (int)ImageStream.Length;
        imageBuffer= new byte[length];
        ImageStream.Read(imageBuffer, 0, length);
        ImageStream.Close();
        Stream ImageShowStream= new MemoryStream(imageBuffer);
```

```
        Image ImageShow= Image.FromStream(ImageShowStream);
        picStuPhoto.Image= ImageShow;
    }
}
```

（7）保存按钮功能的实现。

① 将界面控件的输入数据解析为可在数据库中保存的学生基本信息数据。为此，需要在"学生基本信息添加"窗体中添加私有方法实现界面数据解析和数据库操作功能。

```
private void StuBasicInfoDataInsert()
{
        string stuID= txtStuID.Text.Trim();
        string stuName= txtStuName.Text.Trim();
        string stuDept= cmbDeptName.SelectedValue.ToString();
        //解析性别数据
        string stuSex= "";
        if (rabMale.Checked)stuSex= "男";
        if(rabFemale.Checked)stuSex= "女";
        //解析政治面貌数据
        Int16 stuPolitic= 3;
        if (rabDY.Checked)
            stuPolitic= 1;
        if (rabTy.Checked)
            stuPolitic= 2;
        string stuBirth= dtpStuBirth.Value.ToShortDateString();
        string stuPcard= txtStuPcard.Text.Trim();
        string stuResume= txtStuResume.Text.Trim();
        StuInfoDatabaseOp StuDBOp= new StuInfoDatabaseOp();
        SqlParameter[] cmd Param= new SqlParameter[] {
            new SqlParameter("@stuID",stuID),
            new SqlParameter("@stuName",stuName),
            new SqlParameter("@stuSex",stuSex),
            new SqlParameter("@stuBirth",stuBirth),
            new SqlParameter("@stuPolitic",stuPolitic),
            new SqlParameter("@stuPcard",stuPcard),
            new SqlParameter("@stuDept",stuDept),
            new SqlParameter("@stuResume",stuResume),
            new SqlParameter("@stuPhoto",imageBuffer)
                    };
    try
```

```
    {
        int insertFlag= StuDBOp. ProcReturnValue ("StuBasicInfoInsert",
            cmdParam, 2);
        if (insertFlag== 1)
        {
            MessageBox. Show(this, "学生信息添加成功!!!", "信息提示",
                MessageBoxButtons. OK, MessageBoxIcon. Information);
            CompFunOFF ();
            btnAdd. Enabled= True;
        }
    }
    catch (Exception ee)
    {
        MessageBox. Show(this, ee. Message, "信息提示",
            MessageBoxButtons. OK,MessageBoxIcon. Information);
    }
}
```

② 本步骤主要任务进行数据验证和数据保存操作。

首先根据数据库中对数据的约束要求，对界面数据进行合法性判断；如何不合法，则提示用户修改相应的数据，否则进行数据添加功能的操作。为此，在保存按钮的 Click 事件中添加以下代码实现功能调用。

```
private void btnSave_Click(object sender, EventArgs e)
{
    int JudgeStatus= 0; //界面数据合法性判断
    string stuPcard= txtStuPcard. Text. Trim(); //获取身份证编号的值
    if (cmbDeptName. SelectedIndex. Equals (0))
    {
        JudgeStatus= 1;
    }
    else
    {
        if (txtStuName. Text. Trim(). Equals (""))
        {
            JudgeStatus= 2;
        }
        else
        {
            if (!stuPcard. Equals (""))
```

```
    {
        if (stuPcard. Length!= 18)
        {
            JudgeStatus=3;
        }
        else
        {
            if (rabMale. Checked &&
                Convert. ToByte (stuPcard. Substring(16,1))% 2!= 1)
            {
                JudgeStatus= 4;
            }
            if (rabFemale. Checked &&
                Convert. ToByte (stuPcard. Substring (16,1))% 2!= 0)
            {
                JudgeStatus= 5;
            }
        }
    }
}
switch (JudgeStatus)
{
    case 1:
        MessageBox. Show(this, "请选择您要添加学生所在的院系名称从而
            为您分配新学号!!!","信息提示", MessageBoxButtons. OK,
            MessageBoxIcon. Information);
        cmbDeptName. Focus ();
        break;
    case 2:
        MessageBox. Show(this, "用户名不能为空！请输入用户名","信息提
            示", MessageBoxButtons. OK, MessageBoxIcon. Warning);
        txtStuName. Focus ();
        break;
    case 3:
        MessageBox. Show(this,"身份证编号不是位,请重新输入!","信息提示",
            MessageBoxButtons. OK,MessageBoxIcon. Warning);
        txtStuPcard. Clear ();
        txtStuPcard. Focus ();
```

```
        break ;
    case 4:
        MessageBox.Show(this,"您输入的身份证编号不符合【性别为男,身
            份证倒数第二位为奇数】的条件,"+ "\r\n"+ "\r\n"+ "请检查后
            重新输入!","信息提示",MessageBoxButtons.OK,Message
            BoxIcon.Warning);
        txtStuPcard.Focus();
        break;
    case 5:
        MessageBox.Show(this,"您输入的身份证编号不符合【性别为女,身
            份证倒数第二位为偶数】的条件,"+ "\r\n"+ "\r\n"+ "请检查后
            重新输入!","信息提示",MessageBoxButtons.OK, Message
            BoxIcon.Warning);
        txtStuPcard.Focus();
        break;
    default:
        StuBasicInfoDataInsert();
        break;
    }
}
```

至此,学生基本信息添加功能基本实现。

12.2.7　学生基本信息更新窗体的设计与功能实现

1. 功能描述

(1) 单击系统主界面中的"数据更新"主菜单下"学生基本信息更新"功能选项,弹出"学号输入"对话框。

(2) 在"学号输入"对话框中输入要修改的学生的学号。

(3) 单击"退出"按钮,退出学生基本信息更新功能操作。

(4) 单击"查询"按钮,如果不存在该学生则提示相关信息并返回学号输入状态;如果存在,则打开"学生基本信息更新"窗体,初始状态为列示学生原来的基本信息,但各个控件处于不可更新状态;

(5) 在"学生基本信息更新"对话框中,单击"更新"按钮,打开可更新信息的控件使用状态;单击"保存"按钮,首先判断数据的合法性,如果数据合法,则将数据保存到数据库,否则给出相应的错误提示信息;单击"重置"按钮,可以在数据未保存到数据库之前,将界面显示数据原有数据状态;"退出"按钮则退出该窗体。

2. 流程图

针对功能描述,绘制学生基本信息更新功能的操作流程图,如图 12-10 所示。

3. 数据库设计

本功能实现采用存储过程来更新 stuInfoManage 数据库中 stu 表的数据,具体步骤为:在 SQL Server 2005 中打开查询分析器,然后输入以下代码运行创建更新学生基本信息的存储过程 StuBasicInfoUpdate。

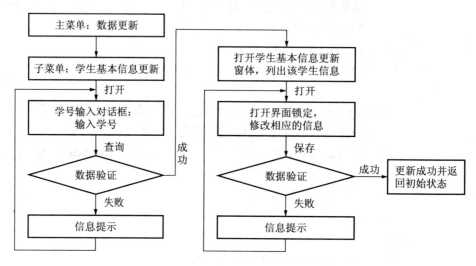

图 12-10 "学生基本信息更新"功能流程图

```
CREATE PROCEDURE StuBasicInfoUpdate
(
    @stuID char(12),
    @stuName nvarchar(20),
    @stuSex nchar(1),
    @stuBirth varchar(20),
    @stuPolitic tinyint,
    @stuDept char(4),
    @stuPcard char(18),
    @stuResume nvarchar(1000) ,
    @stuPhoto Image
)
AS
begin
    if  len(@stuPcard)= 0
        set @stuPcard= null
    if  len(@stuResume)= 0
        set @stuResume= null
    if  len(@stuSex)= 0
        set @stuSex= null
    update stu set stuName= @stuName,
```

```
        stuSex= @stuSex,
        stuBirth= @stuBirth,
        stuPolitic= @stuPolitic,
        stuPcard= @stuPcard,
        stuDept= @stuDept,
        stuResume= @stuResume,
        stuPhoto= @stuPhoto
    where stuID= @stuID
    return 1
end
```

至此，实现学生基本信息更新所需要的数据库设计任务完成。

4. 界面设计

首先，在 StuInfoManage 解决方案中新建一个名为 DataUpdate 的类库，删除其中创建的默认类；然后在该项目中添加两个 Windows 窗体类：FrmStuIDInput（学号输入）窗体类和FrmStuBasicInfoUpdate（学生基本信息更新）窗体类。"学号输入"窗体主要属性设置为：StartPosition：CenterScreen；Text：学号输入；Name：FrmStuIDInput；Minimize 和 Maxmize：False。 "学生基本信息更新"窗体主要属性设置为：StartPosition：CenterScreen；Text：学生基本信息更新；Name：FrmStuBasicInfoUpdate；Minimize 和 Maxmize：False。两个窗体界面的控件及其主要属性设置参照表 12-12 和表 12-13。

表 12-12　　"学号输入"窗体界面控件及其主要属性设置表

添加控件类型	控件名称	主要属性设置
Panel	系统默认	BorderStyle：Fixed3D
Label	系统默认	Text：学号输入
TextBox	txtStuID	无
Button	btnStuBaicQuery	Text：查询
Button	btnExit	Text：退出

表 12-13　　"学生基本信息更新"窗体界面控件及其主要属性设置

添加控件类型	控件名称	主要属性设置
Panel	系统默认	BorderStyle：Fixed3D
Label	系统默认	Text：学生基本信息更新
Label	系统默认	Text：学号：
Label	系统默认	Text：姓名：
Label	系统默认	Text：性别：
Label	系统默认	Text：政治面貌
Label	系统默认	Text：出生日期：

续表

添加控件类型	控件名称	主要属性设置
Label	系统默认	Text：院系名称：
Label	系统默认	Text：身份证编号：
TextBox	txtStuID	无
TextBox	txtStuName	无
TextBox	txtDeptName	无
TextBox	txtStuPcard	无
TextBox	txtStuResume	Multiline：True
RatioButton	rabMale	Text：男
RatioButton	rabFemale	Text：女
RatioButton	rabDY	Text：党员
RatioButton	rabTY	Text：团员
RatioButton	rabOther	Text：其他
Button	btnUpdate	Text：更新
Button	btnSave	Text：保存
Button	btnReset	Text：重置
Button	btnExit	Text：退出
GroupBox	系统默认	清空 Text
GroupBox	系统默认	清空 Text
DateTimePicker	dtpStuBirthe	无
ComboBox	cmbDeptName	无
PictureBox	picStuPhoto	BorderStyle：FixedSingle SizeMode：Zoom

具体设计效果参照图 12-11 和图 12-12。

图 12-11　"学号输入"窗体的设计效果图

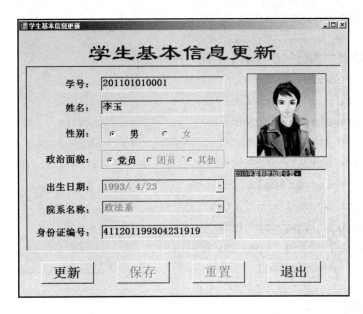

图 12-12　"学生基本信息更新"窗体的设计效果图

5. 代码实现

（1）系统菜单功能调用的实现。

① 在系统主界面窗体类中添加一个学号输入窗体（FrmStuIDInput）类的实例。

```
FrmStuIDInput frmStuIDInput= new FrmStuIDInput();
```

② 在"学生基本信息更新"菜单的 Click 事件中添加以下代码。

```
private void StuBasicInfoUpdateMenuItem_Click(object sender, Even
    tArgs e)
{
    if (frmStuIDInput.IsDisposed)
    {
        frmStuIDInput= new FrmStuIDInput();
    }
    frmStuIDInput.UpdateOrDelete= 1;
    frmStuIDInput.MdiParent= this;
    frmStuIDInput.Show();
    frmStuIDInput.Focus();
}
```

（2）学生基本信息实体类（StuBasicInfo）的创建。

本功能实现中为了保存已经获得的学生信息以便以后使用，创建一个学生基本信息的实体类，然后用该实体类的具体对象来保存学生基本信息的数据。

在 stuInfoManage 解决方案中添加一个类库 StuBeanLib，将该类库中的默认类更名为 StuBasicInfo，然后在其中输入以下代码：

```csharp
public class StuBasicInfo
{
    //字段名字和访问器的名字不能一样
    private string stuID;
    private string stuName;
    private string stuSex;
    private string stuBirth;
    private string stuPcard;
    private int stuPolitic;
    private byte[] stuPhoto;
    private string deptName;
    private string stuResume;
    public string StuID
    {
        get
        { return stuID; }
        set
        { stuID= value; }
    }
    public string StuName
    {
        get
        { return stuName; }
        set
        { stuName= value; }
    }
    public string StuSex
    {
        get
        { return stuSex; }
        set
        { stuSex= value; }
    }
    public string StuBirth
    {
        get
        { return stuBirth; }
        set
        { stuBirth= value; }
```

```
        }
    public string StuDept
    {
        get
        { return deptName; }
        set
        { deptName= value; }
    }
    public int StuPolitic
    {
        get
        { return stuPolitic; }
        set
        { stuPolitic= value; }
    }
    public string StuResume
    {
        get
        { return stuResume; }
        set
        { stuResume= value; }
    }
    public string StuPcard
    {
        get
        { return stuPcard; }
        set
        { stuPcard= value; }
    }
    public byte[] StuPhoto
    {
        get
        { return stuPhoto; }
        set
        { stuPhoto= value; }
    }
}
```

并将该实体类的引用添加到 DataUpdate 项目中。

（3）"学号输入"窗体（FrmStuIDInput）功能的实现。

① 窗体的初始状态设定。为了在窗体启动后学号输入文本框处于接收数据的状态，需要在窗体的 Load 事件中添加以下代码：

```
private void FrmStuIDInput_Load(object sender, EventArgs e)
{
    txtStuID.Clear();
    txtStuID.Focus();
}
```

② "退出" 按钮功能的实现。在 "退出" 按钮的 Click 事件中添加代码：

```
private void btnExit_Click(object sender, EventArgs e)
{
    this.Dispose();
}
```

③ "查询" 按钮功能的实现。

```
private void btnStuBaicQuery_Click(object sender, EventArgs e)
{
    //添加学生基本信息更新窗体的一个实例
    FrmStuBasicInfoUpdate frmStuBasicUpdate = new FrmStuBasicIn
        foUpdate();
    //查询输入学号代表的学生的基本信息
    string sqlstr ="select stuID, stuName, stuSex, stuBirth, stuP
        olitic,"
        + "stuPcard,stuResume,stuPhoto,deptName"
        + "from dept inner join stu on dept.deptID= stu.stuDept"
        + " where stuID= @stuID";
    SqlParameter[] cmdParam= new SqlParameter[]{
        new SqlParameter("@stuID",txtStuID.Text.Trim())
    };
    StuInfoDatabaseOp StuDBOp= new StuInfoDatabaseOp();
    SqlDataReader SingleStuSDR = StuDBOp.StuInfoQuerySDR(sqlstr,
        cmdParam);
    if (SingleStuSDR.Read())
    {
        //通过 StuBasicInfo 的具体对象来传递学生基本信息数据
        //需要事先为 StuBasicUpdateForm 类创建 StuBasicInfo 类的对象作为私
            有属性，
        //并为该属性设置 get 和 Set 访问器。
        StuBasicInfo StuBean= new StuBasicInfo();
```

```
StuBean.StuID= SingleStuSDR[0].ToString();
StuBean.StuName= SingleStuSDR[1].ToString();
StuBean.StuSex= SingleStuSDR[2].ToString();
StuBean.StuBirth= SingleStuSDR[3].ToString();
StuBean.StuPolitic = Convert.ToByte (SingleStuSDR [4].ToS
    tring());
StuBean.StuPcard= SingleStuSDR[5].ToString();
StuBean.StuResume= SingleStuSDR[6].ToString();
StuBean.StuDept= SingleStuSDR[8].ToString();
StuBean.StuPhoto= (byte[])SingleStuSDR[7];
frmStuBasicUpdate.StuBasic= StuBean;
frmStuBasicUpdate.MdiParent= this.MdiParent;
frmStuBasicUpdate.Show();
frmStuBasicUpdate.Focus();
this.Dispose();
}
else
{
    MessageBox.Show(this,"您查找的学号所代表的学生不存在,请确认学号
        正确后再次输入!", "信息提示", MessageBoxButtons.OK,Mes
        sageBoxIcon.Information);
    txtStuID.Clear();
    txtStuID.Focus();
}
}
```

(4)"学生基本信息更新"窗体(FrmStuBasicInfoUpdate)功能的实现。

① 窗体初始状态的设定以及必要的属性和私有数据成员的声明。

首先,由于在图像框的单击事件打开并获取学生照片数据,而在单击"保存"按钮时还需要使用该数据,故需要声明一个变量作用域较大的私有数据成员用来保存学生照片信息数据。具体操作,即在 StuBasicInfoUpdateForm 窗体类中添加以下代码:

```
byte[] imageBuffer;
```

其次,需要从"学号输入"窗体接收查询成功的学生的基本信息数据,故需要声明用于传递学生基本信息数据的私有属性并设置访问器。

```
private StuBasicInfo stuBasic;
public StuBasicInfo StuBasic
{
    get
    {
```

```
        return stuBasic;
    }
    set
    {
        stuBasic= value;
    }
}
```

然后,需要设置"学生基本信息更新"窗体初始状态,这需要以下几步操作来实现。

第一,声明私有方法 ComponetOFF()用于设置窗体启动后的状态,然后在窗体的 Load 事件中添加方法的调用并设置功能按钮的初始状态,具体代码如下:

```
//学生基本信息更新窗体启动后,所有数据显示控件处于不可编辑或不可用状态
private void ComponetOFF()
{
        txtStuName.ReadOnly= True;
        txtStuPcard.ReadOnly= True;
        txtStuResume.ReadOnly= True;
        rabMale.Enabled= False;
        rabFemale.Enabled= False;
        rabDY.Enabled= False;
        rabTY.Enabled= False;
        rabOther.Enabled= False;
        dtpStuBirth.Enabled= False;
        picStuPhoto.Enabled= False;
        cmbDeptName.Enabled= False;
}
```

第二,需要将从"学号输入"窗体中传递过来的学生数据显示在"学生基本信息更新"窗体的相应控件中,以便用户浏览。具体实现代码如下:

```
//将从上一个查询窗体传递过来的学生基本信息数据显示在相应的控件中
private void ShowStuBasicData()
{
        txtStuID.Text= StuBasic.StuID;
        txtStuName.Text= StuBasic.StuName;
        cmbDeptName.Text= stuBasic.StuDept;
        txtStuPcard.Text= StuBasic.StuPcard;
        txtStuResume.Text= StuBasic.StuResume;
        switch (StuBasic.StuSex)
        {
            case "男":
```

```
            rabMale.Checked= True;
            rabMale.Enabled= True;
            rabFemale.Enabled= False;
            break;
    case "女":
            rabFemale.Checked= True;
            rabFemale.Enabled= True;
            rabMale.Enabled= False;
            break;
    default:
            rabMale.Checked= False;
            rabMale.Enabled= False;
            rabFemale.Checked= False;
            rabFemale.Enabled= False;
            break;
}
switch (StuBasic.StuPolitic)
{
    case 1:
            rabDY.Checked= True;
            rabDY.Enabled= True;
            rabTY.Enabled= False;
            rabOther.Enabled= False;
            break;
    case 2:
            rabTY.Checked= True;
            rabTY.Enabled= True;
            rabDY.Enabled= False;
            rabOther.Enabled= False;
            break;
    case 3:
            rabOther.Enabled= True;
            rabOther.Checked= True;
            rabDY.Enabled= False;
            rabTY.Enabled= False;
            break;
}
dtpStuBirth.Value= Convert.ToDateTime(StuBasic.StuBirth);
try
```

```
    {
        picStuPhoto. Image= Image. FromStream (new MemoryStream (StuBasic.
            StuPhoto), True);
    }
    catch {
        picStuPhoto. Image= null;
    }
}
```

第三，为了方便用户更新学生所在的院系信息，在信息处于更新状态时采用组合框列示所有院系以供选择。具体代码如下：

```
//设置院系名称组合框的数据源
private void DeptNameLoad()
{
        string sqlstr= "select deptID,deptName from dept";
        StuInfoDatabaseOp StuDBOp= new StuInfoDatabaseOp();
        DataSet dsDeptName= StuDBOp. StuInfoAdapterQuery(sqlstr, null);
        DataRow drDeptName= dsDeptName. Tables[0]. NewRow();
        drDeptName[0]= "0000";
        drDeptName[1]= "请选择……";
        dsDeptName. Tables[0]. Rows. InsertAt(drDeptName, 0);
        cmbDeptName. DataSource= dsDeptName. Tables[0];
        cmbDeptName. DisplayMember= "deptName";
        cmbDeptName. ValueMember= "deptID";
}
```

第四，在窗体的 Load 事件中添加以上方法调用，实现窗体初始状态设定。此外，别忘了设置按钮控件的初始使用状态。

```
private void FrmStuBasicInfoUpdate_Load(object sender, EventArgs e)
{
        ComponetOFF();
        DeptNameLoad();
        ShowStuBasicData();
        btnSave. Enabled= False;
        btnReset. Enabled= False;
}
```

至此，"学生基本信息更新"窗体的启动状态编程工作已经完成。

② 图像框控件的功能实现。为了可以更换或修改学生的照片信息，在 picStuPhoto 控件的 Click 事件中添加如下代码：

```csharp
private void picStuPhoto_Click(object sender, EventArgs e)
{
    OpenFileDialog openPhotoFile= new OpenFileDialog();
    openPhotoFile.ShowDialog();
    if (! openPhotoFile.FileName.Trim().Equals(""))
    {
        Stream PhotoStream= openPhotoFile.OpenFile();
        int Length= (int)PhotoStream.Length;
        imageBuffer= new byte[Length];
        PhotoStream.Read(imageBuffer, 0, Length);
        PhotoStream.Close();
        picStuPhoto.Image = Image.FromStream(new MemoryStream(im
            ageBuffer), True);
    }
}
```

③ "更新"按钮功能的实现。单击"更新"按钮以后，打开窗体上面数据显示控件的可编辑和可用状态，并设置功能按钮的使用状态。具体功能实现代码如下。

首先，在窗体中添加私有方法 ComponentON()：用于打开"学生基本信息更新"窗体上用于表示学生可更新数据的编辑状态或可用状态。

```csharp
private void ComponentON()
{
    txtStuName.ReadOnly= False;
    txtStuPcard.ReadOnly= False;
    txtStuResume.ReadOnly= False;
    rabMale.Enabled= True;
    rabFemale.Enabled= True;
    rabDY.Enabled= True;
    rabTY.Enabled= True;
    rabOther.Enabled= True;
    dtpStuBirth.Enabled= True;
    picStuPhoto.Enabled= True;
    cmbDeptName.Enabled= True;
}
```

其次，在"更新"按钮的 Click 事件中添加该方法的调用，并设置相应功能按钮的使用状态。

```csharp
private void btnUpdate_Click(object sender, EventArgs e)
{
    ComponentON();
```

```
        btnUpdate. Enabled= False;
        btnSave. Enabled= True;
        btnReset. Enabled= True;
    }
```

④"退出"按钮的功能实现。在"退出"按钮的 Click 事件中添加如下代码：

```
private void btnExit_Click(object sender, EventArgs e)
{
    Dispose();
}
```

⑤"重置"按钮的功能实现。

在未保存新数据前，单击该按钮后，将界面数据控件的数据恢复到原来的状态。由于使用 StuBasicInfo 的一个具体对象保存的原有数据，所以可以使用其来刷新界面控件的显示数据，从而达到重置的目的。根据需要的功能，只需调用 ShowStuBasicData()方法和 ComponentON()即可。具体代码如下：

```
private void btnReset_Click(object sender, EventArgs e)
{
    ShowStuBasicData();
    ComponentON();
}
```

⑥"保存"按钮功能的实现。

首先判断界面数据的合法性，如果不合法，则给出提示信息，以便修改；如果合法，则将数据更新到数据库中。具体代码如下：

```
private void btnSave_Click(object sender, EventArgs e)
{
    int JudgeStatus= 0;
    string stuPcard= txtStuPcard. Text. Trim();
    if (cmbDeptName. SelectedIndex. Equals(0))
    {
        JudgeStatus=1;
    }
    else
    {
        if (! stuPcard. Equals(""))
        {
            if (stuPcard. Length! =18)
            {
                JudgeStatus= 2;
```

```
            }
            else
            {
                if (rabMale.Checked &&
                    Convert.ToByte(stuPcard.Substring(16, 1))% 2! = 1)
                {
                    JudgeStatus= 3;
                }
                if (rabFemale.Checked &&
                    Convert.ToByte(stuPcard.Substring(16, 1))% 2! = 0)
                {
                    JudgeStatus= 4;
                }
            }
        }
    }
    switch (JudgeStatus)
    {
        case 1:
            MessageBox.Show(this, "请选择您要更改学生所在的院系名称!",
                "信息提示", MessageBoxButtons.OK, MessageBoxIcon. In
                formation);
            cmbDeptName.Focus();
            break;
        case 2:
            MessageBox.Show(this, "身份证编号不是位,请重新输入!", "信
                息提示", MessageBoxButtons.OK, MessageBoxIcon.War
                ning);
            txtStuPcard.Focus();
            break;
        case 3:
            MessageBox.Show(this, "您输入的身份证编号不符合【性别为男,身
                份证倒数第二位为奇数】的条件,"+ "\r\n"+ "\r\n"+ "请检查后
                重新输入!","信息提示", MessageBoxButtons.OK, Message
                BoxIcon.Warning);
            txtStuPcard.Focus();
            break;
        case 4:
            MessageBox.Show(this, "您输入的身份证编号不符合【性别为女,身
```

份证倒数第二位为偶数】的条件,"+ "\r\n"+ "\r\n"+ "请检查后
重新输入!","信息提示", MessageBoxButtons. OK, Message
BoxIcon. Warning);
```
                txtStuPcard. Focus();
                break;
        default:
                StuBasicInfoDataUpdate();
                break;
    }
}

//解析界面数据并更新数据库数据的方法
private void StuBasicInfoDataUpdate()
{
    StuBasic. StuName= txtStuName. Text. Trim();
    StuBasic. StuPcard= txtStuPcard. Text. Trim();
    StuBasic. StuResume= txtStuResume. Text. Trim();
    StuBasic. StuDept= cmbDeptName. SelectedValue. ToString();
    if (rabMale. Checked)
    {
            StuBasic. StuSex= "男";
    }
    else
    {
            if (rabFemale. Checked)
            {
                    StuBasic. StuSex= "女";
            }
            else
            {
                    StuBasic. StuSex= "";
            }
    }
    if (rabDY. Checked)
    {
            StuBasic. StuPolitic= 1;
    }
    else
    {
            if (rabTY. Checked)
```

```
        {
            StuBasic.StuPolitic= 2;
        }
        else
        {
            StuBasic.StuPolitic= 3;
        }
    }
    StuBasic.StuBirth= dtpStuBirth.Value.ToShortDateString();
    if (imageBuffer ! = null)
    {
        StuBasic.StuPhoto= imageBuffer;
}
    SqlParameter[] cmdParam= new SqlParameter[]{
        new SqlParameter("@stuID",StuBasic.StuID),
        new SqlParameter("@stuName",StuBasic.StuName),
        new SqlParameter("@stuSex",StuBasic.StuSex),
        new SqlParameter("@stuBirth",StuBasic.StuBirth),
        new SqlParameter("@stuPolitic",StuBasic.StuPolitic),
        new SqlParameter("@stuDept",StuBasic.StuDept),
        new SqlParameter("@stuResume",StuBasic.StuResume),
        new SqlParameter("@stuPhoto",StuBasic.StuPhoto),
        new SqlParameter("@stuPcard",StuBasic.StuPcard)
    };
    StuInfoDatabaseOp StuDBOp= new StuInfoDatabaseOp();
    try
    {
        int returnFlag= StuDBOp.ProcReturnValue("StuBasicInfoUpdate",
            cmdParam, 2);
        if (returnFlag== 1)
        {
            MessageBox.Show(this, "信息更新成功!!!", "信息提示",
                MessageBoxButtons.OK, MessageBoxIcon.Information);
            ComponetOFF();
            ShowStuBasicData();
            btnUpdate.Enabled= True;
            btnSave.Enabled= False;
            btnReset.Enabled= False;
        }
```

```
    }
catch(Exception e)
{
        MessageBox.Show(e.Message);
    }
}
```

至此，学生基本信息更新功能已经实现。

12.2.8 学生基本信息删除窗体的设计与功能实现

1. 功能描述

（1）单击系统主界面中主菜单"数据删除"的"学生基本信息删除"功能选项，弹出"学号输入"对话框。

（2）在"学号输入"对话框中输入您要删除的学生的学号。

（3）单击"退出"按钮，退出学生基本信息删除功能操作。

（4）单击"查询"按钮，如果不存在该学生则提示相关信息并返回学号输入状态；如果存在，则打开"学生基本信息删除"对话框，初始状态为列示学生原来的基本信息。

（5）在"学生基本信息删除"对话框中，单击"删除"按钮弹出删除确认对话框：单击"确定"按钮后删除学生基本信息数据以及与该学生关联其他信息（例如成绩信息）的数据，并且备份到数据库 BakDatabase 的相应的表中，然后退出学生基本信息删除窗体；单击"取消"按钮取消删除操作返回到学生基本信息删除窗体。单击"退出"按钮则退出该窗体。

注意：删除时务必要备份所删除的数据。

2. 流程图

针对功能描述，绘制学生基本信息删除功能的操作流程图，如图 12-13 所示。

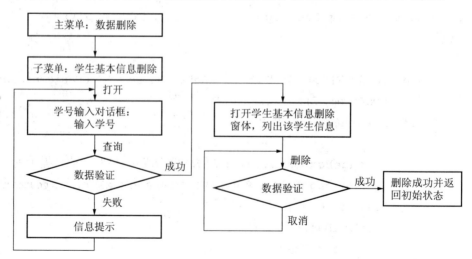

图 12-13　"学生基本信息删除"功能流程图

3. 数据库设计

本功能计划采用触发器来实现删除数据备份的日常工作，所以将在数据库 stuInfoManage 数据库中创建相应的触发器来实现相应的功能。具体在数据库中创建触发器的步骤如下。

① 在 SQL Server 中创建一个名为 stuInfoBak 的数据库用于备份删除信息，然后创建备份所需要的表 StuBak 和 GradeBak，这两个表的结构分别和 stu 表和 grade 表结构完全相同。

② 在 stu 表上创建触发器实现备份删除数据的功能，打开查询分析器输入以下代码并运行，生成学生表数据删除时自动备份数据的触发器。

注意：在创建该触发器之前，需要取消院系表与学生表之间关联关系的级联删除功能。因为该触发器中涉及引用 Text、Ntext、Image 等类型字段的数据，只能创建 Instead Of 触发器；而创建 Instead Of 触发器不允许该触发器作用的表与其父表之间的关联关系存在级联删除功能。

```
CREATE TRIGGER StuDeleteTrigger
ON stu
Instead of DELETE
AS
begin
    insert into stuInfoBak.dbo.StuBak select *  from deleted
    delete from stu where stuID in (select stuID from deleted)
end
```

③ 在 grade 表上创建触发器实现该表中数据备份的功能，在查询分析器中输入以下代码并运行，生成成绩表数据删除时自动备份数据的触发器。

```
CREATE TRIGGER GradeDeleteTrigger
ON grade
FOR DELETE
AS
insert into stuInfoBak.dbo.GradeBak select *  from deleted
```

至此，完成此功能所需要的数据库设计完毕。

4. 界面设计

首先，在 stuInfoManage 解决方案中添加名为 DataDelete 的类库，然后删除其中的默认类 Class1.cs，然后在其中创建名为 FrmStuBasicInfoDelete 的 Windows 窗体类。该窗体主要属性设置：StartPosition：CenterScreen；Text：学生基本信息删除；Name：FrmStuBasicInfoDelete；Minimize 和 Maxmize：False。有关该窗体上相应控件的属性设置参见表 12-14。

表 12-14　"学生基本信息删除"窗体控件及其属性设置表

添加控件类型	控件名称	主要属性设置
Label	系统默认	Text：学生基本信息删除
Label	系统默认	Text：学号：
Label	系统默认	Text：姓名：
Label	系统默认	Text：性别：
Label	系统默认	Text：政治面貌：
Label	系统默认	Text：出生日期：
Label	系统默认	Text：院系名称：
Label	系统默认	Text：身份证编号：
TextBox	txtStuID	ReadOnly：True
TextBox	txtStuName	ReadOnly：True
TextBox	txtSex	ReadOnly：True
TextBox	txtPolitic	ReadOnly：True
TextBox	txtStuBirth	ReadOnly：True
TextBox	txtDeptNam	ReadOnly：True
TextBox	txtStuPcard	ReadOnly：True
TextBox	txtStuResume	ReadOnly：True MultiLine：True
GroupBox	系统默认	无
GroupBox	系统默认	无
RadioButton	rabMale	Enabled：False Text：男
RadioButton	rabFemale	Enabled：False Text：女
RadioButton	rabDY	Enabled：False Text：党员
RadioButton	rabTY	Enabled：False Text：团员
RadioButton	rabOther	Enabled：False Text：其他
Panel	系统默认	BorderStyle：Fixed3D

续表

添加控件类型	控件名称	主要属性设置
PictureBox	PicStuPhoto	BorderStyle：FixedSingle SizeMode：Zoom
Button	btnDelete	Text：删除
Button	btnExit	Text：退出

具体效果可参照图 12-14 并进行适当调整。

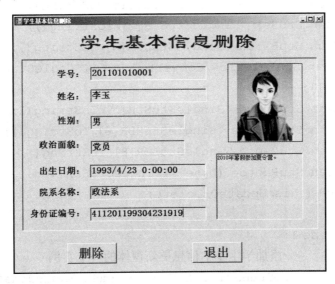

图 12-14 "学生基本信息删除" 窗体设计效果图

5. 代码实现

(1) "学号输入" 窗体的设计。为了重用在学生基本信息更新操作中建立的 "学号输入" 窗体，需要对该窗体进行一些必要的修改，即需要一个变量来区别单击查询后进行的是更新操作还是删除操作。

首先，为了不破坏类的封装特性，在该窗体类中创建一个表示是更新还是删除操作的私有属性_UpdateOrDelete 以及和其相应的 get 和 set 访问器。

```
private void btnStuBaicQuery_Click(object sender, EventArgs e)
{
    //查询输入学号代表的学生的基本信息
    string sqlstr = "select stuID, stuName, stuSex, stuBirth, stuP
        olitic," + "stuPcard,stuResume,stuPhoto,deptName "+ " from dept
        inner join stu on " + "dept.deptID= stu. stuDept where stuID=
        @stuID";
    SqlParameter[] cmdParam= new SqlParameter[]{
        new SqlParameter("@stuID",txtStuID. Text. Trim())
```

```
    };
    StuInfoDatabaseOp StuDBOp= new StuInfoDatabaseOp();
    SqlDataReader SingleStuSDR= StuDBOp.StuInfoQuerySDR(sqlstr, cmd
        Param);
    if (SingleStuSDR.Read())
    {
        StuBasicInfo StuBean= new StuBasicInfo();
        StuBean.StuID= SingleStuSDR[0].ToString();
        StuBean.StuName= SingleStuSDR[1].ToString();
        StuBean.StuSex= SingleStuSDR[2].ToString();
        StuBean.StuBirth= SingleStuSDR[3].ToString();
        StuBean.StuPolitic= Convert.ToByte(SingleStuSDR[4].ToString
            ());
        StuBean.StuPcard= SingleStuSDR[5].ToString();
        StuBean.StuResume= SingleStuSDR[6].ToString();
        StuBean.StuDept= SingleStuSDR[8].ToString();
        StuBean.StuPhoto= (byte[])SingleStuSDR[7];
        switch (this.UpdateOrDelete)
        {
            case 1:
                //添加学生基本信息更新窗体的一个实例
                FrmStuBasicInfoUpdate frmStuBasicUpdate
                    = new FrmStuBasicInfoUpdate();
                frmStuBasicUpdate.StuBasic= StuBean;
                frmStuBasicUpdate.MdiParent= this.MdiParent;
                frmStuBasicUpdate.Show();
                frmStuBasicUpdate.Focus();
                break;
            case 2:
                //添加学生基本信息删除窗体的一个实例
                FrmStuBasicInfoDelete frmStuBasicDelete
                    = new FrmStuBasicInfoDelete();
                frmStuBasicDelete.StuBasic= StuBean;
                frmStuBasicDelete.MdiParent= this.MdiParent;
                frmStuBasicDelete.Show();
                frmStuBasicDelete.Focus();
                break;
        }
        this.Dispose();
```

```
    }
    else
    {
        MessageBox.Show(this, "您查找的学号所代表的学生不存在,请确认学号是
            否正确后再次输入!", "信息提示", MessageBoxButtons.OK, Mes
            sageBoxIcon.Information);
        txtStuID.Clear();
        txtStuID.Focus();
    }
}
```

最后,在"学生基本信息更新"子菜单的 Click 事件中添加如下代码:

```
FormStuIDInput.UpdateOrDelete= 1; //1 代表更新功能操作
```

(2) 菜单功能调用的实现。在主菜单"数据删除"中的"学生基本信息删除"子菜单的 Click 事件中,调用"学号输入"对话框:

```
if (frmStuIDInput.IsDisposed)
{
        frmStuIDInput= new FrmStuIDInput();
}
frmStuIDInput.UpdateOrDelete= 2;
frmStuIDInput.MdiParent= this;
frmStuIDInput.Show();
frmStuIDInput.Focus();
```

(3) 窗体功能的实现。

① "学生基本信息删除"窗体初始状态的设定。如果要删除的学生存在,则打开该窗体并在该窗体上列示该学生的基本信息以便确认。为实现该功能,在窗体的 Load 事件中添加以下代码:

```
private void FrmStuBasicInfoDelete_Load(object sender, EventArgs e)
{
        txtStuID.Text= StuBasic.StuID;
        txtStuName.Text= StuBasic.StuName;
        txtStuBirth.Text= StuBasic.StuBirth;
        txtDeptName.Text= StuBasic.StuDept;
        txtStuPcard.Text= StuBasic.StuPcard;
        txtStuResume.Text= StuBasic.StuResume;
        try
        {
            picStuPhoto.Image = Image.FromStream (new MemoryStream (StuBasic.
```

```
            StuPhoto, True));
        }
        catch {
            picStuPhoto.Image= null;
        }
        txtSex.Text= stuBasic.StuSex;
        switch (StuBasic.StuPolitic)
        {
            case 1:
                txtPolitic.Text= "党员";
                break;
            case 2:
                txtPolitic.Text= "团员";
                break;
            default:
                txtPolitic.Text= "其他";
                break;
        }
    }
```

②"退出"按钮功能的实现。在"退出"按钮的 Click 事件添加以下代码:

```
private void btnExit_Click(object sender, EventArgs e)
{
    Dispose();
}
```

③"删除"按钮功能的实现。为了防止数据的误删除,需要在删除数据时给出删除确认对话框进行二次确认,如果确定则删除并退出该窗体,如果取消则返回学生基本信息删除窗体。

为此,在"删除"按钮的 Click 事件中添加以下代码:

```
private void btnDelete_Click(object sender, EventArgs e)
{
    DialogResult DeleteDR= MessageBox.Show(this,"您确定要删除该学生的信
        息吗?","信息提示",MessageBoxButtons.OKCancel,
        MessageBoxIcon.Warning,MessageBoxDefaultButton.Button2);
    if (DeleteDR== DialogResult.OK)
    {
        string sqlstr= "delete from stu where stuID= @stuID";
        SqlParameter[] cmdParam= new SqlParameter[]
        {
```

```
        new SqlParameter("@stuID",StuBasic.StuID)
    };
    StuInfoDatabaseOp StuDBOp= new StuInfoDatabaseOp();
    try
    {
        int DeleteFlag= StuDBOp.StuInfoUpdate(sqlstr, cmdParam);
        if (DeleteFlag== 3)
        {
            MessageBox.Show(this,"学生信息删除成功,请返回选择其他操
                作!","信息提示",MessageBoxButtons.OK,MessageBoxI
                con.Information);
            Dispose();
        }
    }
    catch(Exception er)
    {
        MessageBox.Show(er.Message);
    }
}
```

至此,学生基本信息删除功能全部实现。

12.2.9 学生选课窗体的设计与功能实现

1. 功能描述

(1) 单击系统主界面中的"数据添加"主菜单下"学生选课"功能选项,弹出"学号输入"对话框。

(2) 在"学号输入"对话框中输入要进行选课的学生的学号。

(3) 单击"退出"按钮,退出学生选课功能操作。

(4) 单击"查询"按钮,如果不存在该学生则提示相关信息并返回学号输入状态;如果存在,则打开"学生选课"窗体,并在该窗体的界面上列示部分学生相关信息(姓名、已修学分等)、可选课程信息列示、该学生已选课程的信息列示(以前选修但考试不及格课程自动列入应选课程);

(5) 在"学生选课"窗体的"增加课程"选项页中,为了方便学生进行课程选择,采取两种措施来协助:①当单击可选课程信息列示表格中的某一单元格时,自动将该行所代表课程的课程编号显示在选中课程文本框中,以便后来使用;②提供课程是否存在模糊查询功能,以方便用户快速定位选修课程。此外,在该页中,如果学生确定选修某门课程,只需单击"添加"按钮即可实现选修课程添加功能,并在添加完毕更改已选课程门数和已选学分数信息。

(6) 在"学生选课"窗体的"退选课程"选项页中,学生只需选择需要退选的课程信息

后，单击"退选"按钮即可完成课程退选功能，并刷新已选课程门数以及学分数信息。

2. 流程图

针对功能描述，绘制学生基本信息删除功能的操作流程图如图 12-15 所示。

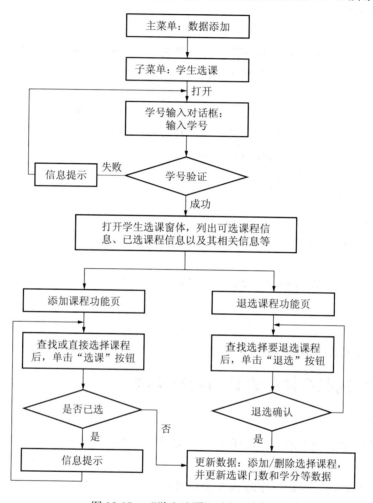

图 12-15 "学生选课"功能流程图

3. 数据库设计

（1）视图的创建。

① 选课操作时，需要将课程的基本信息列示以供查看。但由于课程的先行课程名称需要通过连接才能获得，为了 C# 调用的方便，创建一个显示课程基本信息的视图 CourseTable，主要包括以下字段信息：课程编号、课程名称、现行课程名称、学分、限选人数、已选人数和上课时间等信息。具体内容由以下 SQL 语句来定义：

```
SELECT TOP 100 PERCENT dbo.course.courseID AS 课程编号,
    dbo.course.courseName AS 课程名称, course_1.courseName AS 先行课程,
    dbo.course.credit AS 学分, dbo.course.stuLimit AS 限选人数,
    dbo.course.stuPreSelect AS 已选人数, dbo.course.courseTime AS 上课时间
```

```
FROM dbo. course LEFT OUTER JOIN
    dbo. course course_1 ON dbo. course. preCourseID= course_1. courseID
ORDER BY dbo. course. courseID
```

② 为了统计学生已修学分的信息，需要创建一个统计学生选修的课程并且及格的课程学分总数的视图 SelectedCreditView：具体内容由以下 SQL 语句来定义：

```
SELECT SUM(dbo. course. credit) AS 已修学分, dbo. grade. stuID
FROM dbo. course INNER JOIN
    dbo. grade ON dbo. course. courseID= dbo. grade. courseID
WHERE (dbo. grade. grade > = 60)
GROUP BY dbo. grade. stuID, dbo. grade. stuID
```

③ 为了方便生成学生本次选课的课程表格，创建一个列示学生本次选修课程信息的视图：StuNotPassCourseView，具体内容由以下 SQL 语句来定义：

```
SELECT dbo. course. courseID, dbo. course. courseName, dbo. course. credit,
    dbo. course. courseTime, dbo. grade. stuID
FROM dbo. course INNER JOIN
    dbo. grade ON dbo. course. courseID= dbo. grade. courseID
WHERE (ISNULL(dbo. grade. grade, 0)< 60)
```

④ 为了初始化课程表已选人数的数据，创建一个列示关于课程以及相应课程不及格人数统计信息的视图 SCNotPassCount，具体内容由以下 SQL 语句来定义：

```
SELECT courseID, COUNT(*) AS NotPassCount
FROM dbo. StuNotPassCourseView
GROUP BY courseID
```

(2) 存储过程的创建。

① 为了方便的填充选课窗体界面的数据信息，通过存储过程的调用返回相应的控件数据，具体功能是通过选课存储过程 CourseSelectProc 返回选修课程总学分以及课程门数的统计信息以及学生选修的课程信息。具体过程参照下面存储过程定义：

```
CREATE PROCEDURE CourseSelectProc
(
    @stuID varchar(12),
    @courseSelectCount tinyint output,
    @creditSelectCount tinyint output
)
AS
begin
    select @courseSelectCount = count (*), @creditSelectCount = sum
    (credit)
```

```
        from StuNotPassCourseView
        where stuID= @stuID
   select courseID as 课程编号,courseName as 课程名称,credit as 课程学分,
        courseTime as 上课时间
        from stunotpasscourseview
        where stuID= @stuID
end
```

② 每当进行选课时需要初始化课程表中已选人数的数据。需要创建一个存储过程来完成该功能:

```
CREATE PROCEDURE PreSelectDataInit
AS
update course set stuPreSelect= 0
declare @courseID int
declare @notPassCount int
declare preSelectData_cursor cursor
for select courseID,NotPassCount from SCNotPassCount
open preSelectData_cursor
fetch next from preSelectData_cursor into @courseID,@notPassCount
while @@fetch_status= 0
    begin
        update course set stuPreSelect= @notPassCount
            where courseID= @courseID
        fetch next from preSelectData_cursor into @courseID,@not
            PassCount
    end
close preSelectData_cursor
deallocate preSelectData_cursor
```

(3) 触发器的创建。为了实现在选课和退选课程时,自动为课程表中已选人数增加 1 或减少 1 操作,使用触发器来完成该过程的维护。

首先,创建一个退选课程的触发器,具体功能就是当学生退选某门课程时,自动将课程表已选人数减少 1。具体代码如下:

```
CREATE TRIGGER StuSelectCourseDeleteTrigger
ON [dbo]. [grade]
FOR DELETE
AS
update course set stuPreSelect= stuPreSelect-1
    where courseID= (select courseID from deleted)
```

首先，创建一个增加选修课程的触发器，具体功能是当学生添加选修课程时，自动将课程表已选人数增加 1。具体代码如下：

```
CREATE TRIGGER StuSelectCourseInsertTrigger
ON grade
FOR INSERT
AS
update course set stuPreSelect= stuPreSelect + 1
    where courseID= (select courseID from inserted)
```

至此，关于学生选课的数据库设计任务完毕。

4. 界面设计

首先，在 stuInfoManage 解决方案的 DataAdd 类库项目中，创建一个名为 FrmStuSelect Course 的 Windows 窗体类。该窗体主要属性设置：StartPosition：CenterScreen；Text：学生选课；Name：FrmStuSelectCourse；Minimize 和 Maxmize：False。

有关该窗体上相应控件的属性设置参见表 12-15。

表 12-15 学生选课窗体及其控件的主要属性设置表

添加控件类型	控件名称	主要属性设置
TabControl	StuSelectCourseTabControl	无
Panel	系统默认	BorderStyle：Fixed3D
Label	系统默认	Text：学号：
Label	系统默认	Text：姓名：
Label	系统默认	Text：已修学分：
Label	系统默认	Text：选中课号：
Label	系统默认	Text：请输入您要查询课程的关键词：
Label	系统默认	Text：选课门数：
Label	系统默认	Text：选课总学分：
Label	系统默认	Text：请输入您要退选的课程编号：
Label	系统默认	Text：选课门数：
Label	系统默认	Text：选课总学分：
TextBox	txtStuID	学号显示文本框
TextBox	txtStuName	姓名显示文本框
TextBox	txtSelectedCredit	已修学分显示文本框
TextBox	txtSelectedCourseID	选中课程编号显示文本框
TextBox	txtCourseNameQuery	查询课程名称关键词输入框

续表

添加控件类型	控件名称	主要属性设置
TextBox	txtSelectCourseCount	选课门数统计显示框
TextBox	txtSelectCreditCoun	选课总学分统计显示框
TextBox	txtSelectCourseCountExitT	退选课程页选课门数统计框
TextBox	txtSelectCreditCountExit	退选课程页选课总学分统计框
TextBox	txtCourseIDDelete	退选课程编号显示框
Button	btnCourseQuery	Text：查询
Button	btnAddCourse	Text：添加课程
Button	btnReFreshCourse	Text：刷新课表
Button	btnReFreshCourseTable	Text：刷新课表（退选课程页）
Button	btnDeleteCourse	Text：退选
DataGridView	dgvCourseInfo	无
DataGridView	dgvSelectedCourse	无
DataGridView	dgvCourseTable	无
SplitContainer（6 个）	系统默认	BorderStyle：FixedSingle 其他设计参照设计效果图

有关该窗体的相关布局以及其他显示效果的设置请参照图 12-16 和图 12-17。

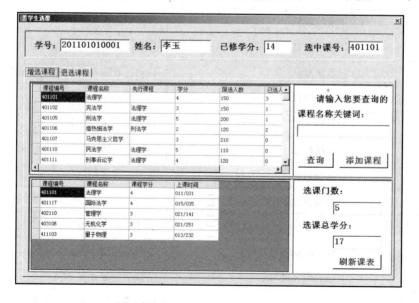

图 12-16　"学生选课_增选课程"页设计效果图

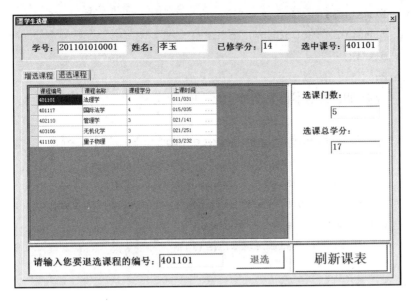

图 12-17 "学生选课_退选课程"设计效果图

5. 代码实现

(1) 菜单调用的实现。在主菜单"数据添加"中的"学生选课"功能选项的 Click 事件中，调用"学号输入"对话框：

```
if (frmStuIDInput.IsDisposed)
{
    frmStuIDInput= new FrmStuIDInput();
}
frmStuIDInput.UpdateOrDelete= 3;
frmStuIDInput.MdiParent= this;
frmStuIDInput.Show();
frmStuIDInput.Focus();
```

(2) "学号输入"窗体的修改。为了重用在学生基本信息更新操作中建立的"学号输入"窗体，需要对该窗体进行一些必要的修改，即在该窗体"查询"按钮的 Click 事件中，将 switch 选择分支操作添加三种情况的选项，即调用学生选课窗体。具体修改可参照下面代码：

```
switch (this.UpdateOrDelete)
{
    case 1:
        //添加学生基本信息更新窗体的一个实例
        FrmStuBasicInfoUpdate frmStuBasicUpdate
            = new FrmStuBasicInfoUpdate();
        frmStuBasicUpdate.StuBasic= StuBean;
        frmStuBasicUpdate.MdiParent= this.MdiParent;
```

```
        frmStuBasicUpdate.Show();
        frmStuBasicUpdate.Focus();
        break;
    case 2:
        //添加学生基本信息删除窗体的一个实例

            FrmStuBasicInfoDelete frmStuBasicDelete
                = new FrmStuBasicInfoDelete();
        frmStuBasicDelete.StuBasic= StuBean;
        frmStuBasicDelete.MdiParent= this.MdiParent;
        frmStuBasicDelete.Show();
        frmStuBasicDelete.Focus();
        break;
    case 3:
        //添加学生选课窗体的一个实例
        FrmStuSelectCourse frmSelectCourse= new FrmStuSelectCourse();
        frmSelectCourse.StuBaic= StuBean;
        frmSelectCourse.MdiParent= this.MdiParent;
        frmSelectCourse.Show();
        frmSelectCourse.Focus();
        break;
}
```

（3）"学生选课"窗体功能的实现。

① 需要在"学生选课"窗体中定义实体类 StuBasicInfo 的一个数据成员及其 get/set 访问器，用来方便地接收及保存来自"学号输入"窗体的学生基本信息的数据。

```
private StuBasicInfo stuBasic;
public StuBasicInfo StuBaic
{
    get
    {
        return stuBasic;
    }
    set
    {
        stuBasic= value;
    }
}
```

② 界面数据绑定操作的实现。

首先，创建一个私有方法 SelectedCreditTextBoxDataBind，用于实现学生已修学分信息的获取及数据显示。

```
private void SelectedCreditTextBoxDataBind()
    {
            string sqlstr= "select 已修学分 from SelectedCreditView where
                stuID= '"+ ic.StuID+ "'";
            StuInfoDatabaseOp StuDBOp= new StuInfoDatabaseOp();
            try
            {
                txtSelectedCredit.Text =  StuDBOp.StuInfoAdapterQuery
                    (sqlstr,,null).Tables[0].Rows[0][0].ToString();
            }
            catch
            {
            }

    }
```

其次，创建一个私有方法 SelectedCourseGridDataBind，用于实现本次选修课程信息的获取以及显示功能，包括选修课程表格数据及选课门数和选课总学分的统计等信息。

```
//本次选修课程信息显示
private void SelectedCourseGridDataBind()
{
    SqlParameter[] CmdParam= new SqlParameter[]{
        new SqlParameter("@stuID",StuBaic.StuID),
        new SqlParameter("@courseSelectCount",SqlDbType.TinyInt),
        new SqlParameter("@creditSelectCount",SqlDbType.TinyInt)
    };
    CmdParam[1].Direction= ParameterDirection.Output;
    CmdParam[2].Direction= ParameterDirection.Output;
    StuInfoDatabaseOp StuDBOp= new StuInfoDatabaseOp();
    try
    {
        DataSet dsSelectCourse=
            StuDBOp.StuInfoProcQuery("CourseSelectProc",CmdParam);
        dgvSelectedCourse.DataSource= dsSelectCourse.Tables [0]. De
            faultView;
        dgvCourseTable.DataSource = dsSelectCourse.Tables [0]. Def
            aultView;
        txtSelectCreditCount.Text= CmdParam[2].Value.ToString();
```

```
        txtSelectCreditCountExit. Text= CmdParam[2]. Value. ToString();
        txtSelectCourseCount. Text= CmdParam[1]. Value. ToString();
        txtSelectCourseCountExit. Text= CmdParam[1]. Value. ToString();
    }
    catch
    { }
}
```

再次，创建一个私有方法 CourseInfoList，用于获取和显示可选课程的信息。

```
private void CourseInfoList()
{
    string sqlstr= "select*from CourseTable";
    StuInfoDatabaseOp StuDBOp= new StuInfoDatabaseOp();
    try
    {
        DataSet dsCourseTable= StuDBOp. StuInfoAdapterQuery(sqlstr,
            null);
        dgvCourseInfo. DataSource= dsCourseTable. Tables[0]. Default
            View;
        dgvCourseTable. Refresh();
    }
    catch(Exception er)
    {
        MessageBox. Show(er. Message);
    }
}
```

最后，在"学生选课"窗体的 Load 事件中添加实现学号、姓名数据的绑定，并且调用以上三个方法实现界面数据的绑定。

```
private void FrmStuSelectCourse_Load(object sender, EventArgs e)
{
    //学生学号和姓名信息绑定
    txtStuID. Text= StuBaic. StuID;
    txtStuName. Text= StuBaic. StuName;
    //学生已修学分数据绑定
    SelectedCreditTextBoxDataBind();
    //学生选课信息显示
    SelectedCourseGridDataBind();
    CourseInfoList();
}
```

③ 为了方便选课过程操作，在 dgvCourseInfo 数据表格的 CellEnter 事件中添加如下代码，实现功能：但在可选课程表格中选择某门课程时，自动将该门课程的课程编号显示于选中课号文本框中。

```
private void dgvCourseInfo_CellEnter(object sender, DataGridViewCel
    lEventArgs e)
{
    txtSelectedCourseID.Text = dgvCourseInfo.CurrentRow.Cells[0].Value.
        ToString();
}
```

④ 为了方便学生选课过程定位选修课程，提供了课程模糊查询功能。具体操作为：在"查询"按钮的 Click 事件中添加以下代码：

```
private void btnCourseQueryn_Click(object sender, EventArgs e)
{
    string QueryText = txtCourseNameQuery.Text.Trim().ToUpper();
    string sqlstr = "select * from CourseTable where 课程名称 Like '% "+
        QueryText+ "% '";
    StuInfoDatabaseOp StuDBOp = new StuInfoDatabaseOp();
    try
    {
        DataSet dsCourseTable = StuDBOp.StuInfoAdapterQuery(sqlstr,
            null);
        dgvCourseInfo.DataSource = dsCourseTable.Tables[0].Defaul
            tView;
        dgvCourseTable.Refresh();
    }
    catch (Exception er)
    {
        MessageBox.Show(er.Message);
    }
}
```

⑤ 有时候可能由于数据库数据更新延迟，导致进行添加选修课程和退选课程时不能及时更新课程表格，分别在增加课程页和退选课程页增加"刷新课程"按钮。具体功能就是刷新学生选修课程表格的数据，具体实现代码即在相应按钮的 Click 事件中添加选修课程表格数据绑定方法 SelectedCourseGridDataBind（）的调用。

```
private void btnReFreshCourse_Click(object sender, EventArgs e)
{
    SelectedCourseGridDataBind();
```

```
    }
    private void btnReFreshCourseTable _Click(object sender, EventArgs e)
    {
        SelectedCourseGridDataBind();
    }
```

⑥ 向课程表中添加选中课程，实现该功能只需在"添加课程"按钮的 Click 事件中添加以下代码。

```
    private void btnAddCourse_Click(object sender, EventArgs e)
    {
        string sqlstr= "insert into grade (stuID, courseID) values (@stuID, @
            courseID)";
        SqlParameter[] CmdParam= new SqlParameter[]{
            new SqlParameter("@stuID",StuBaic.StuID),
            new SqlParameter("@courseID",txtSelectedCourseID.Text.Trim())
        };
        StuInfoDatabaseOp StuDBOp= new StuInfoDatabaseOp();
        try
        {
            int InsertFlag= StuDBOp.StuInfoUpdate(sqlstr, CmdParam);
            SelectedCourseGridDataBind();
            CourseInfoList();
        }
        catch(Exception er)
        {
            MessageBox.Show(er.Message);
        }
    }
```

⑦ 从课程表中退选某门课程，实现该功能只需在"退选"按钮的 Click 事件中添加以下代码。

```
    private void btnDeleteCourse_Click(object sender, EventArgs e)
    {
        string sqlstr= "delete from grade where stuID= @stuID and courseID=
            @courseID";
        SqlParameter[] CmdParam= new SqlParameter[]{
            new SqlParameter("@stuID",StuBaic.StuID),
            new SqlParameter("@courseID",txtCourseIDDelete.Text.Trim())
        };
        StuInfoDatabaseOp StuDBOp= new StuInfoDatabaseOp();
```

```
try
{
    int DeleteFlag= StuDBOp. StuInfoUpdate(sqlstr, CmdParam);
    SelectedCourseGridDataBind();
    CourseInfoList();
}
catch (Exception er)
{
    MessageBox. Show(er. Message);
}
}
```

⑧ 为了在退选课程操作中实现类似第三步的功能，即选中某门课程所在的行时，自动将该门课程的课程号显示于退选课程课程编号输入文本框。

```
private void dgvCourseTable _CellEnter(object sender, DataGridViewCellEv
    entArgs e)
{
    txtCourseIDDelete. Text = dgvCourseTable. CurrentRow. Cells [0]. Value.
        ToString ();
}
```

至此，学生选课功能基本实现。

12.2.10　系统版本信息介绍窗体的设计与功能实现

1. 功能描述

本步骤主要功能是通过窗体列示有关系统的基本信息，包括系统名称、版本、版权所有者、开发时间等信息。

2. 界面设计

首先，在 stuInfoManage 解决方案中添加名为 Document 的类库，然后删除其中的默认类 Class1. cs，然后在其中创建名为 FrmAboutSystem 的 Windows 窗体类。关于该窗体的主要属性设置参见表 12-16。

表 12-16　"系统介绍"窗体的主要属性设置说明

属性名	设　　置
StartPosition	CenterScreen
Text	关于本系统
Name	AboutSystemForm
Minimize、Maxmize	False

续表

属性名	设　置
BackGroundImage	将背景图片导入项目资源并选中
BackGroundImageLayout	Stretch

需要将有关系统的基本信息说明制作成图片，然后直接将图片作为该窗体的背景来实现系统介绍要求的功能。具体设计效果参照图 12-18。

图 12-18　"系统介绍"窗体设计效果图

3. 代码实现

本步骤代码实现比较简单，只需要在菜单中实现该窗体的调用即可。具体步骤及代码如下。

① 系统主界面的窗体类中添加 FrmAboutSystem 窗体类的一个实例，即添加以下代码：
FrmAboutSystem frmSystem= new FrmAboutSystem();

② 在主菜单"帮助"的子菜单"关于本系统"的 Click 事件中添加"关于本系统"窗体功能调用的实现代码：

```
private void AboutSystemMenuItem_Click(object sender, EventArgs e)
{
    if (frmSystem.IsDisposed)
    {
        frmSystem= new FrmAboutSystem();
    }
```

```
frmSystem.MdiParent= this;
frmSystem.Show();
frmSystem.Focus();
}
```

至此，整个项目的设计和代码实现任务已经结束。在本项目中，限于教材页数和其他因素的制约，主要实现了系统登录、学生基本信息维护（添加、更新和删除）、学生基本信息浏览和成绩信息查询以及模拟实现选课的相关功能，有关其他几个实体对象的维护没有给出相应的实现方案。不过，在本项目已实现的功能中，几乎囊括了以下重要内容：C♯ Windows 程序设计常用控件的使用方法以及开发技巧、SQL Server 大型数据库中各类数据库对象的创建、通过 ADO.NET 访问 SQL Server 数据库的技术等。

此外，希望大家能够根据上面提供的知识自己完善该系统的其他几个实体对象的数据查询以及维护操作。当然，如果有能力的话，完全可以拓展该数据库的结构，并完善学生基本信息管理系统的功能，例如增加教师表以及教师任课表以实现教师以及课程之间的管理等。

附录 A　C#系统保留字

abstract	event	new	struct
as	explicit	null	switch
base	extern	object	this
bool	False	operator	throw
break	finally	out	True
byte	fixed	override	try
case	float	params	typeof
catch	for	private	uint
char	foreach	protected	ulong
checked	goto	public	unchecked
class	if	readonly	unsafe
const	implicit	ref	ushort
continue	in	return	using
decimal	int	sbyte	virtual
default	interface	sealed	volatile
delegate	internal	short	void
do	is	sizeof	while
double	lock	stackalloc	
else	long	static	
enum	namespace	string	

附录 B 转义字符及其含义

转义字符	字 符 名
\ '	单引号
\ "	双引号
\ \	反斜杠
\ 0	空字符
\ a	感叹号（产生鸣响）
\ b	退格
\ n	换行
\ t	水平制表符
\ v	垂直制表符
\ f	换页
\ r	回车

附录C　C#内置数据类型

C#类型	.NET类型	说　　明	示　　例
object	System. Object	所有其他类型的基类型	object obj＝null;
string	System. String	字符串类型，Unicode 字符序列	string s＝"hello";
sbyte	System. Sbyte	8 位有符号整型	sbyte val＝12;
byte	System. Byte	8 位无符号整型	byte val＝12;
int	System. Int32	32 位有符号整型	int val＝12;
uint	System. UInt32	32 位无符号整型	uint val1＝12; uint val2＝32U;
short	System. Int16	16 位有符号整型	short val＝12;
ushort	System. UInt16	16 位无符号整型	ushort val＝12;
long	System. Int64	64 位有符号整型	long val1＝12; long val2＝12L;
ulong	System. UInt64	64 位无符号整型	ulong val1＝23; ulong val2＝23U; ulong val3＝56L; ulong val4＝78UL;
char	System. Char	字符型，一个 Unicode 字符	char val＝'h';
bool	System. Boolean	布尔型，值为 True 或 False	bool val1＝True; bool val2＝False;
float	System. Float	32 位单精度浮点型，精度为 7 位	float val＝12. 3F;
double	System. Double	64 位双精度浮点型，精度为 15～16 位	double val＝23. 12D;
decimal	System. Decimal	128 位小数类型，精度为 28～29 位	decimal val＝1. 23M;

附录 D　隐式转换规则

原始类型	转换类型	可能有信息丢失
sbyte	short、int、long、float、double 或 decimal	
byte	short、ushort、int、uint、long、ulong、float、double 或 decimal	
short	int、long、float、double 或 decimal	
ushort	int、uint、long、ulong、float、double 或 decimal	
int	long、float、double 或 decimal	float
uint	long、ulong、float、double 或 decimal	float
long	float、double 或 decimal	float、double
ulong	float、double 或 decimal	float、double
char	ushort、int、uint、long、ulong、float、double 或 decimal	
float	double	

附录 E 显式转换规则

原始类型	转换类型
sbyte	byte、ushort、uint、ulong 或 char
byte	sbyte 或 char
short	sbyte、byte、ushort、uint、ulong 或 char
ushort	sbyte、byte、short 或 char
int	sbyte、byte、short、ushort、uint、ulong 或 char
uint	sbyte、byte、short、ushort、int 或 char
long	sbyte、byte、short、ushort、int、uint、ulong 或 char
ulong	sbyte、byte、short、ushort、int、uint、long 或 char
char	sbyte、byte 或 short
float	sbyte、byte、short、ushort、int、uint、long、ulong、char 或 decimal
double	sbyte、byte、short、ushort、int、uint、long、ulong、char、float 或 decimal
decimal	sbyte、byte、short、ushort、int、uint、long、ulong、char、float 或 double

附录 F Convert 类转换方法

名 称	说 明
ToBoolean	将指定的值转换为等效的布尔值
ToByte	将指定的值转换为 8 位无符号整数
ToChar	将指定的值转换为 Unicode 字符
ToDateTime	将指定的值转换为 DateTime
ToDecimal	将指定的值转换为 Decimal
ToDouble	将指定的值转换为双精度浮点数字
ToInt16	将指定的值转换为 16 位有符号整数
ToInt32	将指定的值转换为 32 位有符号整数
ToInt64	将指定的值转换为 64 位有符号整数
ToSByte	将指定的值转换为 8 位有符号整数
ToSingle	将指定的值转换为单精度浮点数字
ToString	将指定值转换为其等效的 String 表示形式
ToUInt16	将指定的值转换为 16 位无符号整数
ToUInt32	将指定的值转换为 32 位无符号整数
ToUInt64	将指定的值转换为 64 位无符号整数

附录 G　常用字符与 ASCII 代码表

八进制	十六进制	十进制	字符	八进制	十六进制	十进制	字符
00	00	0	NUL	26	16	22	SYN
01	01	1	SOH	27	17	23	ETB
02	02	2	STX	30	18	24	CAN
03	03	3	ETX	31	19	25	EM
04	04	4	EOT	32	1a	26	SUB
05	05	5	ENQ	33	1b	27	ESC
06	06	6	ACK	34	1c	28	FS
07	07	7	BEL	35	1d	29	GS
10	08	8	BS	36	1e	30	RS
11	09	9	HT	37	1f	31	US
12	0a	10	LF	40	20	32	SP
13	0b	11	VT	41	21	33	!
14	0c	12	FF	42	22	34	"
15	0d	13	CR	43	23	35	#
16	0e	14	SO	44	24	36	$
17	0f	15	SI	45	25	37	%
20	10	16	DLE	46	26	38	&
21	11	17	DC1	47	27	39	'
22	12	18	DC2	50	28	40	(
23	13	19	DC3	51	29	41	)
24	14	20	DC4	52	2a	42	*
25	15	21	NAK	53	2b	43	+

八进制	十六进制	十进制	字符	八进制	十六进制	十进制	字符
54	2c	44	,	107	47	71	G
55	2d	45	—	110	48	72	H
56	2e	46	.	111	49	73	I
57	2f	47	/	112	4a	74	J
60	30	48	0	113	4b	75	K
61	31	49	1	114	4c	76	L
62	32	50	2	115	4d	77	M
63	33	51	3	116	4e	78	N
64	34	52	4	117	4f	79	O
65	35	53	5	120	50	80	P
66	36	54	6	121	51	81	Q
67	37	55	7	122	52	82	R
70	38	56	8	123	53	83	S
71	39	57	9	124	54	84	T
72	3a	58	:	125	55	85	U
73	3b	59	;	126	56	86	V
74	3c	60	<	127	57	87	W
75	3d	61	=	130	58	88	X
76	3e	62	>	131	59	89	Y
77	3f	63	?	132	5a	90	Z
100	40	64	@	133	5b	91	[
101	41	65	A	134	5c	92	\
102	42	66	B	135	5d	93	]
103	43	67	C	136	5e	94	^
104	44	68	D	137	5f	95	_
105	45	69	E	140	60	96	`
106	46	70	F	141	61	97	a

八进制	十六进制	十进制	字符	八进制	十六进制	十进制	字符
142	62	98	B	161	71	113	Q
143	63	99	C	162	72	114	R
144	64	100	D	163	73	115	S
145	65	101	E	164	74	116	T
146	66	102	F	165	75	117	U
147	67	103	G	166	76	118	V
150	68	104	H	167	77	119	W
151	69	105	I	170	78	120	X
152	6a	106	J	171	79	121	Y
153	6b	107	K	172	7a	122	Z
154	6c	108	L	173	7b	123	{
155	6d	109	M	174	7c	124	|
156	6e	110	N	175	7d	125	}
157	6f	111	O	176	7e	126	～
160	70	112	P	177	7f	127	DEL